老師、家長、學生、上班族居家必備懶人包

Google 雲端應用×遠距教學 居家上課×線上會議 一書搞定

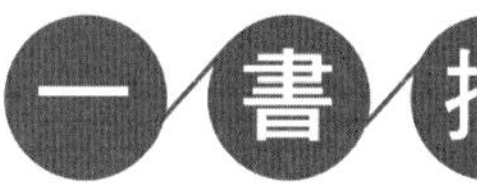

鄭苑鳳 著

從入門基礎到實務解說，帶你展現超高效的雲端教學技能

- 遠距教學必備利器 Google Meet
- 師生互動平台 Google Classroom
- 將文件、試算表和簡報融入教學
- 掌握雲端硬碟的管理與使用
- 利用 Google 日曆安排線上行程

作　　者：鄭苑鳳
責任編輯：黃俊傑

董 事 長：陳來勝
總 編 輯：陳錦輝

出　　版：博碩文化股份有限公司
地　　址：221 新北市汐止區新台五路一段 112 號 10 樓 A 棟
電話 (02) 2696-2869　傳真 (02) 2696-2867

發　　行：博碩文化股份有限公司
郵撥帳號：17484299　戶名：博碩文化股份有限公司
博碩網站：http://www.drmaster.com.tw
讀者服務信箱：dr26962869@gmail.com
訂購服務專線：(02) 2696-2869 分機 238、519
（週一至週五 09:30 ～ 12:00；13:30 ～ 17:00）

版　　次：2022 年 5 月初版一刷
2022年8月初版二刷
建議零售價：新台幣 520 元
I S B N：978-626-333-103-7
律師顧問：鳴權法律事務所 陳曉鳴律師

國家圖書館出版品預行編目資料

Google 雲端應用 x 遠距教學 x 居家上課 x 線上會議一書搞定：老師、家長、學生、上班族居家必備懶人包 / 鄭苑鳳著 . -- 初版 . -- 新北市：博碩文化股份有限公司，2022.05
面；　公分
ISBN 978-626-333-103-7(平裝)
1.CST: 網際網路 2.CST: 遠距教學 3.CST: 視訊系統
312.1653　　111005795

Printed in Taiwan

博碩粉絲團

序言

在網路的世界，Google 雲端平台所提供的應用軟體算是相當新進與完備。而其它的視訊會議軟體，諸如 Microsoft Teams、Zoom、Webex 等，雖然也有人使用，不過 Google Meet 還是疫情期間學校使用率最高的遠距教學工具。因為只要擁有 Google 帳號，就能夠免費使用 Google 雲端平台所有的應用軟體。

此外 Google Meet 除了免費之外，還適用於各種裝置，並且擁有具會議安全性、會議代碼不易被破解、無須額外安裝軟體、畫面分享、資料傳輸會加密等多項優點。

因此在內容編排上，筆者依教與學的角度，將使用 Google 雲端平台進行遠距教學時所必須學會的技能，區分為以下七大篇，包括「遠距教學必備利器 - Google Meet」、「師生互動平台 - Google Classroom」、「Google 文件應用」、「Google 簡報應用」、「Google 試算表應用」、「Google 表單應用」、「Google 教學的好幫手」。為了提高閱讀性，本書各項功能的介紹會以實作為主，功能說明為輔。

各章精彩內容如下：

- 認識 Google Meet 視訊會議
- 教學畫面分享
- 課堂分組討論
- 使用 Jamboard 白板教學
- 主辦人錄製會議與課程內容
- 在雲端教室建立課程
- 老師與學生互動技巧
- Google 文件的教與學

- 文件中的物件使用技巧
- Google 簡報的教與學
- 主題式簡報輕鬆做
- 試算表資料的輸入與編輯
- 公式與函式的應用
- 表單的製作與回覆
- 表單的進階應用
- 免費又安全的雲端硬碟
- Google 日曆的行程管理

本書介紹的筆法循序漸進，並輔以步驟解說及圖說，期望降低大家閱讀的壓力，輕鬆掌握 Google 教與學的必備技能，同時能夠學以致用。特別是在 COVID-19 疫情爆發之下，遠距教學成為常態，Google Meet 迅速成為老師和學生之間的上課橋梁，老師們除了要快速熟悉電腦的軟硬體設備外，還要兼顧學生的學習反應。雖然本書編輯過程中，力求正確無誤，但恐有疏漏不足之處，尚請教師、讀者及先進們不吝指教。

目錄

第 1 篇

遠距教學必備利器 - Google Meet

CHAPTER 01 認識 Google Meet 視訊會議

CHAPTER **02** 教學畫面分享

CHAPTER **03** 課堂分組討論

CHAPTER **04** 使用 Jamboard 白板教學

CHAPTER 05 主辦人錄製會議與課程內容

第 2 篇

師生互動平台 - Google Classroom

CHAPTER 06 在雲端教室建立課程

CHAPTER **07** 老師與學生互動技巧

第 3 篇

Google 文件應用

CHAPTER 08 Google 文件的教與學

CHAPTER 09 文件中的物件使用技巧

第 4 篇

Google 簡報應用

CHAPTER 10 Google 簡報的教與學

CHAPTER **11** 主題式簡報輕鬆做

第 5 篇

Google 試算表應用

CHAPTER **12** 試算表資料的輸入與編輯

CHAPTER **13** 公式與函式的應用

第 6 篇

Google 表單應用

CHAPTER 14 表單的製作與回覆

CHAPTER 15 表單的進階應用

第 7 篇

Google 教學的好幫手

CHAPTER 16 免費又安全的雲端硬碟 Google Drive

CHAPTER 17 Google 日曆的行程管理

遠距教學必備利器 - Google Meet

學習大綱

01. 認識 Google Meet 視訊會議
02. 教學畫面分享
03. 課堂分組討論
04. 使用 Jamboard 白板教學
05. 主辦人錄製會議與課程內容

01

CHAPTER

認識 Google Meet 視訊會議

在網路世界中，Google 雲端平台所提供的應用軟體算是最新進與完備，Google 提供的應用軟體包羅萬象，除了簡報、文件、試算表等各類型的辦公軟體外，搜尋、電子郵件、雲端硬碟、日曆、雲端教室、視訊會議、表單等，每一項工具都可以有效率地幫助大家完成各種工作。特別是 2021 年 COVID-19 疫情爆發之下，遠距教學成為常態，Google Meet 迅速成為老師和學生之間的上課橋梁，老師們除了要快速熟悉電腦的軟硬體設備外，還要兼顧學生的學習反應。

Google Meet 是疫情期間學校使用率最高的遠距教學工具，因為只要擁有 Google 帳號，就能夠免費使用 Google 雲端平台所有的應用軟體，當然也包含了視訊會議軟體 Google Meet，除了手機裝置必須下載「Meet」APP 外，師生們無需再下載任何的程式。Meet 功能簡單且易操作，老師開視訊會議教課，學生輸入會議代碼上線學習，只要有攝影機和麥克風，老師就可以在家開始授課，遠端的學生也可以聆聽到老師的講解。

為了上課教學的方便，老師最好要有兩個 Gmail 帳號可以使用，一個帳號是用來發起視訊會議與學生互動的帳號，另一個帳號則是以學生的身分進入會議之中，如此老師才可以確認自己分享的畫面是否能正確無誤的顯示在學生的面前。

主要設備：老師授課時用以分享畫面和與學生溝通交流的電腦

次要設備：替代學生身分參加會議，讓老師得知學生所看到的畫面

一般筆記型電腦都有包含 Webcam 攝影機，所以在啟用 Google Meet 應用程式時，筆記型電腦就會自動抓取設備，如果是使用桌上型電腦，可以購買網路 HD 高畫質的攝影機，這種外接式的攝影機可夾掛在螢幕上，也可以置於桌面上，提供 360 度可旋轉的鏡頭，能手動聚焦調整，內建麥克風，還有 LED 燈可控制光度的大小，或做即時快拍，透過 USB 的傳輸線就能與電腦連接，價格也相當便宜。

Google Meet 有免費版和付費版兩種，使用免費版的人如果要發起或加入會議，必須先登入 Google 帳號才能使用，如果沒有帳號也可以免費註冊申請。雖然免費版的會議參與人數最多為 100 人，但是對大多數的教育機構、中小企業、公私立團體來說已經相當夠用，至於使用舉手、錄製會議內容、消除噪音等功能，只有付費版才有提供。

1-1 Google Meet 特點

視訊會議軟體相當多，Microsoft Teams、Google Meet、Zoom、Webex 等都有人使用，然而 Google Meet 使用的人數還是較為多數，主要是它擁有以下的特點：

- Google Meet 是一個免費使用的商務會議服務，既安全又實用，一場會議可同時邀請 100 人參與會議。
- Google Meet 適用於各種裝置：桌機、筆電、智慧型手機、iPad 等都可加入會議。
- 會議主辦人可以邀請參加會議的人，任何人必須經過主辦人允許才能加入會議，會議安全無虞。不會有大學教授以直播平台開課，竟湧入萬人旁聽的情形出現。

- 隨機產生的會議代碼由10個半形字元組合而成，很難讓有心人士破解代碼。
- 主持人和與會者無須額外下載或安裝軟體，直接透過 Google Chrome 瀏覽器就可進行高品質的會議。
- Google Meet 可以自動切換視訊會議的版面配置，將目前分享的畫面或是主要發言者固定在主畫面中。
- 使用行動裝置者，只要下載「Meet」APP，也能進行遠端視訊會議。
- 擁有強大的主持人控制台，可讓主辦人控制分享的螢幕、傳送訊息、麥克風、開啟鏡頭，也可以將特定人從會議中剔除。
- Google Meet 已經和 Google 所提供的應用程式以及 Microsoft Office 應用程式整合在一起，使用起來更方便。
- 視訊會議和儲存在 Google 雲端硬碟的資料在傳輸過程都經加密處理。

1-2 進入 Google Meet

要啟動 Google Meet 的應用程式，請開啟 Google 首頁，按下右上角的「Google 應用程式」鈕，即可在選單中點選「Meet」應用程式。

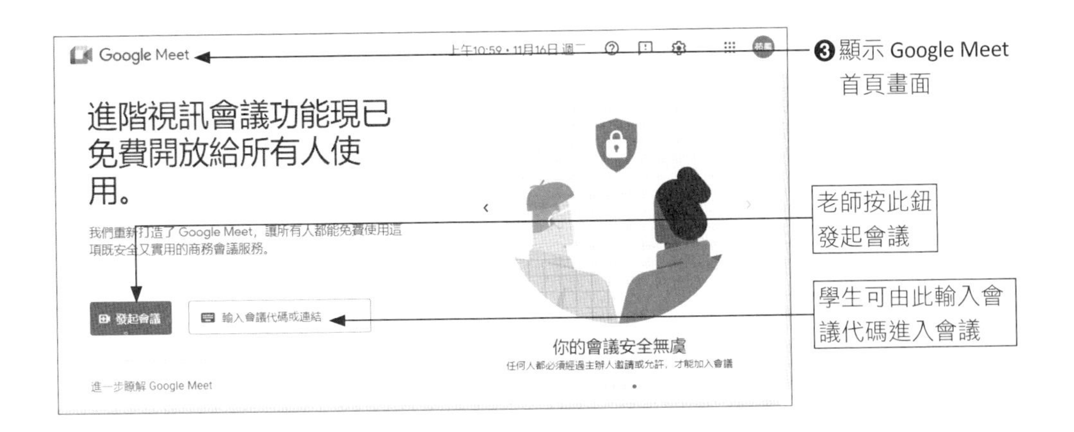

1-2-1 檢查視訊／音訊功能

進入 Google Meet 首頁畫面，會議主持人只要按下藍色的「發起會議」鈕就可以選擇會議建立的方式。不過在建立會議之前，你最好先檢查一下視訊與音訊功能是否正常。請按下 Google Meet 首頁右上角的「設定」⚙鈕，使顯現如下的「設定」視窗：

❑ 音訊

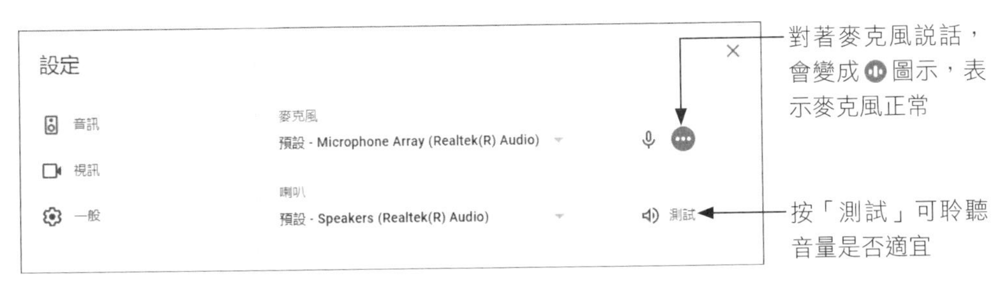

❑ 視訊

查看是否有影像出現，如果顯示「找不到攝影機」，就無法分享畫面給學生

由「設定」⚙鈕確認你的硬體裝備運作正常，且麥克風和音量大小合宜，就可以準備發起會議。

> **測試並診斷視訊效果**
>
> 各位除了利用「設定」⚙鈕來檢測背景畫面、喇叭及麥克風等硬體設備外，1-6-1 節當中我們會還教你「測試並診斷」的功能，能讓你更清楚知道其他與會者所看到的畫面效果或聽到的聲音效果。

1-2-2 Google Meet 會議發起方式

在 Google Meet 首頁按下 發起會議 鈕，會看到 Meet 提供的會議發起方式有如下三種方式：

預先建立會議
發起即時會議
在 Google 日曆中安排會議

❑ 預先建立會議

要在未來的時間建立會議，例如明天早上才要上課，不是現在要上的課，就可以選擇「預先建立會議」的選項，它會自動產生一個會議連結，只要把這個會議連結傳送給學生或是你邀請的對象，如此一來，等於是預先登記教室並拿到鑰匙，只要明天要上課時前在 Google Meet 輸入此會議連結，就可以加入會議。

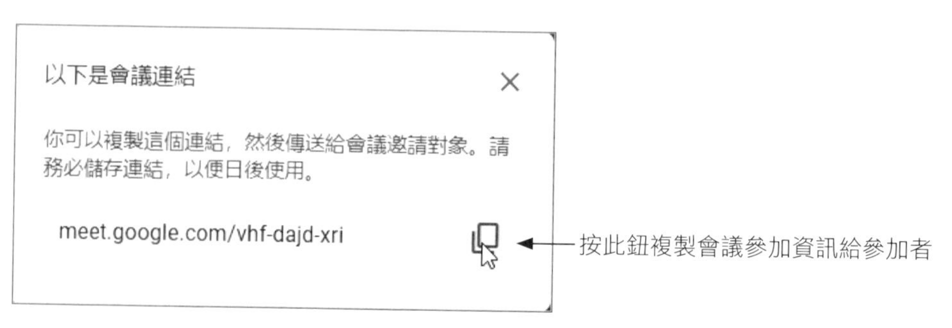

發起會議者就如同是這個會議的擁有者，所以在會議尚未開始之前，擁有者必須提早進入會議，否則你的學生即使知道會議的連結也無法進入會議，就如同他們沒有鑰匙被關在門外一樣，所以建立會議室的人必須預先提早 10 至 15 分鐘之前進入教室才行。

❑ 發起即時會議

想要現在就發起會議可以選擇「發起即時會議」的選項，同樣地，它會提供一個會議連結讓你分享給需要參加會議的人，所以按下 ⧉ 鈕複製會議連結後，可以將這個連結轉貼到 LINE 之類的社群軟體中。透過這樣的方式，使用者必須獲得你的准許才可使用這個會議連結來加入，你可以按下藍色的「新增其他人」鈕來新增成員。

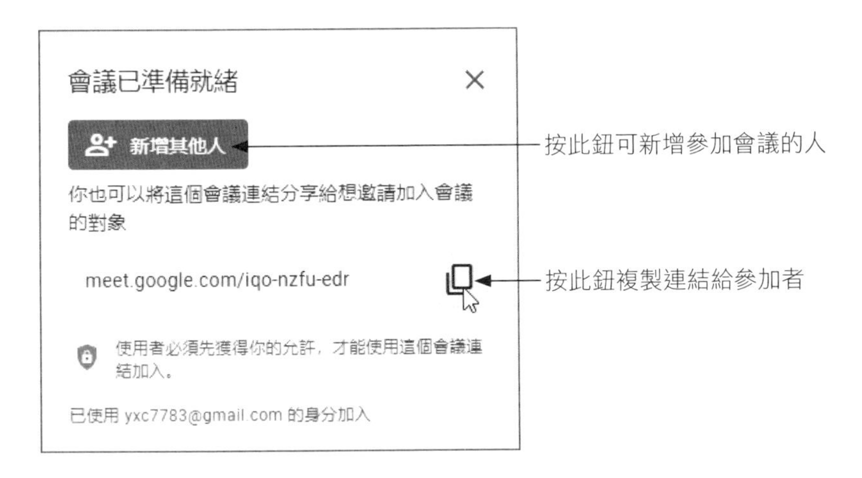

❑ 在 Google 日曆中安排會議

選擇「在 Google 日曆中安排會議」的選項，就會進入日曆視窗進行活動詳細資料的填寫。透過日曆安排會議事實上好處還蠻多的，等一下我們會跟各位詳細做說明。

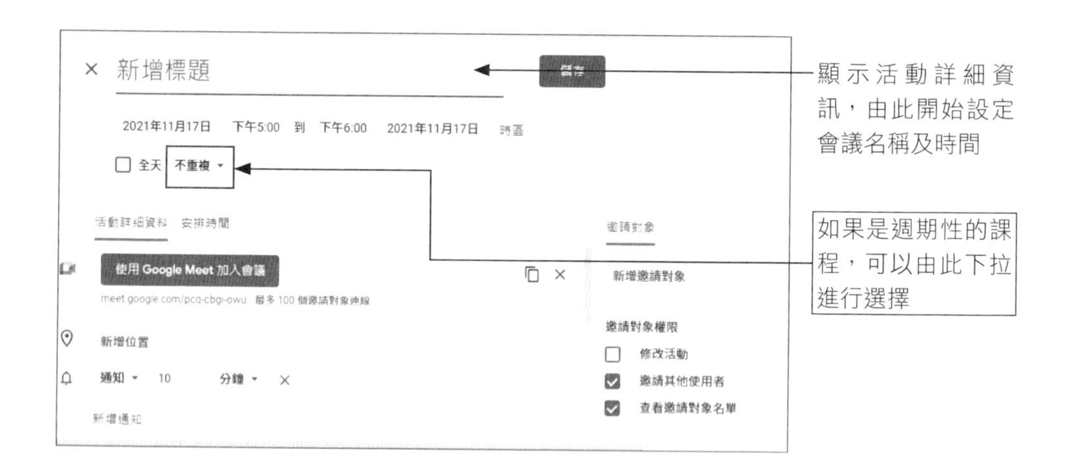

1-2-3 Google Meet 操作環境

對於會議發起的三種方式有所了解後，這裡先簡要解說一下 Google Meet 的操作環境，讓各位有個基本的了解。請按下藍色的「發起會議」鈕，我們從「發起即時會議」來做說明。

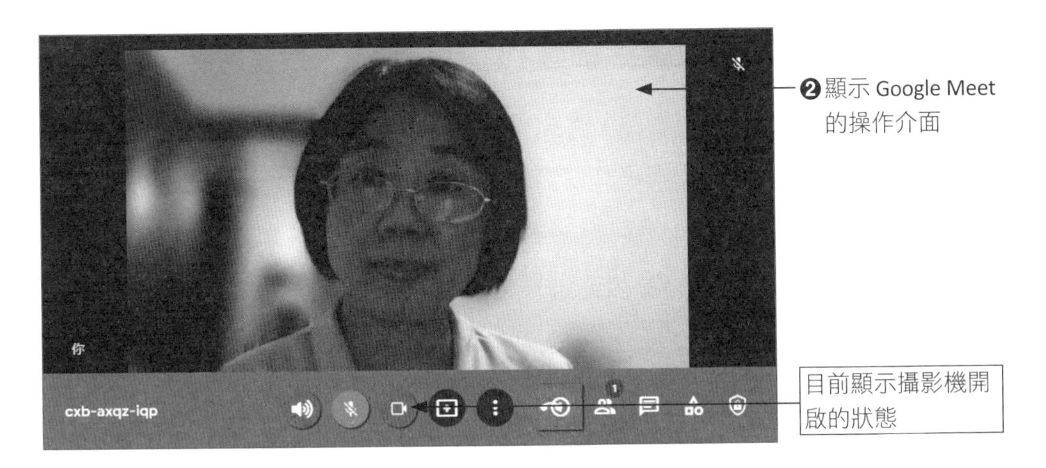

上圖視窗顯示會議主持的視訊畫面，如果關閉攝影機功能，將會以你 Google 帳號的圖示鈕顯示，如下圖所示。

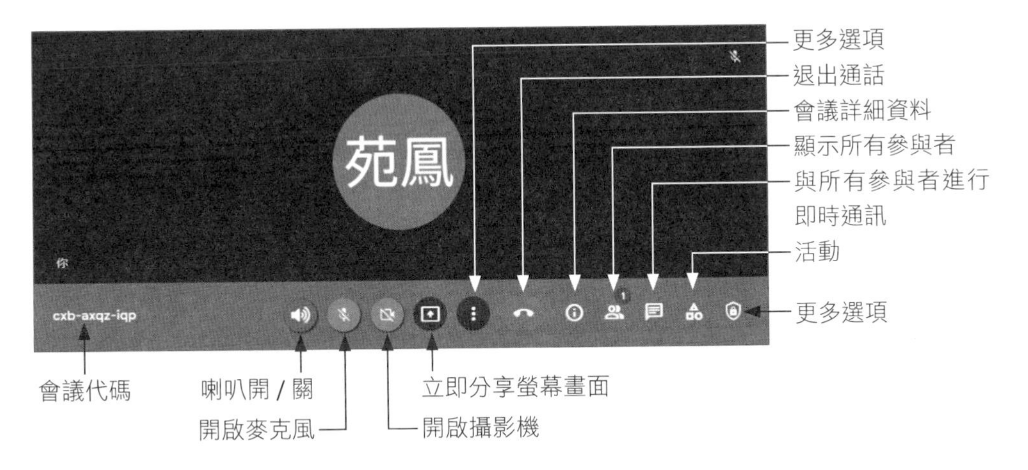

在進行會議時，喇叭、麥克風、攝影機功能需要開啟，使呈現綠色按鈕狀態，這樣才能將分享的畫面或解說的音訊傳送給學生。左下角顯示的是這次會議的代碼，學生只要在 Google Meet 首頁輸入此會議代碼就能進入會議之中。會議有多少人參加，可以在圖示鈕上看到數字，目前數字「1」表示只有會議主持人 1 人而已。各按鈕所代表的意義大致如上所示，各位只需概略知曉即可，之後章節會詳加說明。

1-2-4 複製與分享會議詳細資料

在發起 Google Meet 會議後，必須複製和分享會議的連結網址或代碼給參與會議的人，這樣他們才可以透過連結網址或是輸入會議代碼進入到會議當中。如果在發起會議前你忘了複製會議連結給參加者，也可以進入會議後，透過「會議詳細資料」ⓘ鈕來複製會議參加資訊。

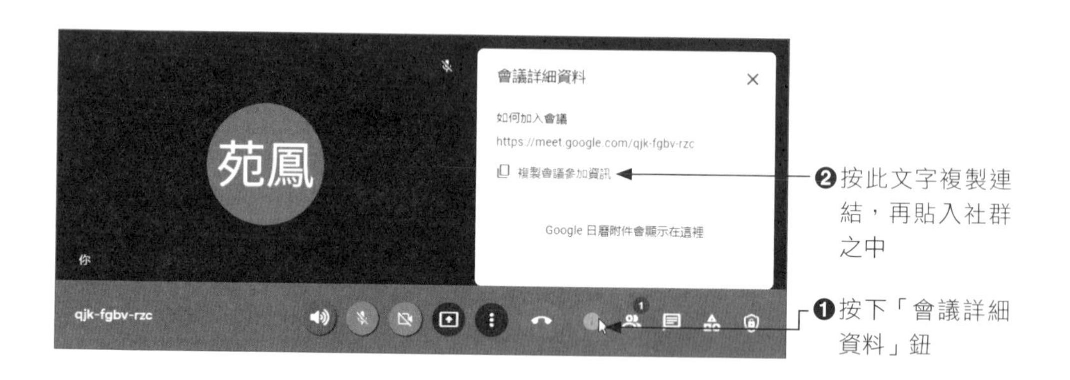

1-2-5 與會者加入會議

當與會者有收到會議的代碼，可以在「輸入會議代碼或連結」的欄位中輸入代碼，按下後方的「加入」鈕進入後，只要檢查好個人的音訊及視訊功能，就可以按下「要求加入」鈕請求會議主持人的許可，會議主持人一旦接收到訊息，按下「接受」鈕就可以讓你進入到會議之中。

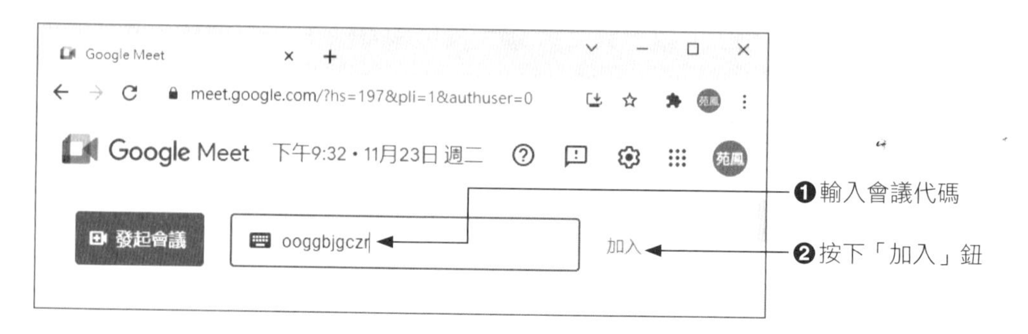

1-2-6 查看主辦人控制項

在前面的特點裡我們提到，Google Meet 擁有強大的主持人控制台，可讓主辦人控制分享的螢幕、傳送訊息、麥克風、開啟鏡頭，也可以將特定人從會議中剔除。要查看主持人控制項，請從右下角按下 🔒 鈕。

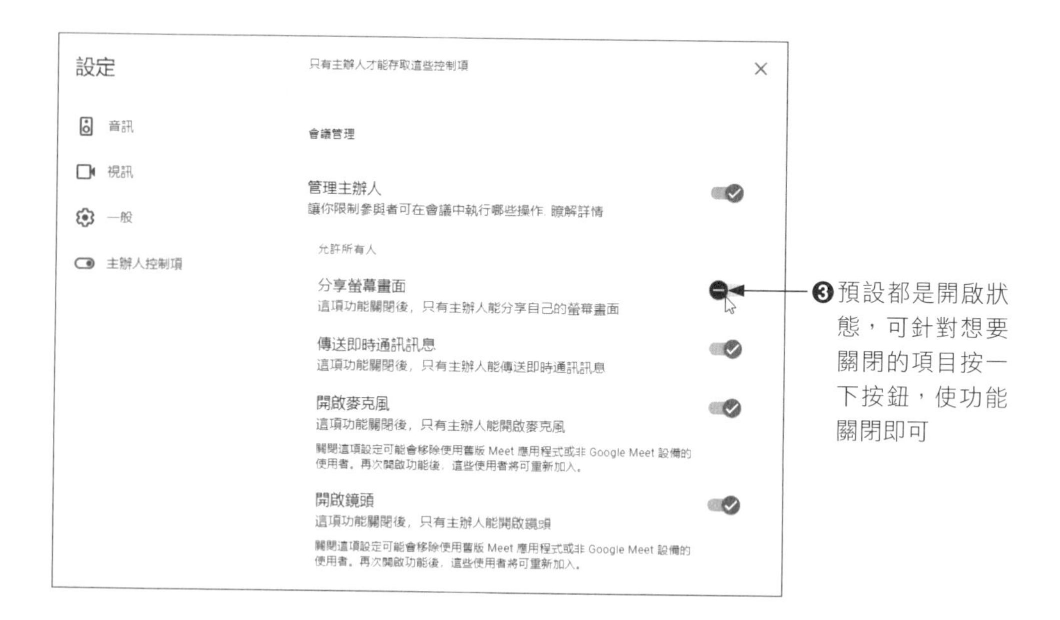

1-2-7 結束會議

會議主持人如果要結束這場會議可按下「退出通話」鈕，在顯示的對話方塊中選擇「結束通話」，即可為所有人結束這場視訊通話。

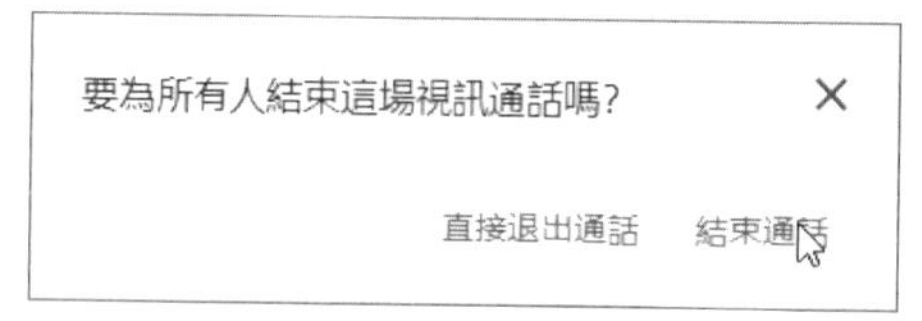

1-3 從 Google 日曆新增 Google Meet 會議

在 Google 雲端平台上，除了直接點選「Meet」鈕來啟動視訊會議外，也可以從 Google 日曆來安排 Google Meet 會議。

1-3-1 從日曆新增會議好處多

從 Google 日曆開啟視訊會議有許多的好處：

- 日曆可以很明確的設定日期和時間，對於一整學期的課程，老師可以預先設定好明確的開始和結束時間或是設定上課的週期性，並預先將連結的網址提供給學生，如此一來就不用每次上課都要預先提供會議代碼給學生，讓學生一整學期都使用固定會議代碼，避免上課前工作繁多而影響到上課的教學。

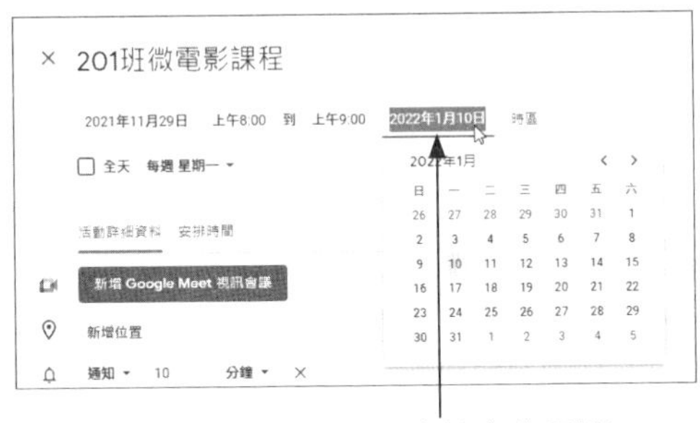

由此可設定結束的日期

由此下拉可設定週期性

- 日曆可設定提醒的時間，讓你知道等一下有會議，你就可以很從容的準備待會要會議的內容。
- 如果已經事前收集好所有學生的 Gmail，可將所有學生的 Gmail 輸入，之後 Google 就會傳送電子郵件給你的學生，讓學生知道老師在何時邀請學生進入會議，所以不用再將會議的代碼傳送至學生的 LINE 群組。
- 只有日曆邀請中所列出的使用者可直接加入會議，不必另外提出要求。
- 透過日曆發起視訊會議，除了可以順便邀請與會者外，還可以插入 Google 雲端硬碟上的檔案共享給參與會議的人，像是簡報檔或文件檔等，可提供與會者事前了解會議內容。
- 在 Google Meet 視訊會議中，可以快速瀏覽在 Google 日曆中共享的檔案清單，並在視訊會議中快速開啟。

1-3-2 在 Google 日曆中安排會議

你也可以在「日曆」的應用程式中點選要上課的時間，即可顯示視窗讓你輸入會議標題，同時一併設定提醒鈴、通知與會學生、並提供課程資訊給學生預先瀏覽。設定技巧如下：

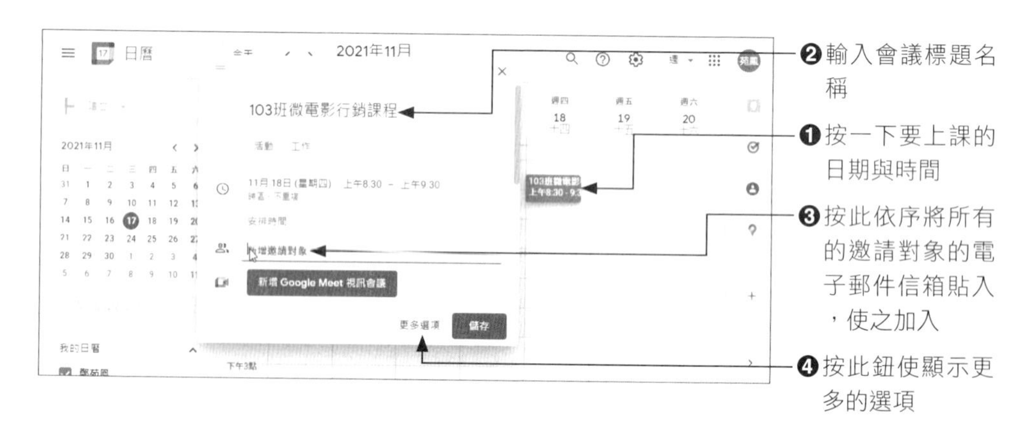

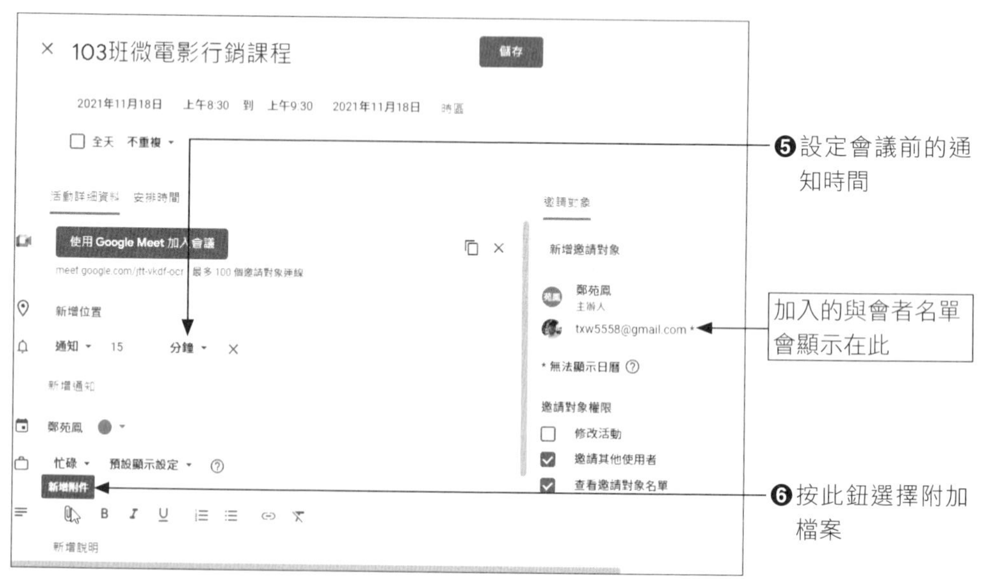

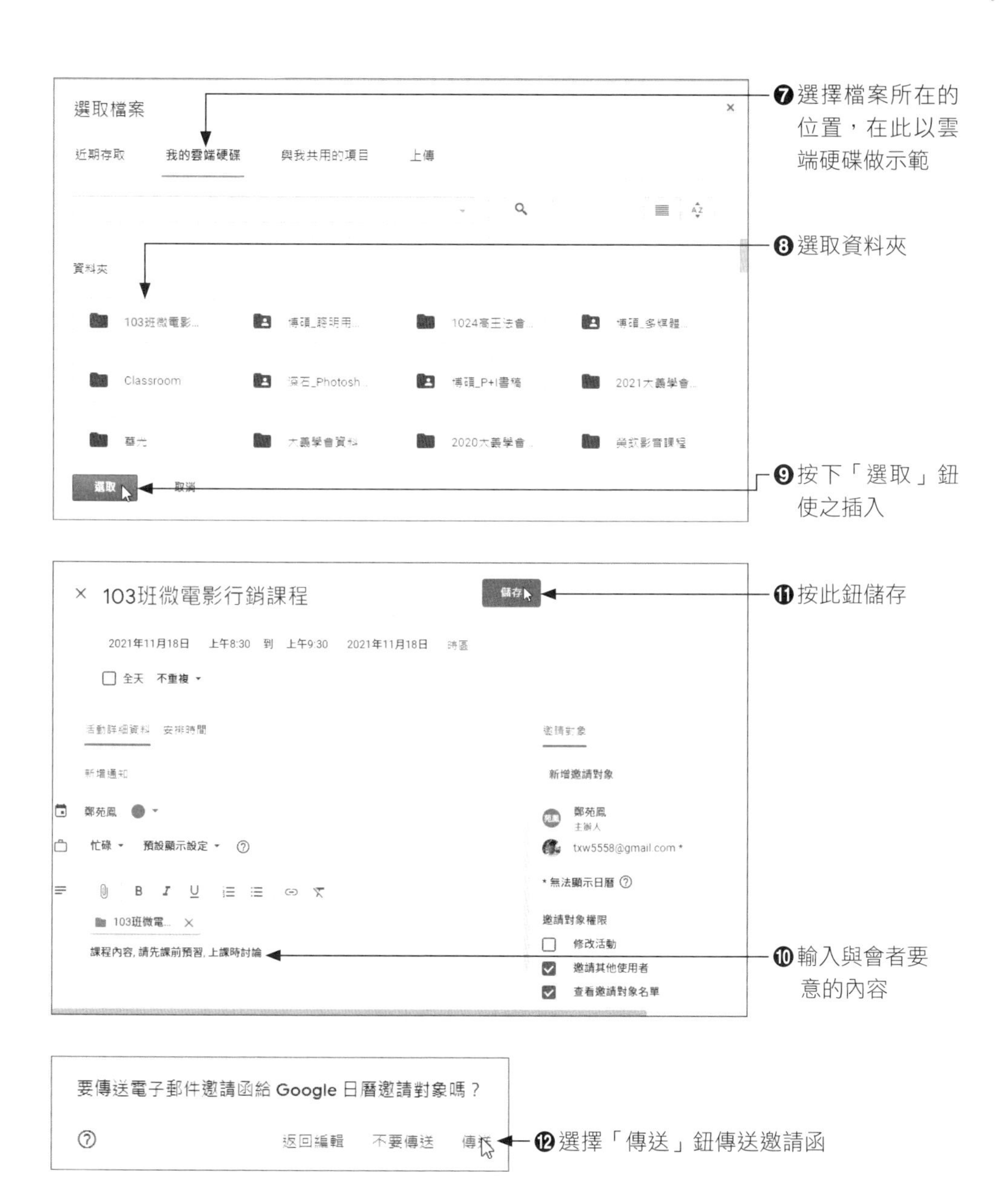
選取檔案
近期存取
我的雲端硬碟
與我共用的項目
上傳
資料夾
103班微電影...
Classroom
選取
取消
❼選擇檔案所在的位置，在此以雲端硬碟做示範
❽選取資料夾
❾按下「選取」鈕使之插入
103班微電影行銷課程
儲存
2021年11月18日 上午8:30 到 上午9:30 2021年11月18日
全天 不重複
活動詳細資料 安排時間
新增通知
鄭苑鳳
忙碌 預設顯示設定
103班微電...
課程內容, 請先課前預習, 上課時討論
邀請對象
新增邀請對象
鄭苑鳳
主辦人
txw5558@gmail.com *
* 無法顯示日曆
邀請對象權限
修改活動
邀請其他使用者
查看邀請對象名單
⓫按此鈕儲存
❿輸入與會者要意的內容
要傳送電子郵件邀請函給 Google 日曆邀請對象嗎？
返回編輯
不要傳送
傳送
⓬選擇「傳送」鈕傳送邀請函

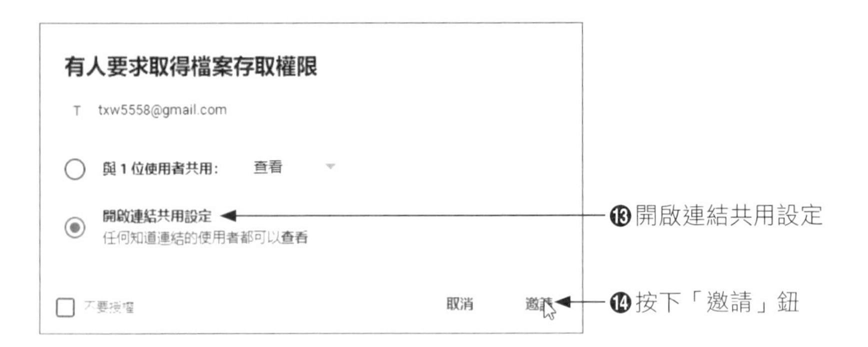

透過這樣的方式，你所寄出的邀請函就會被你的邀請對象給收到，他們也可以回覆是否參加此會議，主辦者也可以輕鬆掌握會議參與的情況。

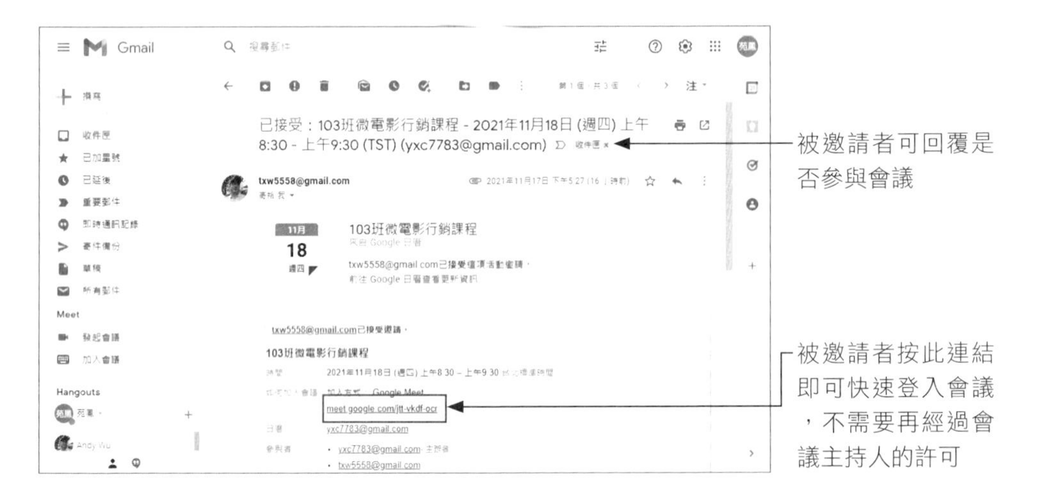

1-3-3 進入 Google Meet 會議

當會議的時間快開始時，會議主持人會收到提醒的通知，你可以在 Google 日曆點選一下活動，就會出現所安排的活動標題，按下藍色的「使用 Google Meet 加入會議鈕」鈕即可進入 Google Meet。

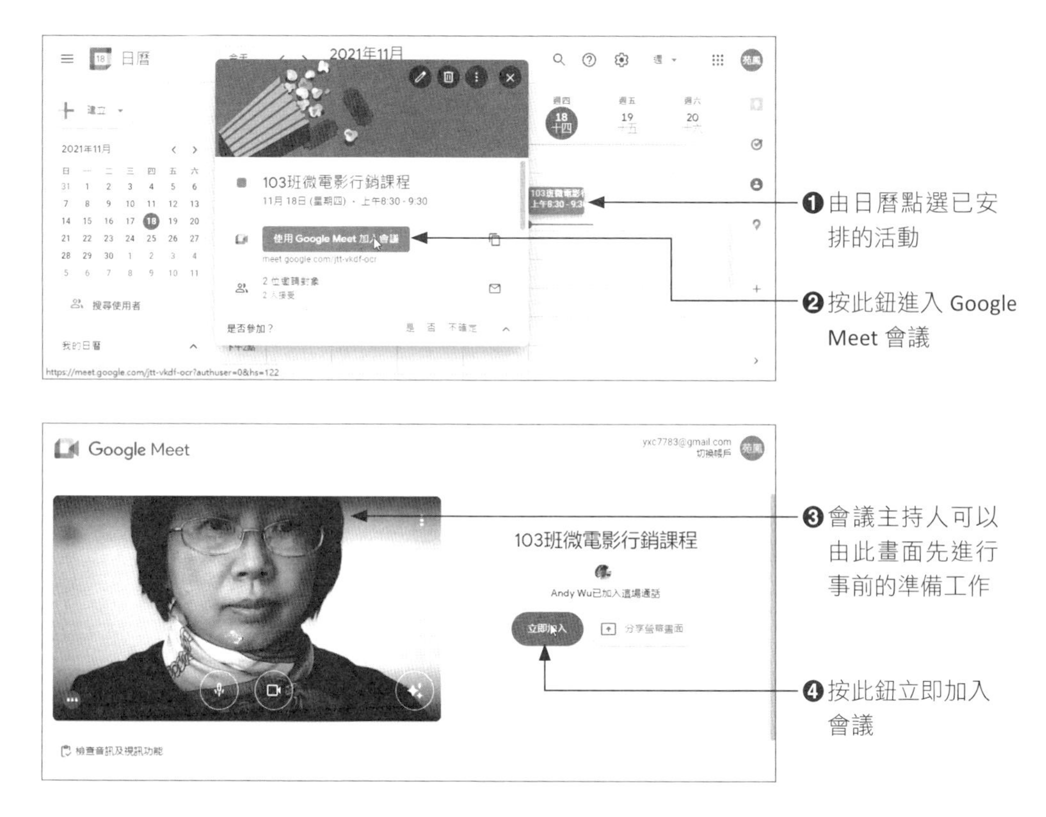

會議開始後，如果有與會者進入會議，你就可以在畫面上看到你和與會者的視訊畫面或大頭貼圖示了！

1-3-4 迅速開啟會議資料

當你在建立會議資料時有一併附加檔案，那麼在會議進行時可以快速從日曆的附加檔案處開啟檔案，如圖示：

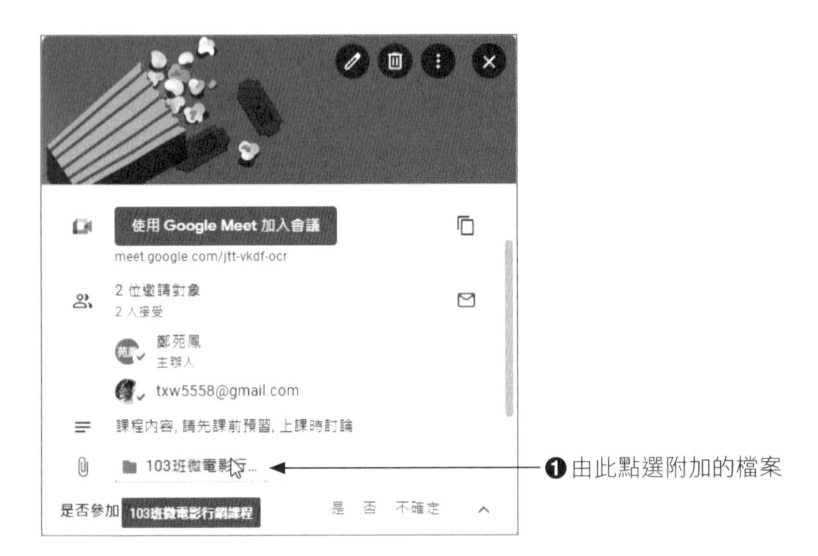

要注意的是，如果老師製作的簡報是 Microsoft PowerPoint 簡報檔，而非 Google 簡報，可能在播放時無法顯示部分的 PowerPoint 功能，畢竟 PowerPoint 功能比 Google 簡報功能強大許多，所以各位老師不妨從你的電腦桌面先開啟 PowerPoint 簡報後再進行螢幕分享畫面。

1-4 使用 Gmail 發起和參加視訊會議

如果你經常使用 Gmail 電子郵件來進行聯絡，也可以選擇由 Gmail 應用程式來發起會議或加入會議。

1-4-1 由 Gmail 發起會議

在 Gmail 視窗左下方點選「發起會議」即可開啟會議。

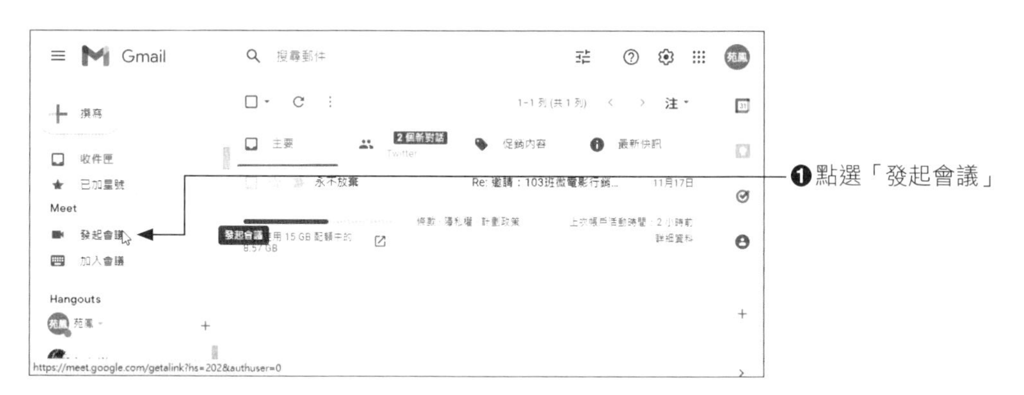

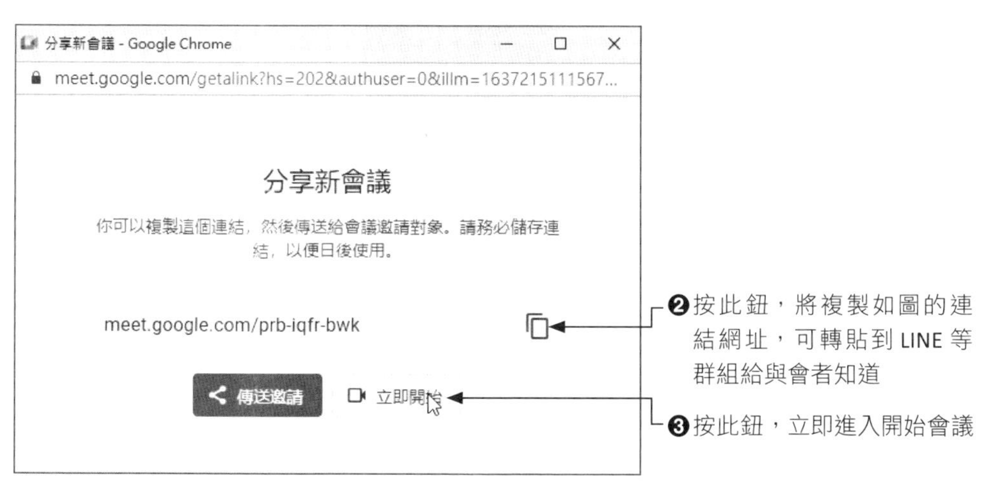

1-4-2 由 Gmail 加入會議

如果你有收到他人寄給你的視訊會議通知，在 Gmail 視窗中點選「加入會議」，輸入會議代碼並按「加入」鈕後，就會進入 Google Meet 視窗，調整好你的硬體設備就可以按下「要求加入」鈕等待會議主持人的許可。

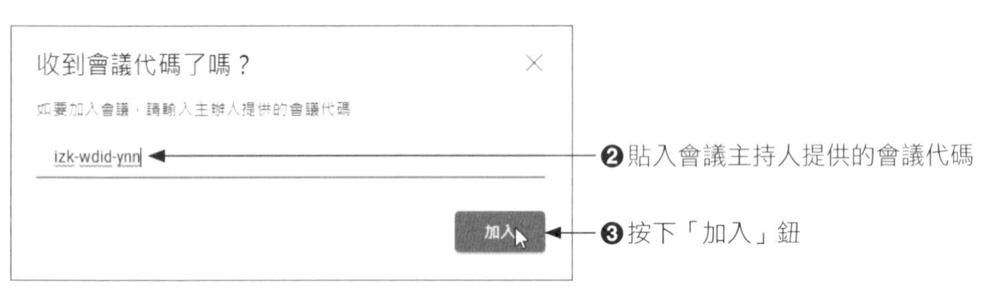

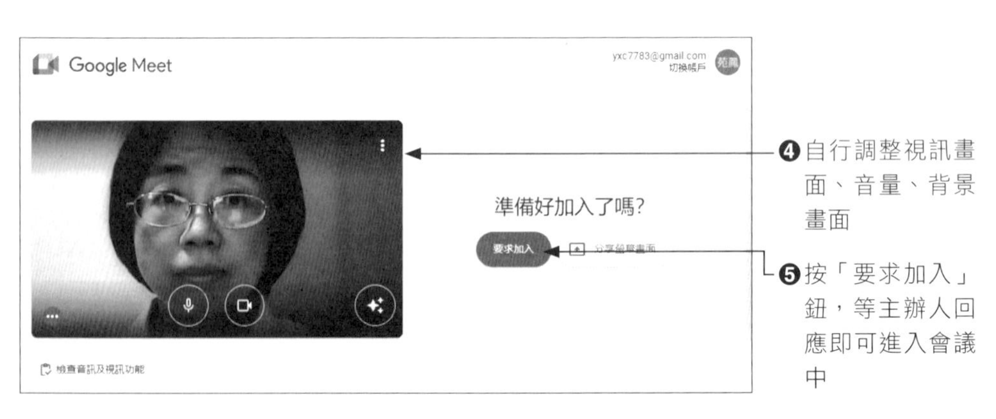

1-5 使用行動裝置發起或加入視訊會議

如果家中沒有桌上型電腦或筆記型電腦，也可以使用智慧型手機來發起或加入 Google Meet 視訊會議。請自行從 Play 商店搜尋並安裝「Google Meet」App，完成安裝後就會在手機桌面上看到 Meet 的圖示鈕。

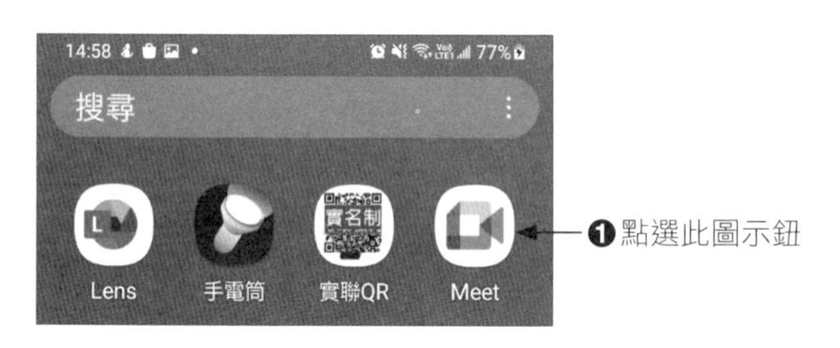

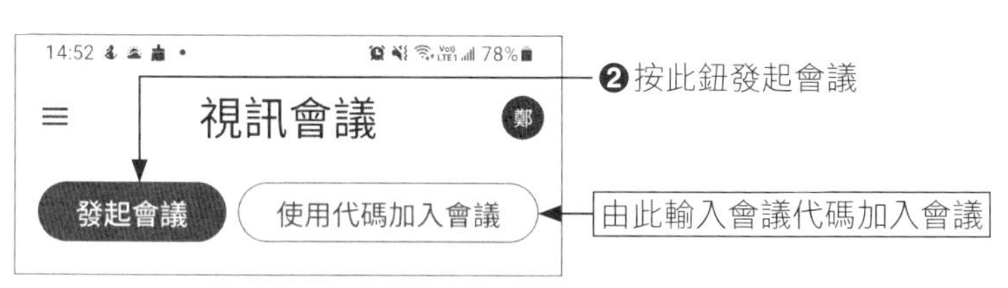

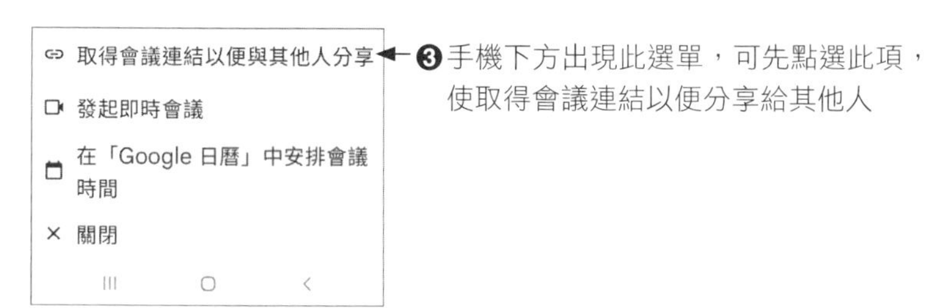

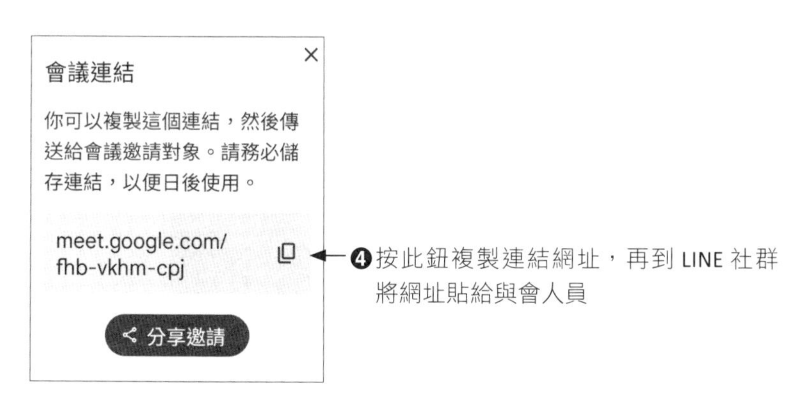

跳離此視窗後，各位就會在「視訊會議」的視窗下看到剛剛建立的會議連結，直接點選連結即可進入 Google Meet。

進入左圖視窗時，各位可以選擇將畫面轉為橫向，那麼只會顯示會議代碼、視訊畫面和按鈕，以手指往上滑動即看到下方的會議連結，方便你隨時將連結傳送給他人。按下「加入」鈕將進入如右圖的視訊會議畫面，只要有人加入進來就可以看到對方的大頭貼照。

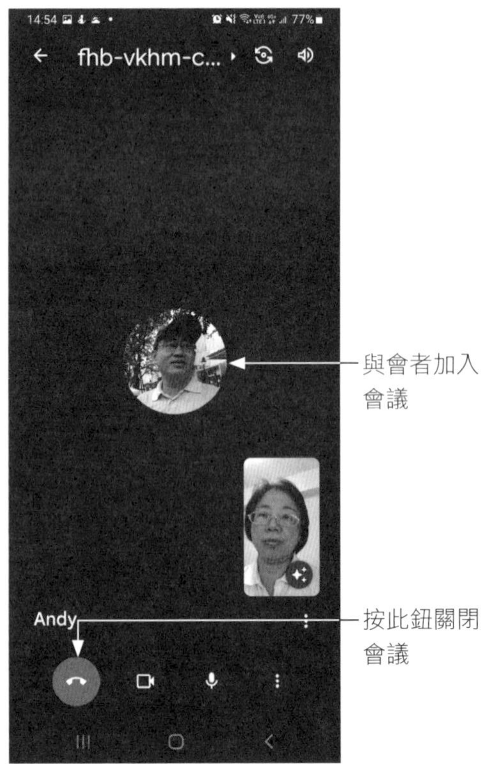

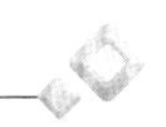

如果會議主持人想改變背畫面效果，可在「加入」會議之前於視訊畫面中按下✪鈕，即可進入下圖視窗做選擇。

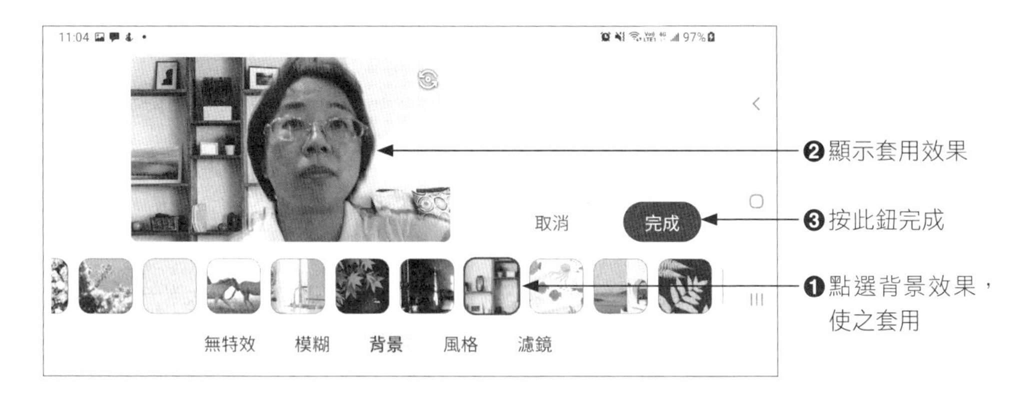

1-6 Google Meet 會議操作技巧

在前面的小節中，各位已經知道如何從 Google Meet、Google 日曆、Gmail、智慧型手機等方式來加入 Google Meet 視訊會議，這個小節則要說明 Meet 視訊會議的操作技巧，讓各位輕鬆掌握硬軟體設備。這裡我們從日曆中已建立的活動來開啟視訊會議。

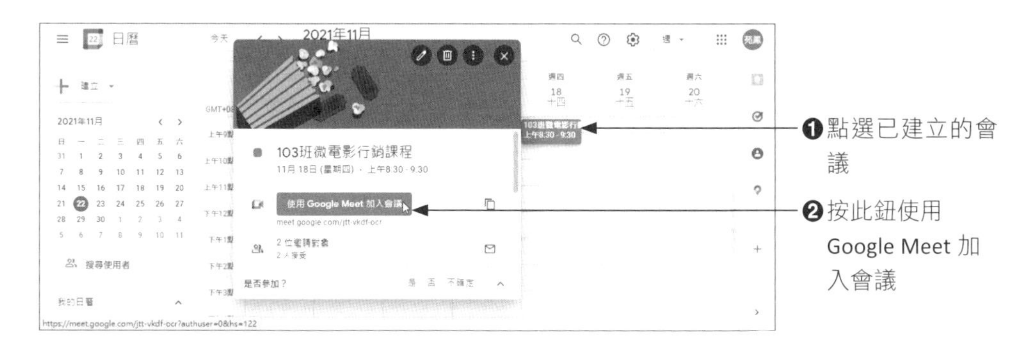

1-6-1 事前準備工作 - 音訊／視訊／效果設定與檢查

當我們在上圖中按下藍色的「使用 Google Meet 加入會議」鈕後將看到如下圖的畫面，建議會議主持人先檢查一下自己電腦上的音訊及視訊功能是否正常運作，同時選定你要使用的背景效果。

❑ 檢查音訊和視訊

❸對著麥克風講話，看看聲音是否保持在綠色的範圍內

各位可以看到左側有個黃綠的線條，這是顯示音量的大小，如果你的講話聲音和喇叭的音量都維持在綠色的範圍，代表你的音量足夠讓參與會議的人聽清楚，如果大都維持在黃色的區域，就表示你的音量不足，必須靠近麥克風或加大喇叭的聲音。原則上喇叭和麥克風要選擇相同的裝置，避免產生回音的效果，使聲音聽不清楚。

❑ 背景效果設定

在家利用遠距方式進行上課或會議，如果周遭環境太過雜亂，或是因為環境緣故，怕家人從身後不斷亂入鏡頭，可以利用「效果」標籤來選擇喜歡的背景，這樣家庭隱私才不會被偷窺，也不會影響到會議的進行。

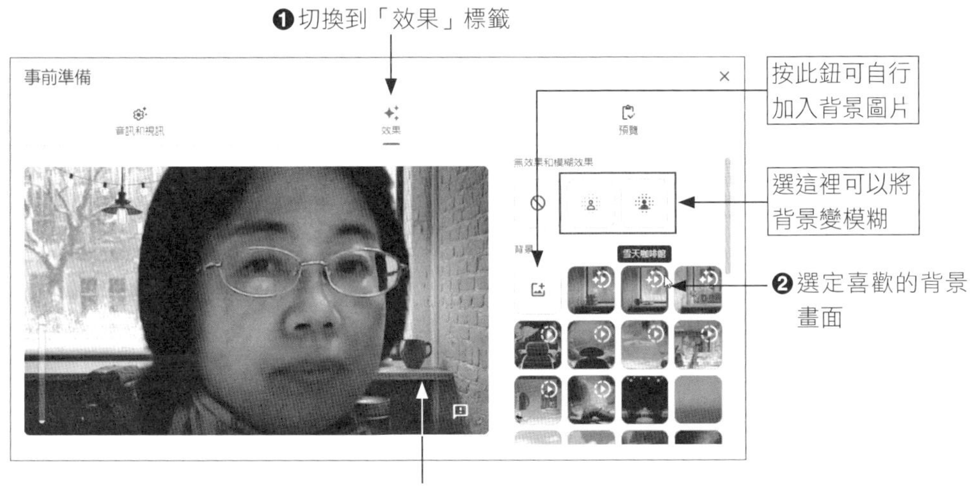

上傳背景畫面

對於背景的圖片，會議主持人可以透過「上傳背景圖案」來上傳具有宣傳效果的背景圖片，不過在上傳圖片之前，必須先將圖片做「水平翻轉」的動作，這跟手機自拍的原理一樣，因為它會產生鏡射的效果，所以必須做翻轉的動作，這樣才能讓圖片中的文字顯示正常，如下圖所示。

正常圖片

水平翻轉後的圖片

經過水平翻轉後，就能在視訊的預視窗中看到正常的文字了！

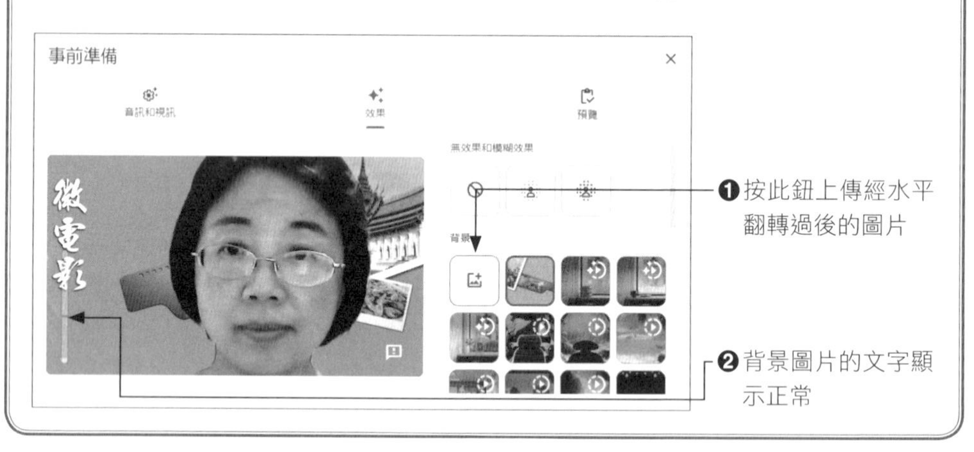

❑ 測試並診斷視訊效果

設定好你要的背景畫面、喇叭及麥克風的音量後，你可以透過「預覽」標籤的「測試並診斷」功能，來了解其他與會者所看到的畫面和聲音效果。

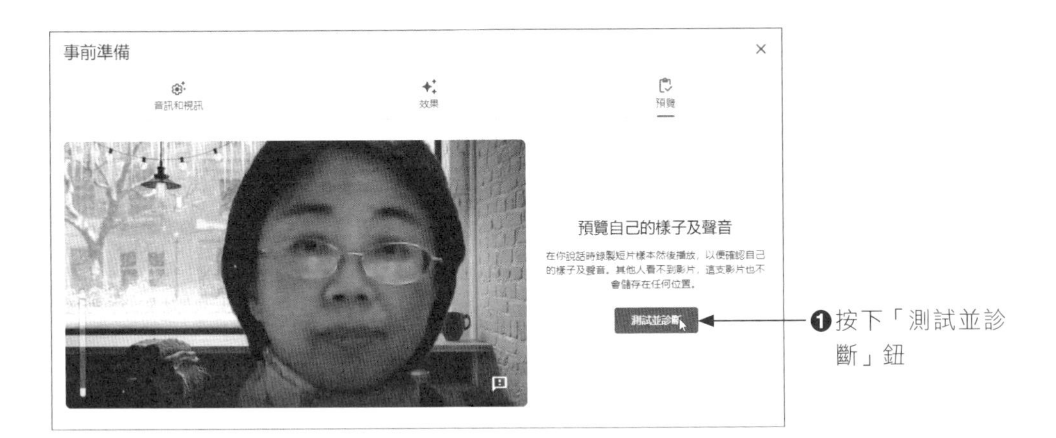
事前準備
音訊和視訊
效果
預覽
預覽自己的樣子及聲音
在你說話時錄製短片樣本然後播放，以便確認自己的樣子及聲音。其他人看不到影片，這支影片也不會儲存在任何位置。
測試並診斷
❶按下「測試並診斷」鈕

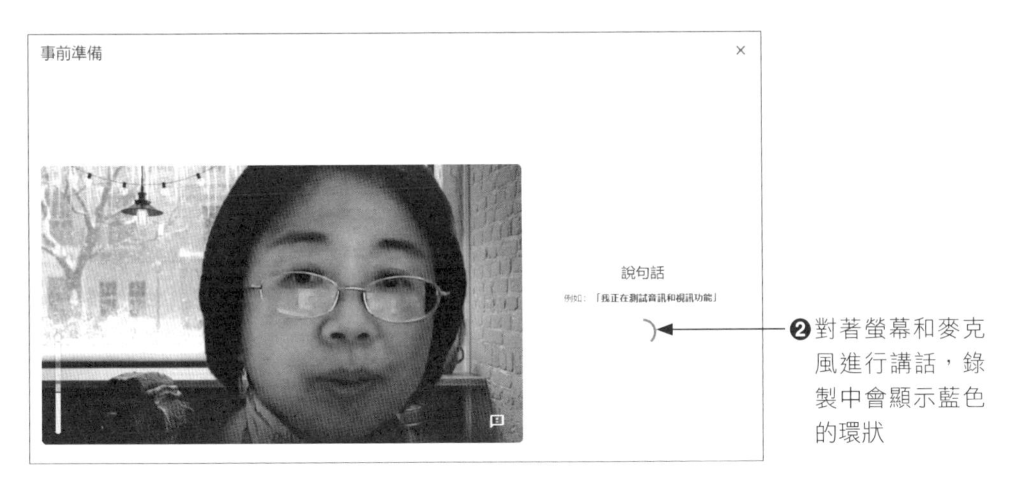
事前準備
說句話
例如：「我正在測試音訊和視訊功能」
❷對著螢幕和麥克風進行講話，錄製中會顯示藍色的環狀

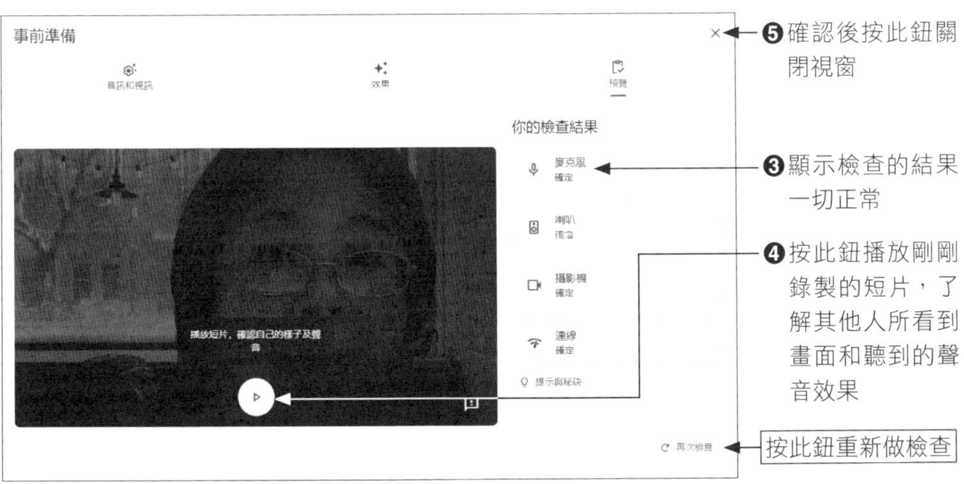
事前準備
音訊和視訊
效果
預覽
你的檢查結果
麥克風
確定
喇叭
確定
攝影機
確定
連線
確定
提示與秘訣
播放短片，確認自己的樣子及聲音
再次檢查
❺確認後按此鈕關閉視窗
❸顯示檢查的結果一切正常
❹按此鈕播放剛剛錄製的短片，了解其他人所看到畫面和聽到的聲音效果
按此鈕重新做檢查

會議中變更視訊背景方式

在發起會議後，如果才發現自己忘了設定視訊背景的畫面，可在視窗底下按下「更多選項」鈕，在顯現的選單中選擇「套用視覺效果」指令，就會在右側顯示「效果」面板讓你設定視訊背景效果。

1-6-2 接受與會者加入會議

會議主持人檢測完硬體設備和視訊效果後，在 Google Meet 首頁右側按下鈕即可進入會議，如果有人想要加入會議，會議主持人就會看到如下的對話方塊，只要經過你的認可，按下「接受」鈕就能讓對方進入會議之中。

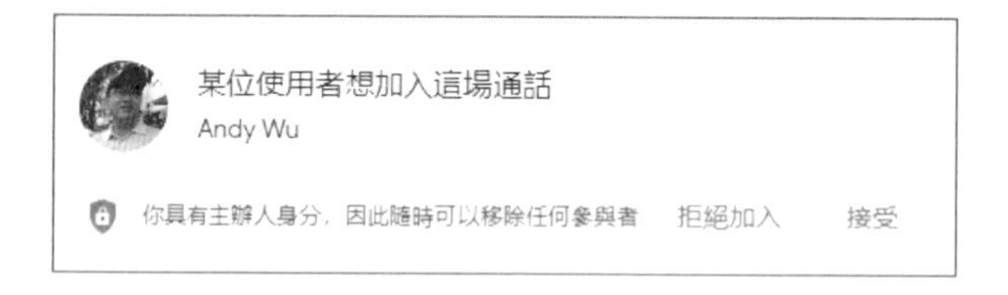

1-6-3 顯示所有參與者

在視窗右下角按下「顯示所有參與者」鈕，將顯示「參與者」的視窗，你可以看到會議主辦人和你的會議參與者的名單，而圖示鈕上方會顯示數字，表示參與會議的人數，所以透過數字可以知道這個會議是否有學生沒來上課。

顯示目前會議中有兩個人

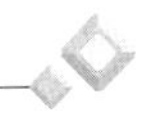

1-6-4 將自己固定在主畫面上

會議進行中如果希望自己的視窗畫面能夠一直固定在主畫面裡不要跳離，特別是人數較多時，不希望自己的視窗被學生給淹沒時，可以按下 🖈 鈕來進行固定，如此一來，即使是分享畫面，你自己的畫面也會一直保留在主畫面上。

❷顯示畫面釘住的狀態

1-6-5 與所有參與者進行即時通訊

在視窗右下角按下「與所有參與者進行即時通訊」 鈕，將會開啟「通話中的訊息」視窗，這是老師和學生溝通的最佳橋樑，老師可以在這個聊天室裡與所有的學生對話，課程進行中如果學生有疑問，也可以透過此管道告知老師。

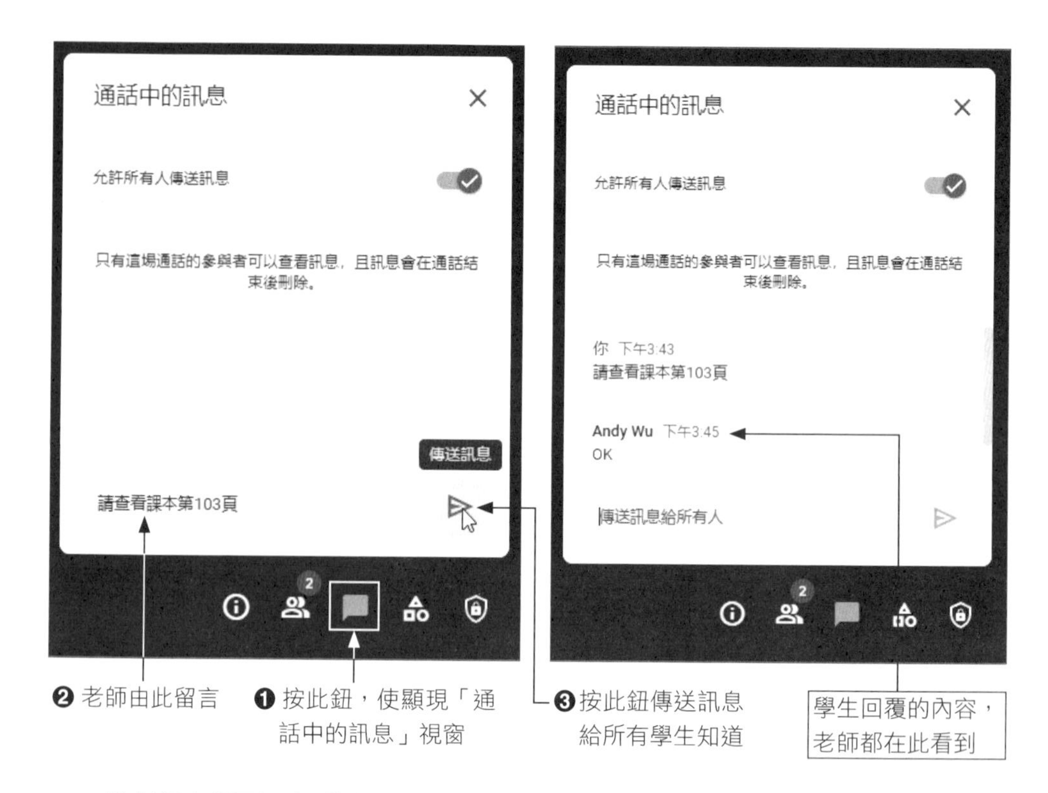

當老師上課到一個階段時，想要知道學生是否理解課程的內容，就可以在此請學生輸入「OK」等字眼讓老師知道，或是老師在講課時，學生無法打開麥克風，也可以透過這個聊天室來發問問題，所以建議老師在上課時最好將聊天室開啟，你就可以隨時知道學生有那些問題，並立即給予回應。

1-6-6 變更版面配置

變更版面配置提供多種的配置方式可以選用，例如國小老師上課想看到所有學生的視訊畫面，或是想增加畫面上顯示的參與者數量，就可以按下視窗底端的 ⋮ 鈕，然後選擇「變更版面配置」指令，透過以下的幾個版面配置來選擇最適合老師的上課方式。

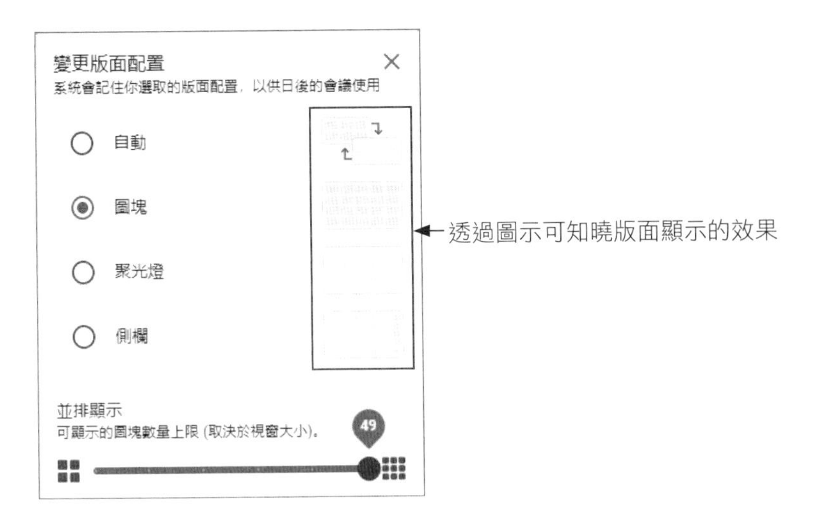

- **自動**：老師在分享 PPT 和學生之間，它會自動幫你分配這些格子，以固定的比例顯示。
- **圖塊**：當你想在課堂上與學生互動，希望清楚看到學生的表情和上課情況，了解學生是否有認真聽講或打瞌睡，那麼可以選擇「圖塊」的選項。選擇「圖塊」後可在底端拖曳藍色的圓鈕，可設定圖塊顯示 6、9、16、30、42、49 等數目，它的格子會等比例的縮小，端看你上課的學生人數多寡來選擇圖塊數量的上限值。
- **聚光燈**：聚光燈的功能在於聚焦，如果是老師正在分享簡報，那麼簡報的畫面就會充滿整個視窗，如果是老師在講課或學生在進行報告，那麼也會以整個視窗顯示老師或學生的畫面。
- **側欄**：它是以固定的比例顯示分享的畫面，然後其他的學生放置在一側。

1-6-7 剔除與會者加入會議

在會議進行中，如果有人不遵守會議規則或是擾亂秩序，會議主持人有權利將他剔除於會議之外。請在該成員後方按下「更多動作」⋮ 鈕，當出現如下的選單時選擇「從會議中移除」指令即可進行移除的動作。

❷按此處點選「更多動作」⋮鈕，再點選「從會議中移除」指令

❶按此鈕顯示「參與者」面板

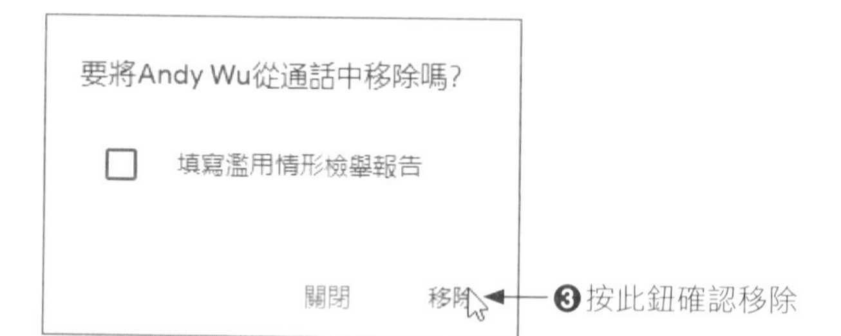

02

CHAPTER

教學畫面分享

在前一個章節中，各位對於 Google Meet 的軟硬體的檢查、進入方式、以及環境操作有所了解後，接下來這個章節則是針對教學畫面的分享來進行探討，螢幕畫面的分享可在老師加入會議前或加入會議後，這些我們都會在這個章節做說明，期望透過正確的畫面分享方式，將老師們日常的教學清楚地顯示在遠端學生的面前，像是圖片、影片、PPT 簡報檔、網頁畫面等，選擇對的分享方式才能即時且完整的將畫面傳送到學生的面前。

首先我們以老師加入「會議後」的螢幕畫面分享做說明，要將你的畫面分享給其他人，可在視窗下方按下「立即分享螢幕畫面」鈕，你會看到如下的三個選項。

2-1 會議中分享你的整個畫面

當你想要分享直播的畫面，或是你在教授應用軟體、程式或平台的操作技巧，可以選擇「你的整個畫面」的選項，那麼你所做的任何動作，或是按了哪個按鈕，整個演示的過程就可以被參與會議的人看到。

雖然分享「你的整個畫面」的選項看似很方便，但也意味著你的所有操作過程也會讓學生知道，包含你在開啟檔案、找尋檔案、開錯程式等，如果你的電腦中放有個人隱私的資料，也變相的洩漏出去，所以老師只是要播放簡報或放置圖片給學生看，建議不用使用這個選項。

另外，選擇分享你的整個畫面時，如果要讓與會者清楚看到分享的畫面，勢必要將畫面放大，此時老師就無法看到學生的狀態，也無法讀取學生給老師的訊息，自然就無法順利掌控整個上課的情形。

2-1-1 立即分享你的整個畫面

當你按下「立即分享螢幕畫面」鈕，並選擇「你的整個畫面」時，你會在 Google Meet 上方先看到如下的畫面，點選畫面後再按下「分享」鈕就會分享整個螢幕。

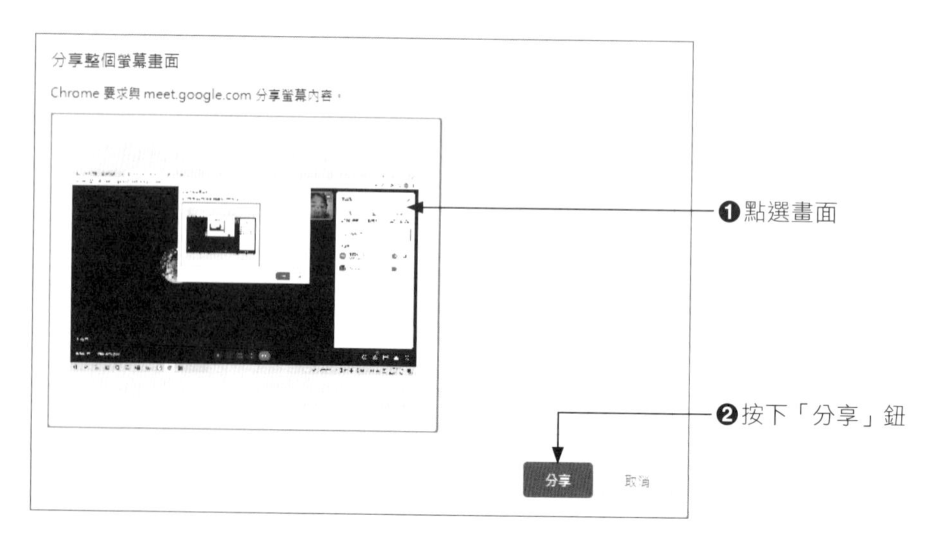

❸Google Meet 顯示的共用畫面會出現無限鏡室效應

❹再由工作列選擇你要操作的應用軟體，即可開始進行軟體的操作，操作畫面就會正常

各位可以看到，在分享你的整個畫面時，Google Meet 會出現如上圖所示的無限鏡室效應，也會顯示白色文字的警告訊息，你可以按下「略過」鈕，因為之後在操作軟體的教學過程就會顯示正常。不過建議各位盡可能選用「單個視窗」或「分頁」的選項較為合適。

2-1-2 停止共用

當你完成軟體的操作過程後，只要在視窗下方按下「停止共用」鈕，就可以關閉你所分享的畫面。

meet.google.com 正在共用你的畫面。 停止共用 隱藏

2-2 會議中分享單個視窗

所謂「單個視窗」就是你只分享你現在開啟的其中一個視窗，也就是說，共享單一視窗時，視窗畫面必須在目前桌面上，並且是打開視窗的狀態，不能縮小視窗。

當你選擇「單個視窗」時，會在螢幕上出現「分享應用程式視窗」的畫面，直接點選你要分享的應用程式即可。

2-2-1 立即分享單個視窗

請開啟 PPT 簡報檔後，切換回 Google Meet 視窗，按下「立即分享螢幕畫面」鈕，選擇「單個視窗」指令。

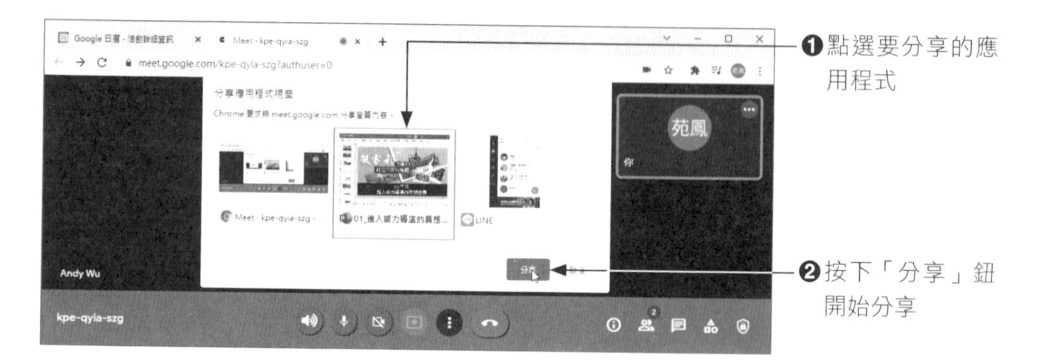

2-2-2 會議主持人和與會者視窗畫面說明

當會議主持人將簡報畫面分享出去後，與會的學生就會看到完整的簡報畫面，如下圖所示：

學生看到完整的簡報視窗畫面

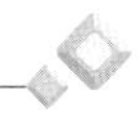

在會議主持人的電腦螢幕上，各位可以看到簡報視窗是可以調整大小或移動位置，這並不會影響到與會學生所看到的畫面。會議主持人可以將 Google Meet 的視窗調至另一側，所以會議主持人可以監控學生的畫面，也可以與學生進行即時的通訊，這樣的方式可以讓會議主持人輕鬆掌控上課的節奏。

當你分享「單個視窗」時，分享的畫面是固定在主畫面中，如果覺得占空間，也可以取消固定，請在 Google Meet 視窗的簡報上按下 鈕即可取消。

按此鈕取消在主畫面上固定

2-2-3 分享 PowerPoint 簡報放映技巧

PowerPoint 簡報是老師準備教材最常使用到的應用程式，在進行簡報時，大家都習慣按下底端的「投影片放映」⌨ 鈕，然後以全螢幕的方式來進行簡報的解說，然而以全螢幕播放時，會議主持人就無法看到學生的畫面或是與學生互動。

如果你有這樣的困擾，不妨選擇「閱讀檢視」▥ 模式，點選之後會顯示如下的視窗，你可以自行調整視窗的比例大小，而學生也可以看到完整的簡報畫面。另外，按下 ▤ 鈕還可以選擇「拉近顯示」的功能，再選擇想要放大顯示的區域。

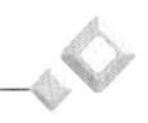

❸出現方塊區，移到想要放大的區域按下左鍵，就可放大該區域，按滑鼠右鍵即可回復正常顯示

要注意的是，簡報中如果有加入背景音樂，在被播放時只有會議主持人聽得到，與會者是聽不到聲音，因此有影片動畫或音效的簡報，最好是上傳到雲端硬碟後再進行「分頁」的分享方式比較妥當。

2-3 會議中以「分頁」分享畫面

在分享螢幕畫面時，如果分享的內容是影片或動畫，那麼最適合選擇「分頁」的分享方式，這也是 Google Meet 所推薦的分享方式。但是「分頁」功能所提供的影片分享必須是具有網址的影音動畫，像是 YouTube 等社群平台上的影片，或是雲端硬碟中的影片、簡報、文件皆可，否則在「分享 Chrome 分頁」的視窗中就找不到你要分享的內容喔！

2-3-1 使用「分頁」分享 YouTube 影片

想要分享 YouTube 平台上的影片，請先將影片開啟，再由 ⧉ 鈕下拉選擇「分頁」指令。

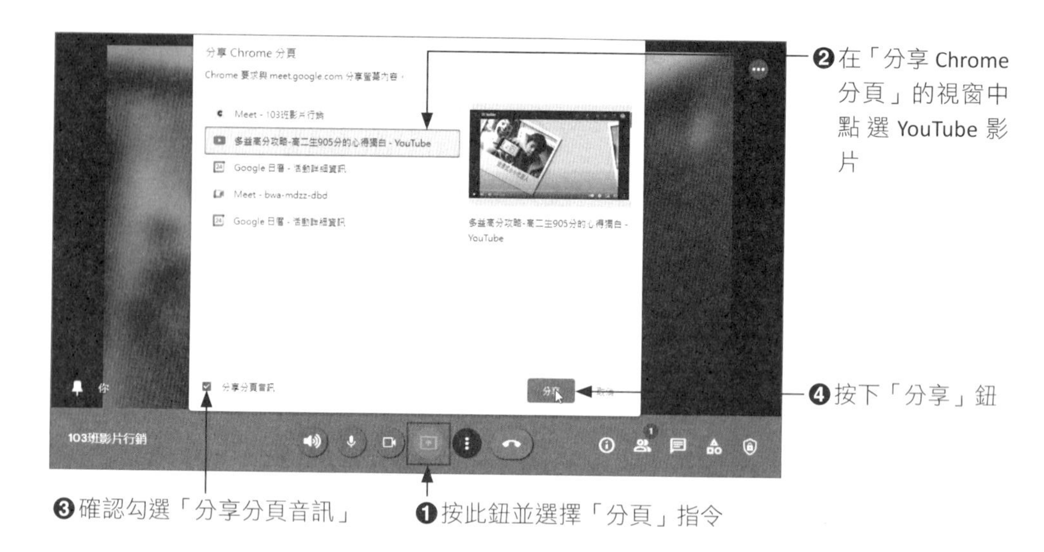

分享之後，老師以視窗方式播放 YouTube 影片給學生看，同時也可以透過 Google Meet 觀看到學生上課的情形，學生也可以同步看到影片和聽到影片聲音。

按此鈕可以將影片視窗最小化

會議主持人的螢幕畫面

與會者的螢幕畫面

另外，會議主持人即使將 YouTube 影片視窗按下右上角的「最小化」 − 鈕，也不會影響到學生觀看影片。只要影片播放完後按下「停止共用」鈕即可關閉分享。

2-3-2 使用「單個視窗」分享電腦上的影片

如果你要分享的影片是存放在電腦當中，這時候就無法使用「分頁」的方式進行分享，你可以選用「單個視窗」的分享方式，不過這種方式要冒一些風險，因為有時候會發生與會的成員只能看到影片沒有辦法聽到聲音的窘境，且聲音出現時的品質會比較差些。

2-3-3 分享 Google 文件

使用 Google Meet 進行教學時，老師們也可以善用 Google 文件來替代黑板的板書。由於學員都是透過電腦螢幕來了解老師所要傳達的課程內容，所以文件內容盡可能以標題或關鍵字來說明，其餘的細節再透過老師來講解，每個板書之間多留幾個空白段落，這樣可以讓每個介紹的主題更清晰，老師在講解時就可以利用滑鼠中間的滾輪來控制前／後主題的顯示。

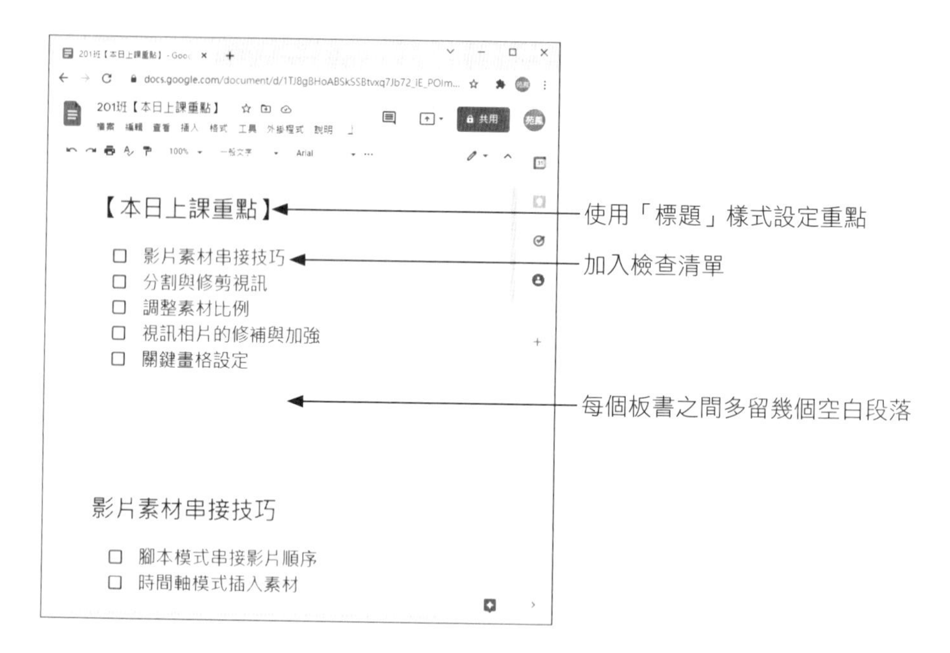

要將 Google 文件分享給與會者，其步驟如下：

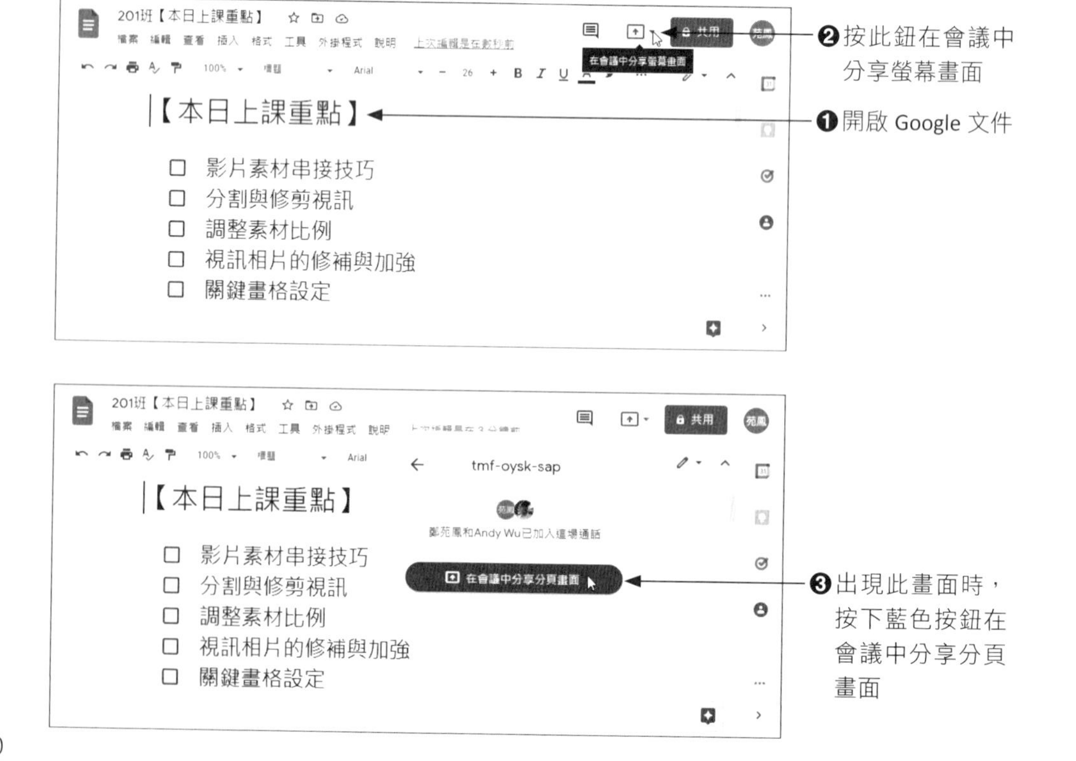

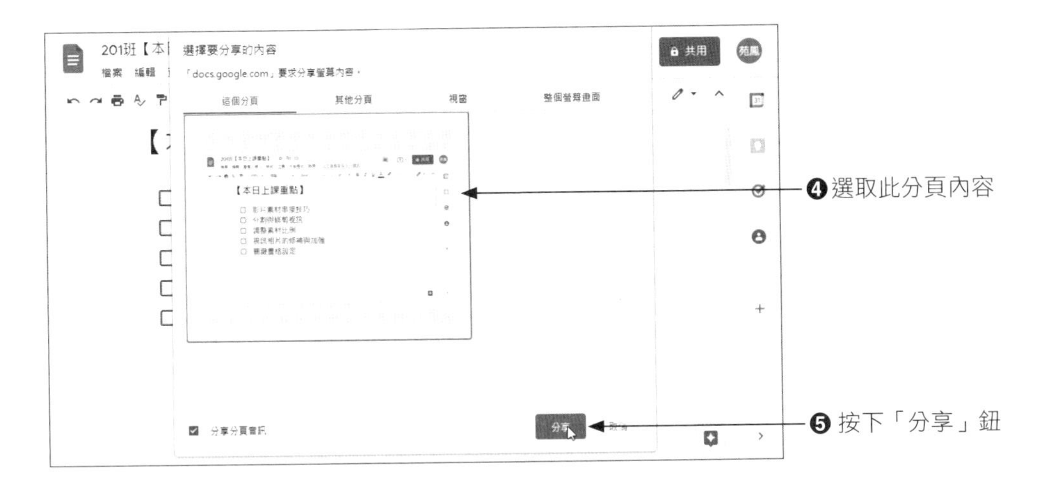

畫面分享出去後，會議主持人可以在螢幕中同時看到 Google 文件視窗，以及分享給學生後的文件畫面效果。當老師拖曳 Google 文件視窗的比例大小時，學生所看到的文字也會因此而變大變小。

老師可以拖曳 Google 文件視窗的比例，讓學生看到的字較大些

在 Google 文件中執行「查看／全螢幕」指令，可以將文件上方的標題、功能表、工具列等隱藏起來，讓學生的注意力更集中，而按下「Esc」鍵即可跳離全螢幕的效果。

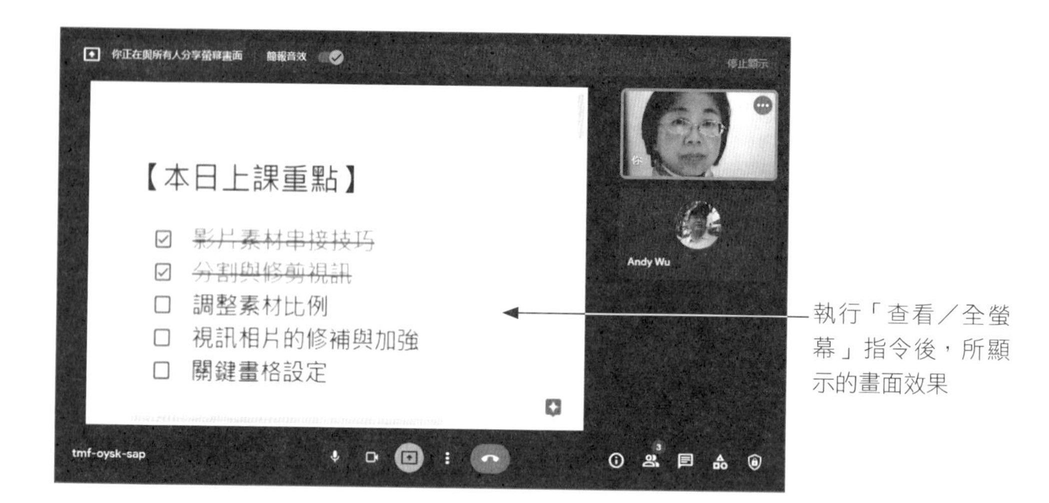

執行「查看／全螢幕」指令後，所顯示的畫面效果

另外，在製作 Google 文件時，條列清單前面如果加入工具列的「檢查清單」鈕，會在條列的清單前面加入如上圖的方框，按點一下方框會顯示勾選與刪除文字的效果，這樣可以讓學生清楚知道那些課程已完成。

由於同一份文件中，每個板書主題之間都以數個空白段落隔開，所以老師在講解一個主題之後，只要使用滑鼠中間的滾輪就可切換到下一個主題。

會議中以滑鼠滾輪切換 Google 文件的前／後頁主題

2-4 影音動畫分享技巧

由於「分頁」功能所提供的影音分享必須是具有網址的影音動畫，而電腦上的影音分享又得冒聽不見聲音的風險，如果老師希望在影音分享的過程中可以更順暢些，這裡提供幾種方式供各位參考，期望老師在上課時能夠更順暢地播放影音動畫。

2-4-1 善用雲端硬碟設定課程資料夾

老師可以在雲端硬碟中設定課程資料夾，將上課所需要用到的檔案先上傳到資料夾中，屆時上課時老師只要開啟雲端硬碟所在的資料夾，然後選擇「分頁」的分享方式，就可以快速的分享影片了！

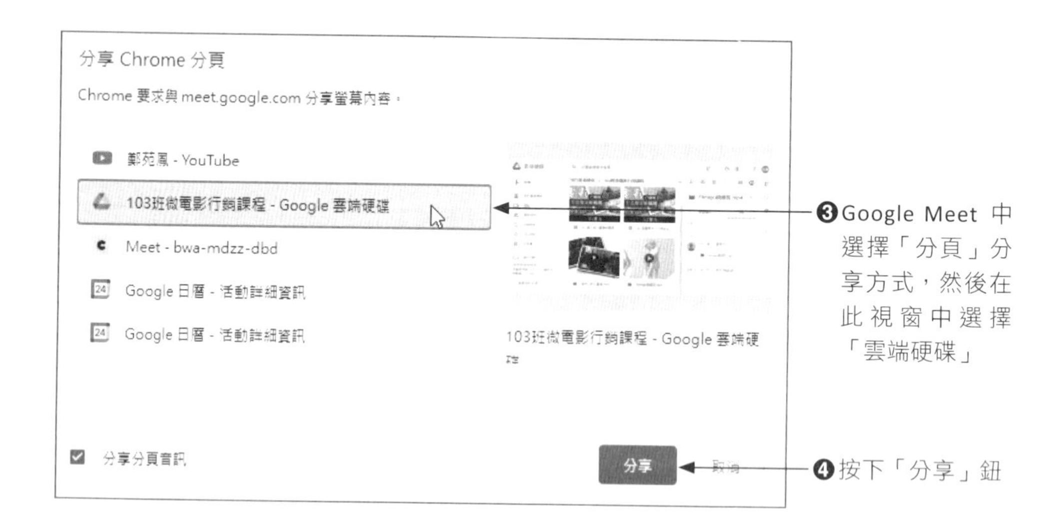

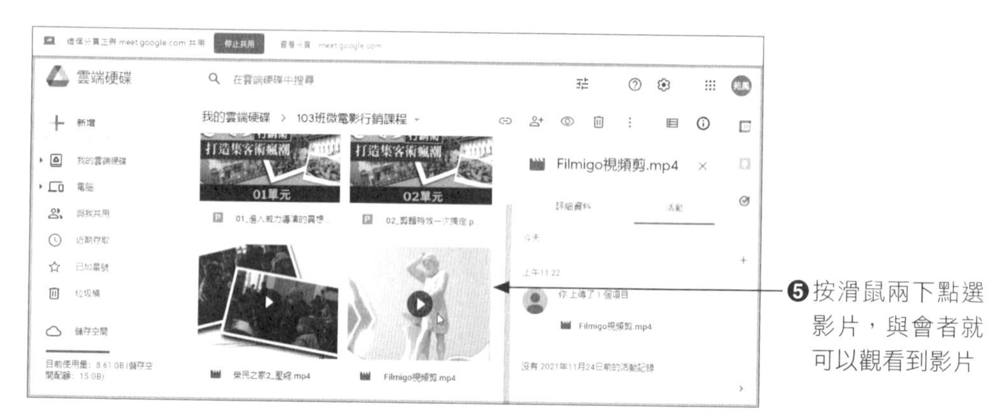

❻播放完畢，按此鈕可以回到雲端硬碟的資料夾

也可以按左右的兩個按鈕，繼續觀看前／後的影片

2-4-2 上傳影片到個人的 YouTube 頻道

會議主持人可以在會議之前，預先將可能分享的影片上傳到個人的 YouTube 頻道上。如圖示：

上傳影片後，老師可以新增播放清單，再依課程或類別存放所上傳的影片。

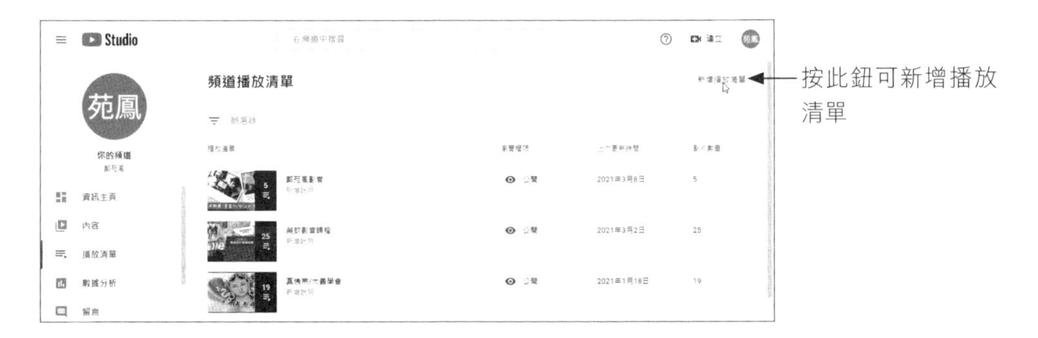

老師自製的教學影片，可以透過 YouTube 來上傳發佈，如果是別人製作的影片，而老師只是做為教學講解之用，那就不適合採取此方法，會有侵權的疑慮。

2-4-3 使用連結網址快速開啟影片

老師在主持會議時，經常會發生許多的突發狀況，如果老師教課的內容以影片視訊或網站上的教材為主，那麼不妨預先將這些連結的網址通通給摘錄下來，只要在 PowerPoint 簡報中輸入影片的名稱，將網址貼入後按下空白鍵，超連結的設定就可以快速搞定。如下圖所示：

當老師將簡報檔上傳到雲端硬碟並將開啟簡報時，它會自動以 Google 簡報程式來開啟 PowerPoint 檔，此時先按下「開始投影播放」▶ 鈕，並依序點選超連結，使影片的標籤顯示在瀏覽器上方。

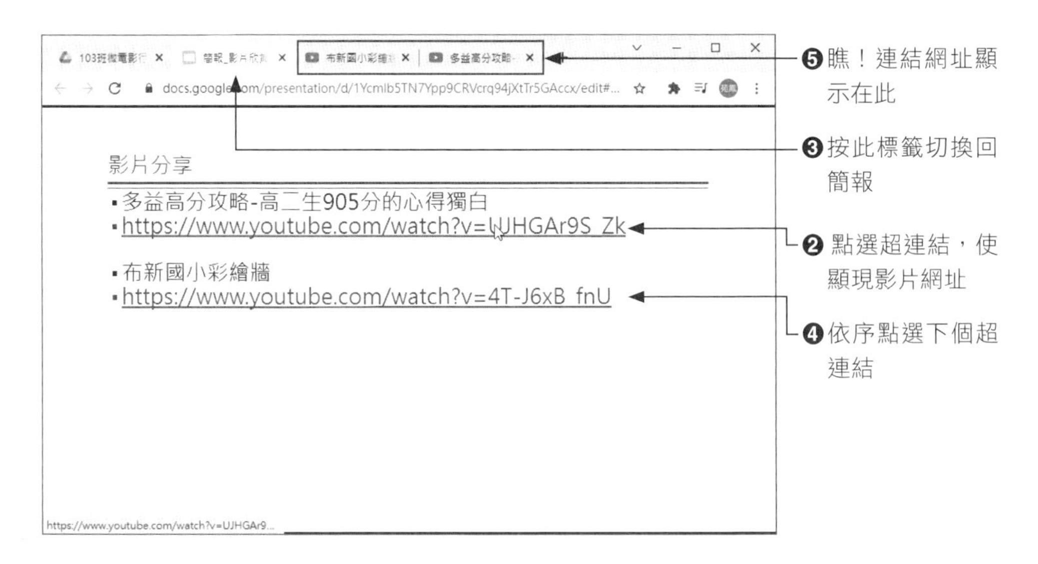

接下來回到 Google Meet 視窗，我們要進行簡報檔的「分頁」分享。

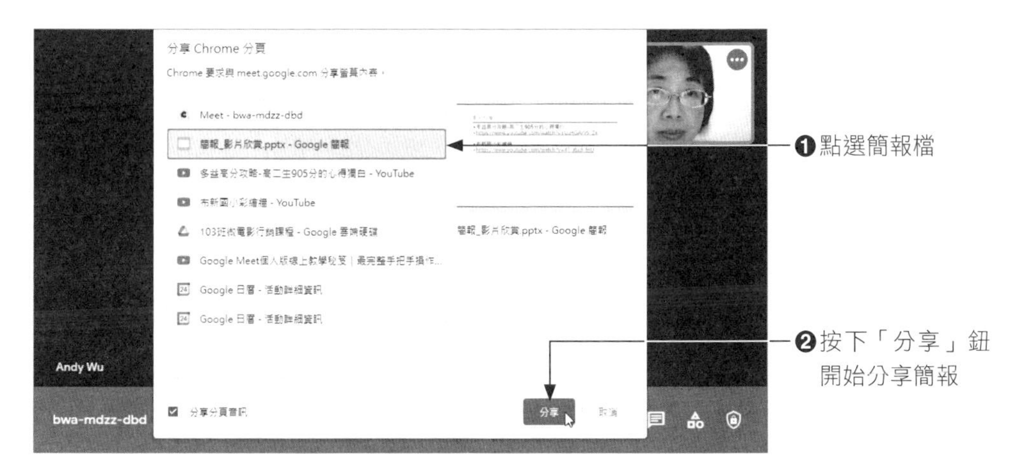

透過瀏覽器上方的標籤頁，以及「改為分享這個分頁」的超連結，老師就可以快速的切換簡報檔和影片的連結。

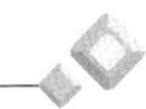

2-5 會議前分享螢幕畫面

在老師還未進入會議教室之前，也可以事先分享螢幕畫面，像是簡報的標題片裡放置背景音樂，讓早到的學生可以在悠揚的音樂中等待上課時間的來臨，或是顯示提醒的清單，告知學生今日上課的重點，提醒學生準備好待會上課該有的用具。

2-5-1 在標題投影片中加入背景音樂

想要在簡報的標題投影片中加入好聽的音樂並不難，這裡以 Google 簡報的「插入／音訊」功能做說明。

❶開啟簡報檔，執行「插入／音訊」指令

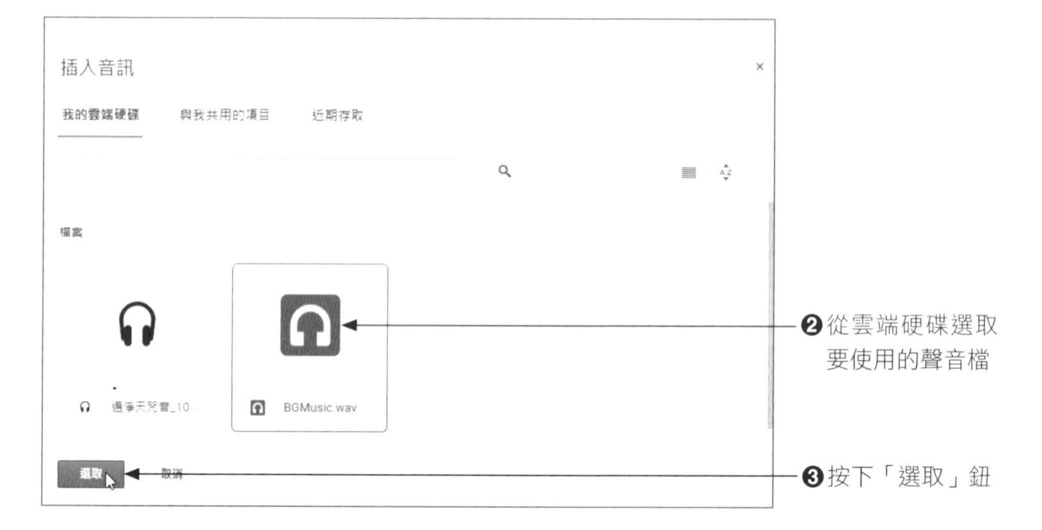

❷從雲端硬碟選取要使用的聲音檔

❸按下「選取」鈕

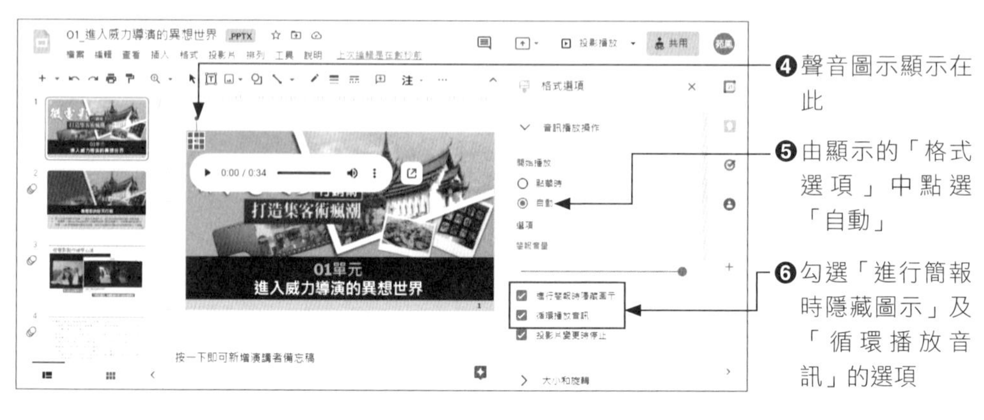

❹聲音圖示顯示在此

❺由顯示的「格式選項」中點選「自動」

❻勾選「進行簡報時隱藏圖示」及「循環播放音訊」的選項

設定完成後，Google 簡報會自動儲存檔案。老師在尚未加入會議前可按下「分享螢幕畫面」鈕將此簡報分享給學生，如此一來早到的學生就有好聽的音樂可以欣賞，也能知道今天上課的主題了。

❶按下此鈕

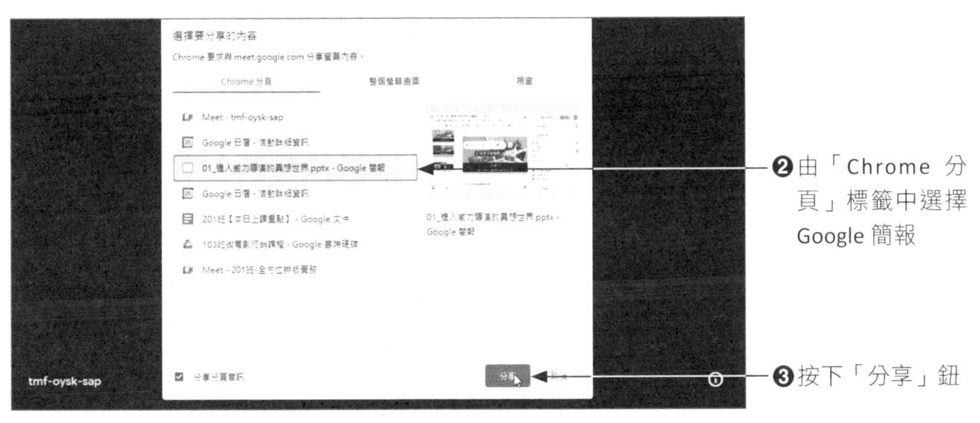

❷由「Chrome 分頁」標籤中選擇 Google 簡報

❸按下「分享」鈕

❹按此鈕開始投影片播放，那麼加入進來的成員就可以看到簡報的標題片了

2-5-2 停止分享，會議主持人加入會議

剛剛的螢幕分享方式是老師尚未加入會議，所以會議中只有學生和簡報畫面，而老師的螢幕除了分享的簡報的視窗外，還會看到 Google Meet 視窗，此時如果有接收到學生要加入會議的要求，按下「接受」鈕學生即可加入。

❶按「停止共用」鈕停止分享

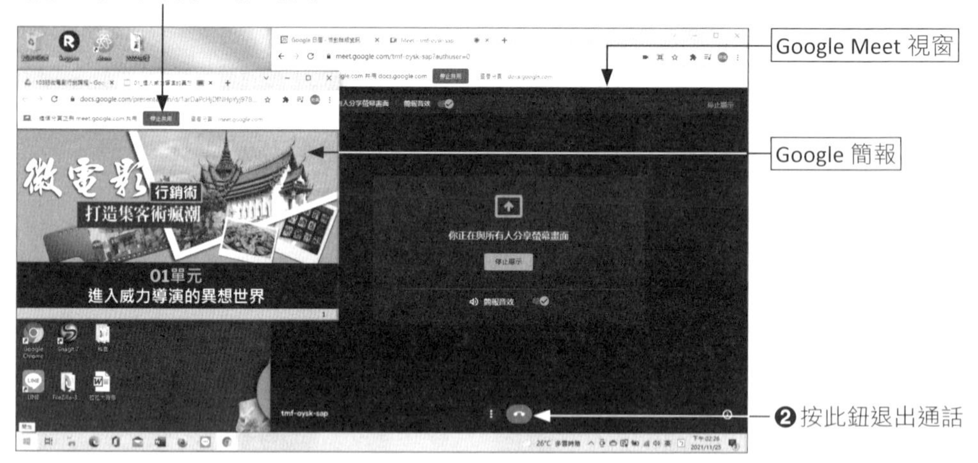

當會議主持人準備好加入會議時，請先按下「停止共用」鈕停止分享，再按下 ☎ 鈕退出通話，接著選擇「直接退出通話」，再按下「重新加入」鈕就會回到 Google Meet 首頁，此時按「立即加入」鈕就能和遠端的學生會面。

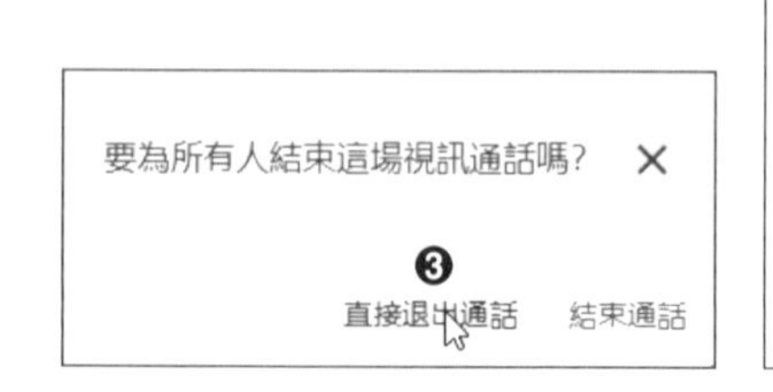

2-6 主辦人允許所有人螢幕分享

老師如果希望學生將個人作業可以分享給大家討論，首先要確定「主辦人控制項」之中的「允許所有人分享螢幕畫面」的功能是否呈現如下圖的啟動狀態。

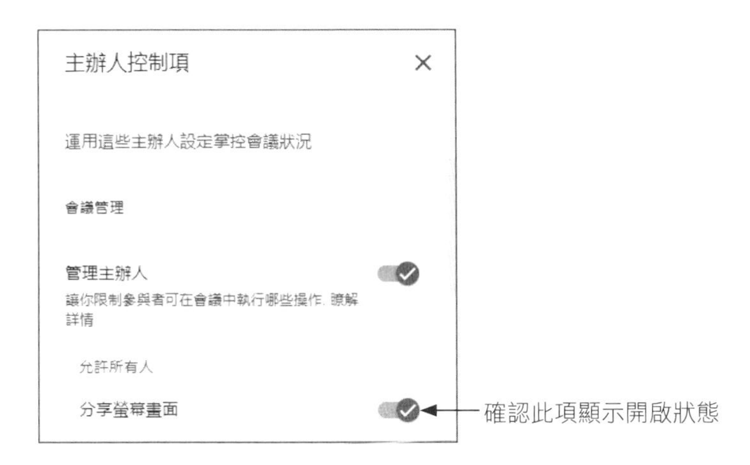

接下來請學生先將要分享的內容開起來，在 Google Meet 中選擇「分享螢幕」鈕，於顯示的對話框中按下「開始分享」鈕，然後螢幕切換到要分享的畫面上，如此一來所有的人就可以看到該位學員分享的畫面了。

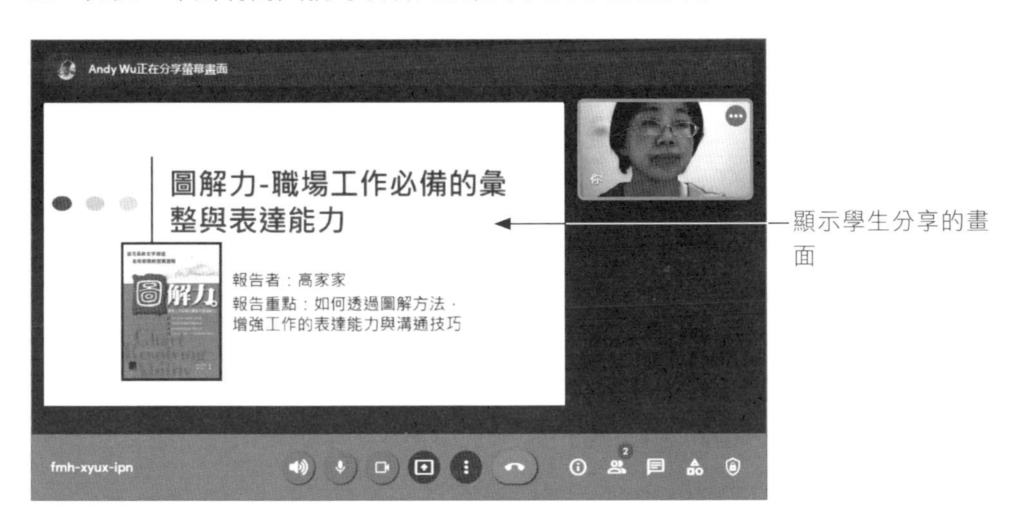

Note

03
CHAPTER
課堂分組討論

課堂分組討論是許多老師在教學上經常使用的一個手段，因為小組討論可以將教學的內容遊戲化，透過小組的討論可以激發學生更多的創意和想像空間，也能增進同學彼此之間互動和友誼。

在實體教室中進行分組討論很簡單，因為老師分組後，學生只要依照桌次和座位的安排入座，即可進行討論。至於遠距教學的時候，你可以利用 Google 日曆來做到分組討論的功效，也可以使用 Google 瀏覽器的擴充功能來進行分組討論，這個章節就針對這兩種方式來進行說明。

3-1 由日曆建立分組討論

進入 Google 首頁後，由右上角的 ⁝⁝⁝ 鈕下拉選擇「日曆」 31 鈕，使進入日曆的應用程式。

3-1-1 預先建立分組討論室

各位都知道在日曆上點選要上課的日期和時間，就會顯現視窗讓你設定會議的標題，以往老師只要開一個會議室，然後讓所有學生通通加入進來就可以進行教學，而分組討論則是再多開幾個會議室，讓各小組的學生可以進入所分配的組別當中，只不過老師都要加入每個小組中，這樣才能了解各小組討論的內容並給予意見。

例如老師要將學生分為 3 個小組，那麼老師可以在同一個時段上開 4 個會議室，只要會議名稱定義清楚，就不會讓老師自己和學生搞不清楚，像是主教室、小組 1、小組 2…等，同時預先告知學生各小組名單以及會議室的連結，就不會有找不到教室的窘況出現。

在建立主教室和小組的教室時，建議各位老師可以先開啟記事本來拷貝各會議室的連結資訊，屆時就可以一併將所有分組資訊轉貼到 LINE 群組讓學生知道，或是進入主教室之後透過即時通訊讓所有的學生知道分組名單與各小組的連結網址即可。

❑ 設定主教室

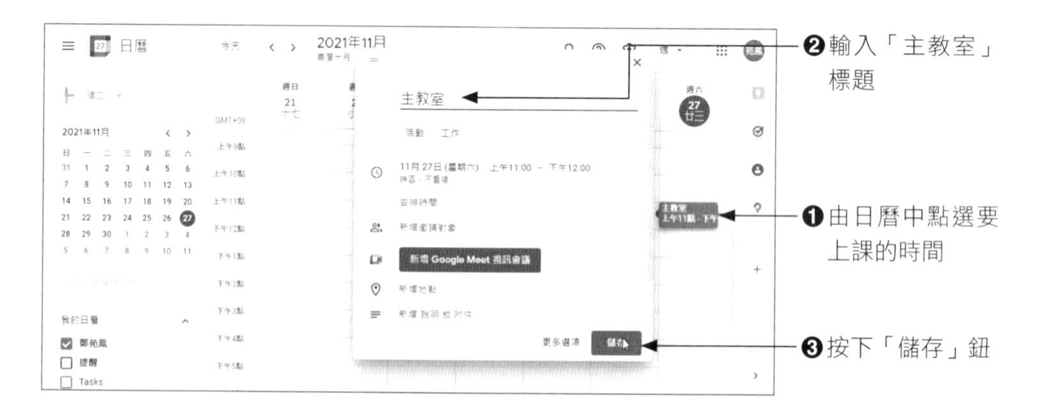

❑ 設定分組教室

主教室設定後，接著在同一時段的旁邊按下左鍵，就可以依序加入所要設定的組數。

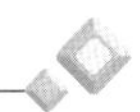

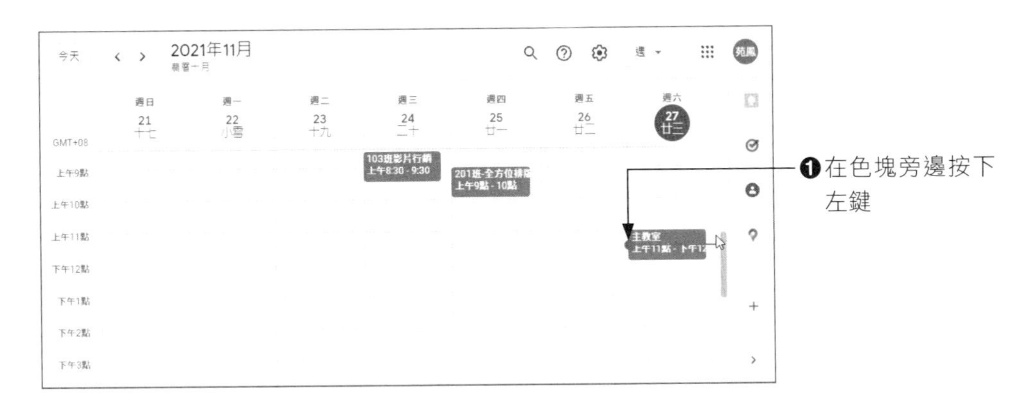

今天
2021年11月
農曆一月
週日 21 十七
週一 22 小雪
週二 23 十九
週三 24 二十
週四 25 廿一
週五 26 廿二
週六 27 廿三
GMT+08
上午9點
上午10點
上午11點
下午12點
下午1點
下午2點
下午3點
103班影片行銷
上午8:30 - 9:30
201班-全方位排版
上午9點 - 10點
主教室
❶在色塊旁邊按下左鍵

分組1
活動
工作
11月27日 (星期六) 上午11:00 – 下午12:00
時區 · 不重複
安排時間
新增邀請對象
新增 Google Meet 視訊會議
更多選項
儲存
❷輸入「分組 1」的標題
❸按下「儲存」鈕

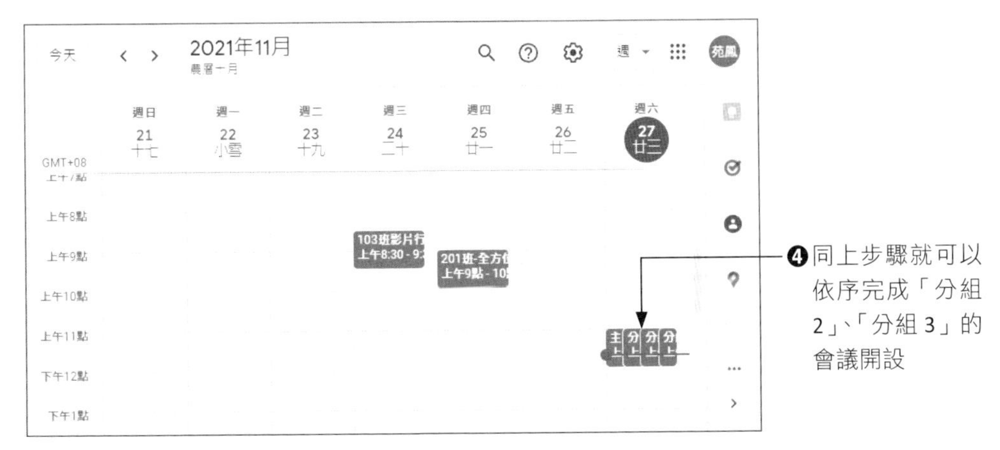

今天
2021年11月
農曆一月
週日 21 十七
週一 22 小雪
週二 23 十九
週三 24 二十
週四 25 廿一
週五 26 廿二
週六 27 廿三
GMT+08
上午8點
上午9點
上午10點
上午11點
下午12點
下午1點
❹同上步驟就可以依序完成「分組 2」、「分組 3」的會議開設

當同一時段所開設的小組比較多時，以「週」顯示會顯得很擁擠，各位可以切換到以「日」顯示的方式，如圖示：

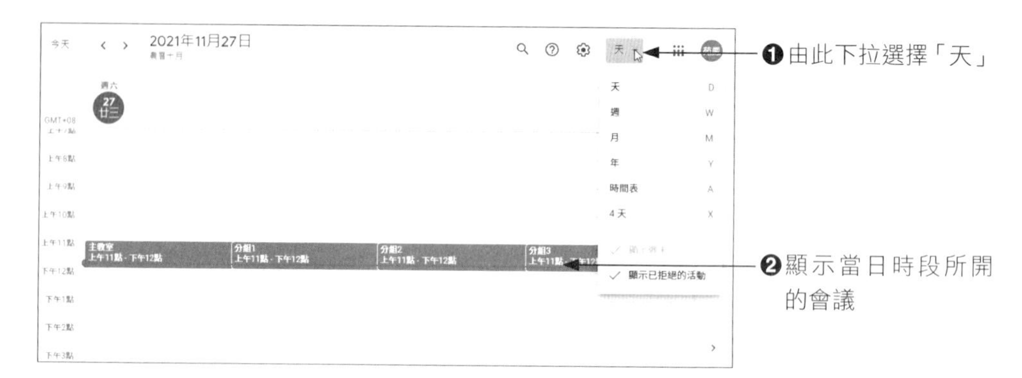

3-1-2 變更會議色彩

預設的會議標記是採用「薰衣草色」的紫色，你可以透過滑鼠右鍵來設定不同的顏色，方便你辨識各個會議。

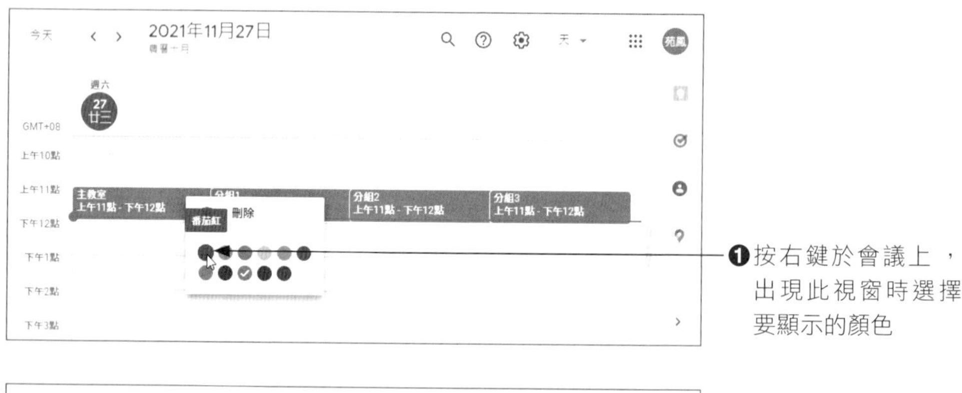

3-1-3 新增與複製會議連結資訊

剛剛的開設只是活動的名稱，尚未新增 Google Meet 視訊會議，所以請依序按滑鼠兩下於紅、紫、黃、綠的色塊，進入各活動中去新增 Google Meet 視訊會議，並複製會議的資訊到記事本。

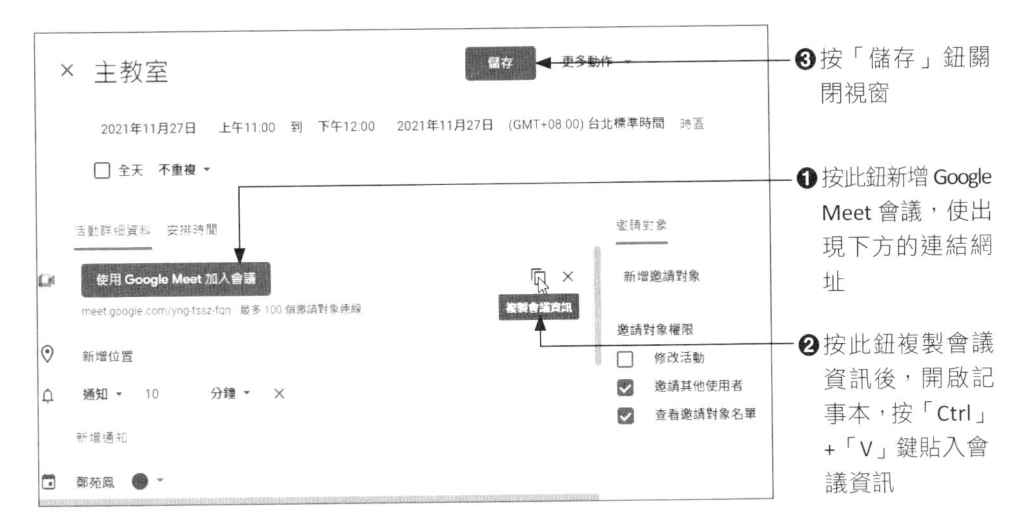

同上方式設定完「分組 1」、「分組 2」、「分組 3」的活動後，所有連結資訊就可以全選複製後，轉貼到 LINE 群組中給學員生們知道。

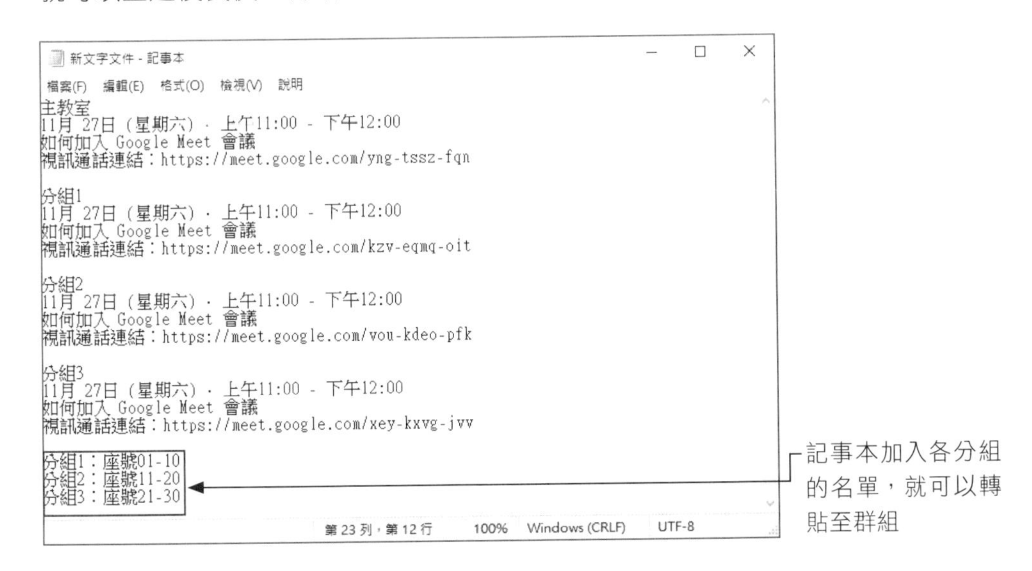

3-1-4 參加與切換會議室

當上課時間快到時，老師從日曆上依序按右鍵點選色塊，當出現如下的選單時選擇「參加會議」指令，就會顯示 Google Meet 首頁，檢查過音訊及視訊功能後，按下藍色的「立即加入」鈕即可進入到各個會議當中。

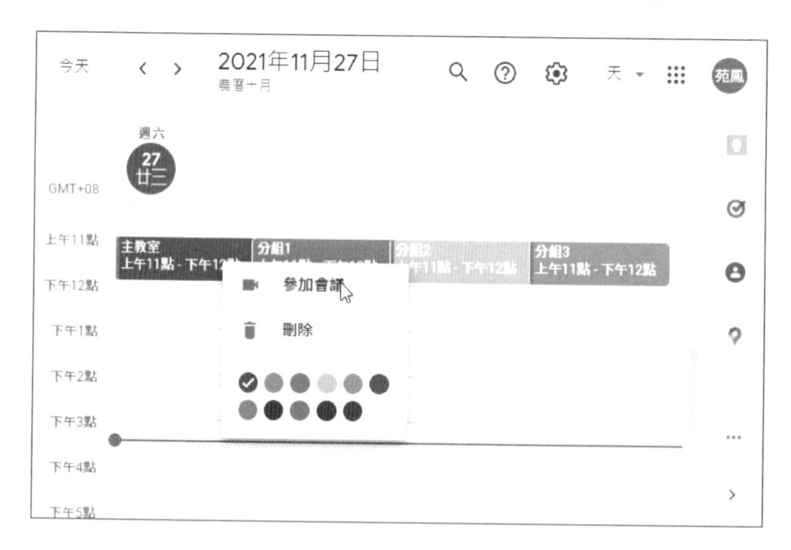

由於先前有明確的設定主教室、分組 1、分組 2⋯等，所以各位可以在瀏覽器的標籤上清楚看到標籤名稱，且左下角也有標示會議標題，老師要切換到小組查看學生情況，或是要學生回到主教室，就可以透過標籤頁來進行切換，不用怕找錯會議室。

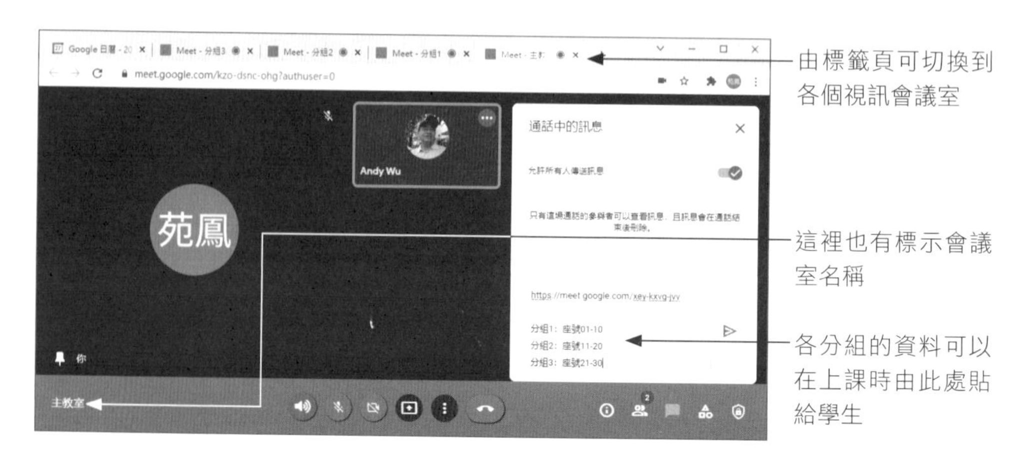

進行分組討論的課程時，由於智慧型手機或 iPad 一次只能進入一個會議教室，無法同時進入主教室和分組教室，所以老師在主教室上課時，必須先告知學生分組討論的總時間，學生才能夠分別離開主教室到各個分組教室去進行討論，否則老師就要一一到各小組的會議室去通知學生。

另外，在進入各會議室時，老師的麥克風最好先呈現關閉 狀態，等需要對某組說話時再開啟麥克風的功能，這樣才不會互相干擾。

3-2 使用擴充功能加入分組

課堂分組討論除了利用 Google Meet 日曆功能來完成外，也可以使用 Google 的擴充功能來處理。Google Meet 分組是胡浩洋（Robert Hudek）創作的擴充軟體，和 Google 沒有任何關係，由於是免費的擴充程式，老師能同時看到所有討論室的學生，且所有資料保存在使用者的瀏覽器裡，有不少老師使用此擴充程式，因為使用上比日曆開設的分組教室更便捷，只要設定完課程後，下回上同一班級的課時，只要選取課程名稱，即可發起大教室和分組教室，學生也可以使用先前的連結資訊自動連上大教室或分組教室，因此這裡一併跟各位作介紹。

3-2-1 將 Meet 分組加入至 Chrome

請各位從 Google 瀏覽器的右上角按下 ⋮ 鈕，選擇「更多工具／擴充功能」指令，並搜尋「Google Meet 分組 by 胡浩洋」的擴充功能。

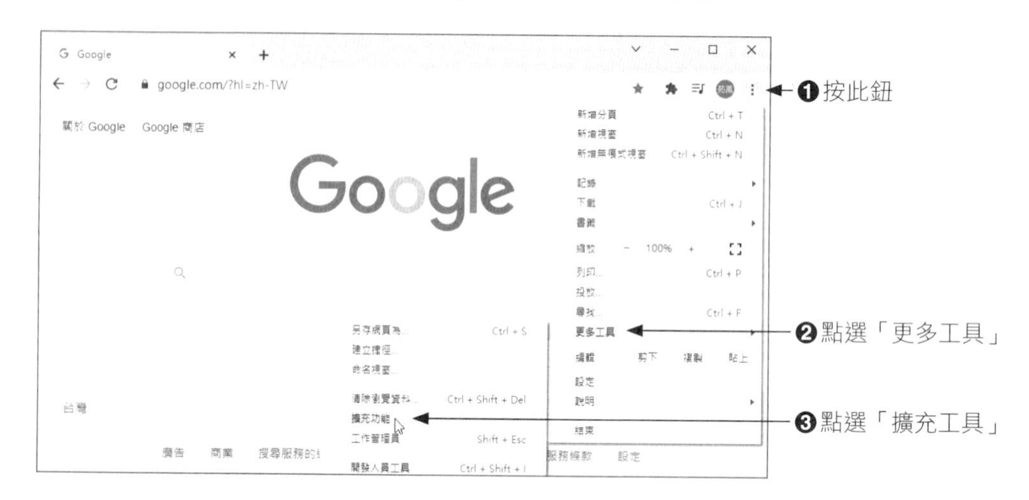

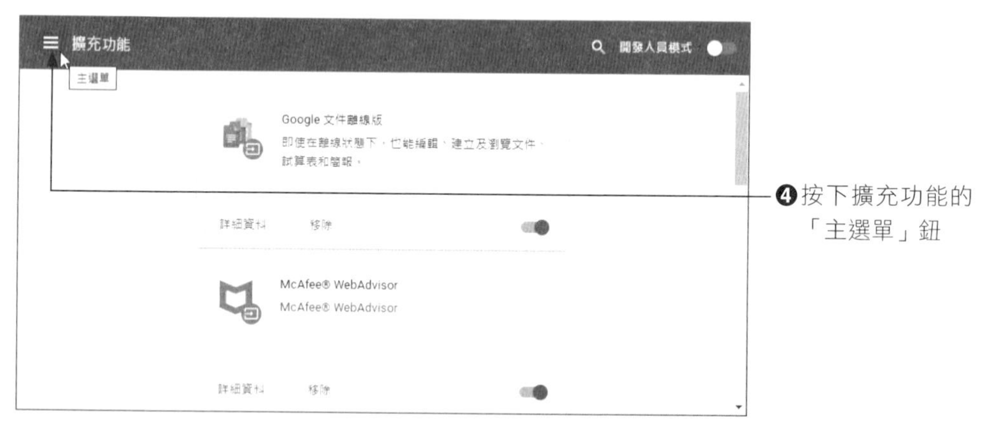

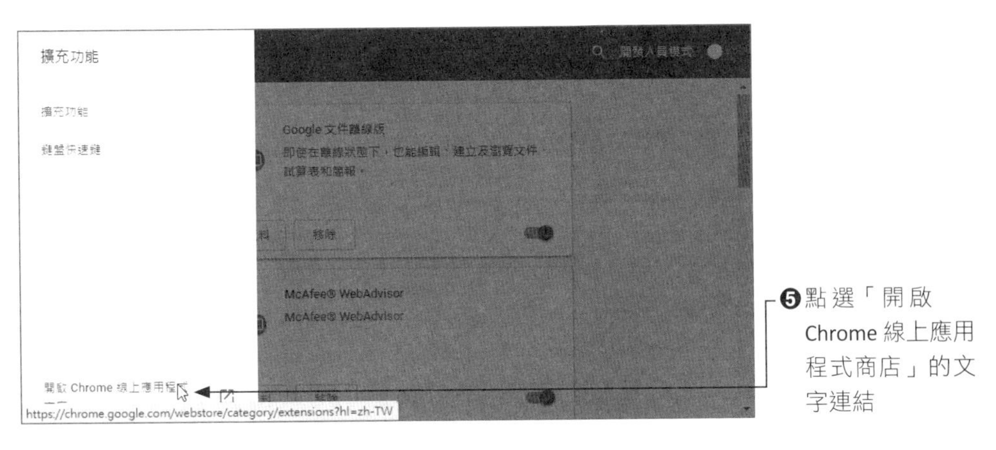

❺點選「開啟 Chrome 線上應用程式商店」的文字連結

❻輸入關鍵字「Meet 分組」

❼點選此擴充功能

❽按此鈕加到 Chrome

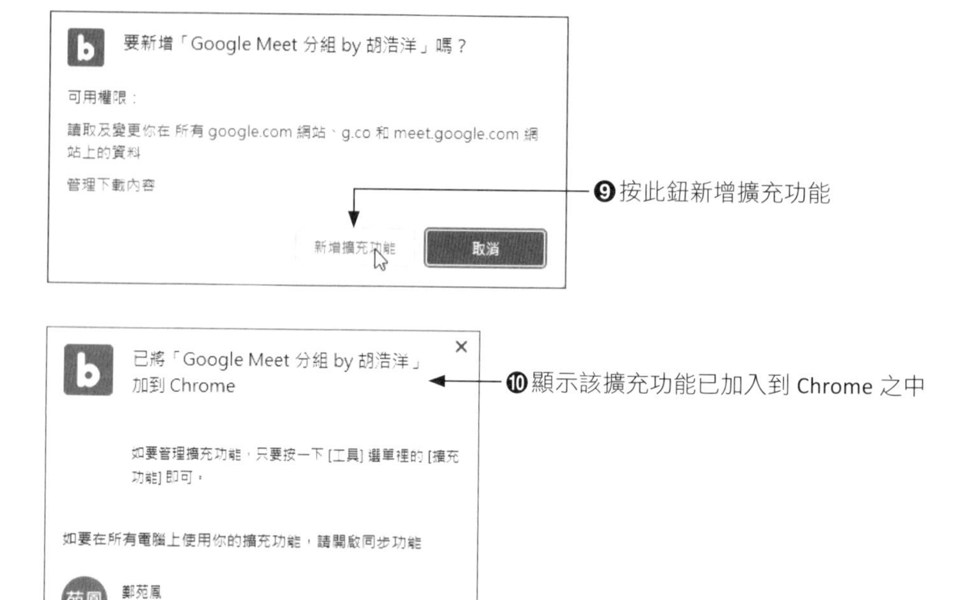

設定完成之後，瀏覽器的網址列右側就會看到「擴充功能」鈕，按下該鈕即可看到所安裝的擴充功能。

3-2-2 啟用 Meet 分組擴充功能

「Google Meet 分組」擴充功能可以預先設定老師所有要教授的課程名稱，以及要分組的組別數，屆時進行上課時可以快速由清單中選擇要教授的課程。啟用 Meet 分組擴充功能的方式如下：

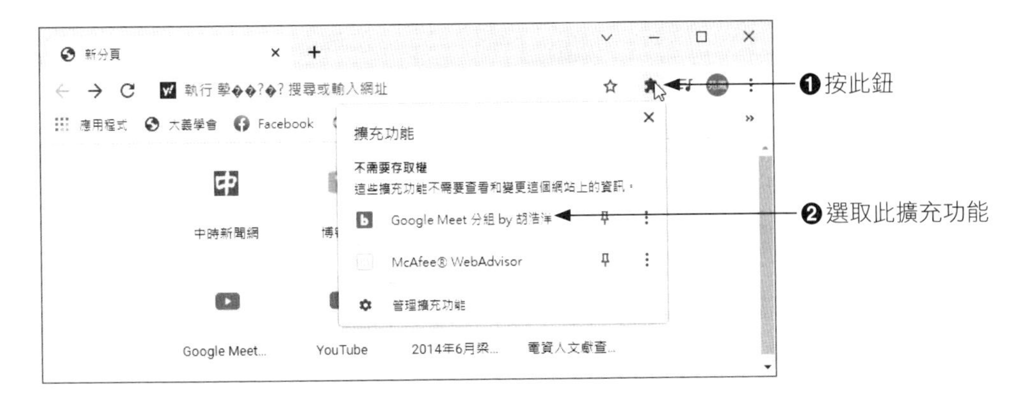

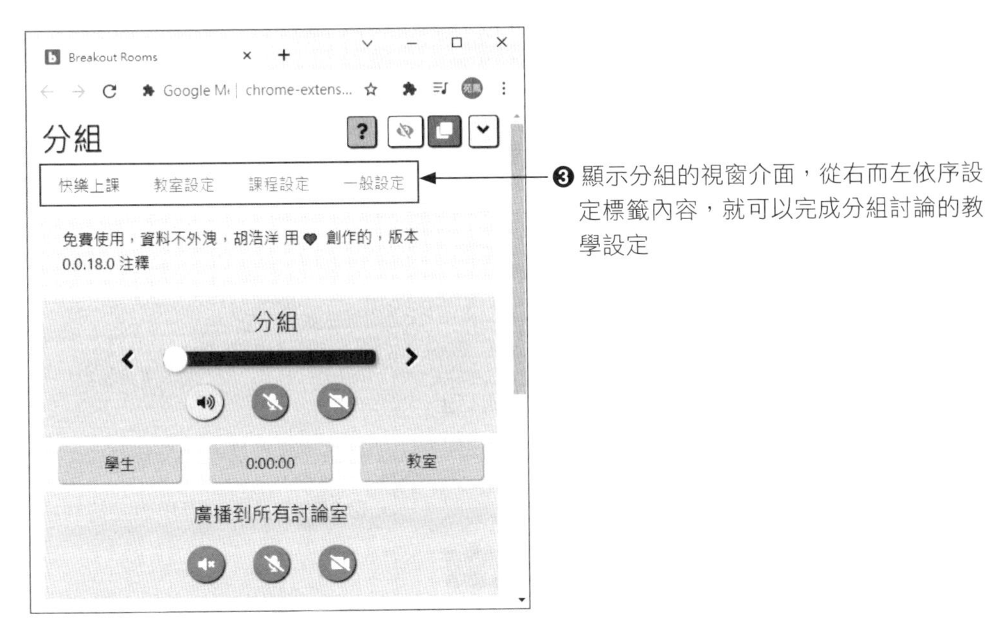

3-2-3 設定討論室格式與組數

在「一般設定」標籤裡提供兩種分組討論室的格式，一個是獨立的視窗，一個是視窗內標籤。由「Max」下拉可設定分組的組數，組數雖無限制，但是組數越多，開啟的視窗就越多。

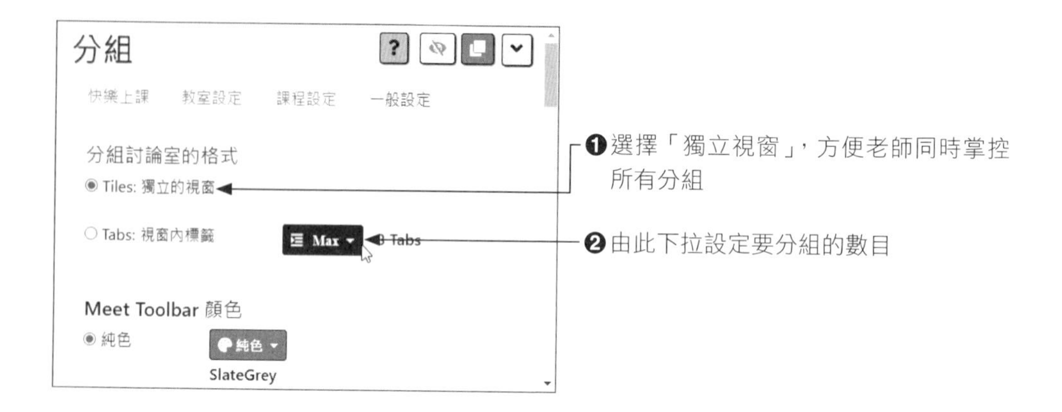

3-2-4 設定教授的課程

在「課程設定」標籤裡，老師可以預先將自己所有教課的課程名稱一次建立完成，屆時再由「教室設定」標籤中選擇要上課的課程名稱與分組的數目。請按下 ⊕ 鈕建立課程名稱，輸入後按 💾 鈕儲存，如有課程不再授課，可按 ⊖ 鈕移除。

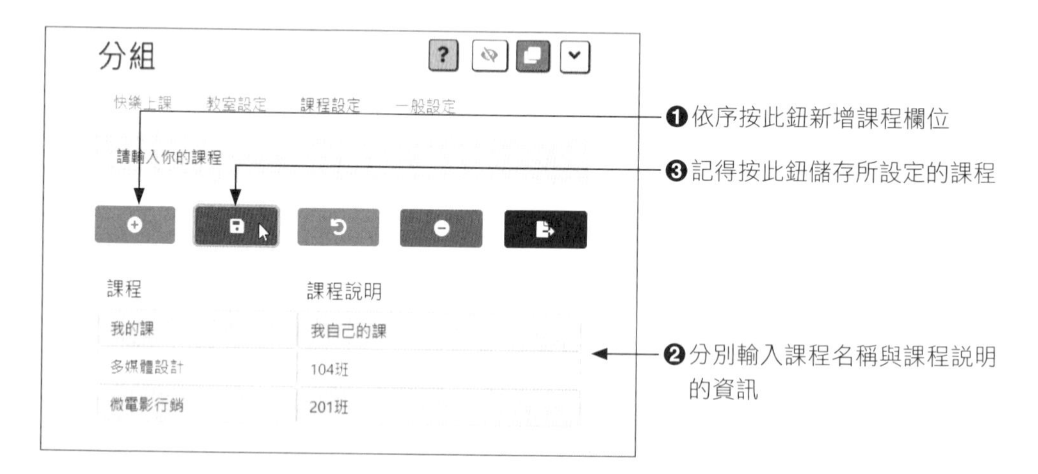

按下 [儲存] 鈕儲存課程後，這些設定的課程就會保存下來，下回開啟「Google Meet 分組」的擴充功能就不用再重新設定。

3-2-5 選擇課程和分組組數

要進行上課之前，老師由瀏覽器開啟「Google Meet 分組」的擴充功能，切換到「教室設定」標籤，即可選擇要上的課程。選定課程後，視窗下方有預設一個「大教室」，按 [+] 鈕可加入分組的組數，加入組別後，只要按下 [儲存] 鈕就會自動產生連結網址。

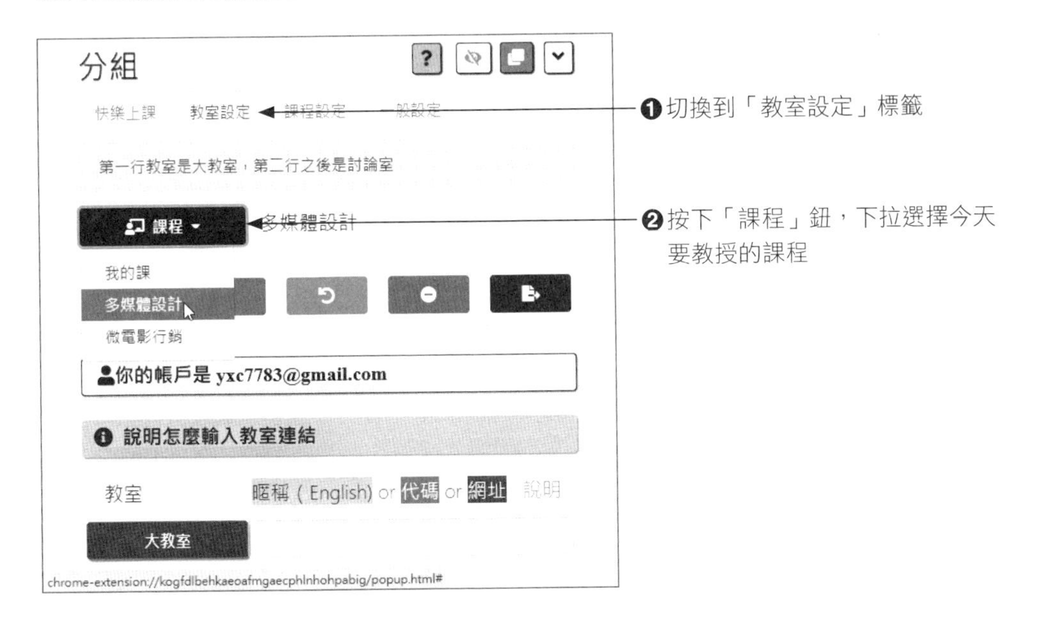

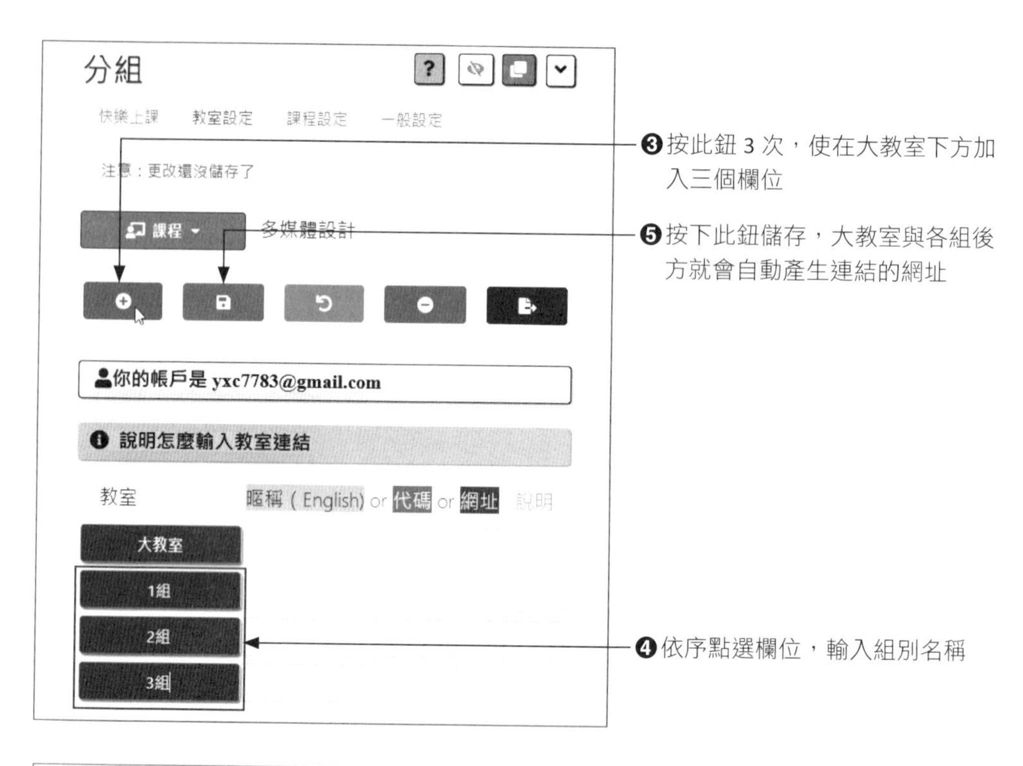
分組
快樂上課
教室設定
課程設定
一般設定
注意：更改還沒儲存了
課程
多媒體設計
你的帳戶是 yxc7783@gmail.com
說明怎麼輸入教室連結
教室
暱稱（English）or 代碼 or 網址
說明
大教室
1組
2組
3組
❸按此鈕 3 次，使在大教室下方加入三個欄位
❺按下此鈕儲存，大教室與各組後方就會自動產生連結的網址
❹依序點選欄位，輸入組別名稱

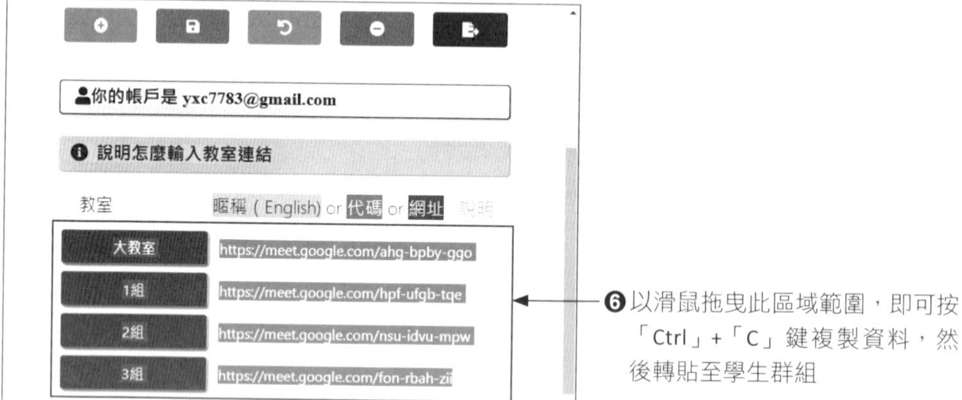
你的帳戶是 yxc7783@gmail.com
說明怎麼輸入教室連結
教室
暱稱（English）or 代碼 or 網址
說明
大教室
https://meet.google.com/ahg-bpby-ggo
1組
https://meet.google.com/hpf-ufgb-tqe
2組
https://meet.google.com/nsu-idvu-mpw
3組
https://meet.google.com/fon-rbah-zi
❻以滑鼠拖曳此區域範圍，即可按「Ctrl」+「C」鍵複製資料，然後轉貼至學生群組

3-2-6 開始快樂上課

要開始上課時，老師只要在「快樂上課」的標籤中按下「開始上課」鈕，在該鈕下方會立即顯現今天要上課的名稱，點選要分組的數目後再按下「發起全部室」鈕，就會將大教室和設定的小組以視窗顯示在電腦桌面上。

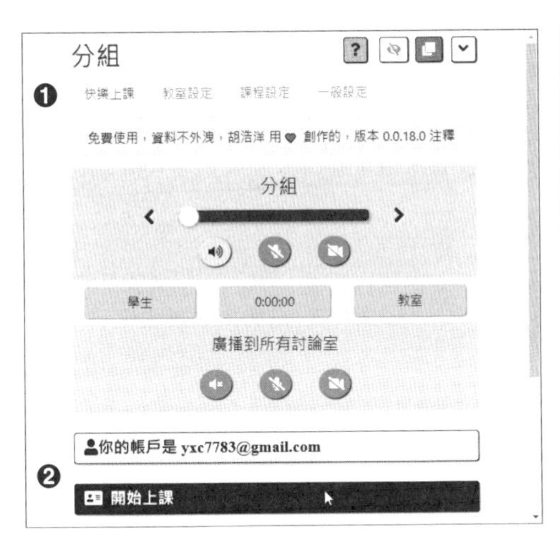

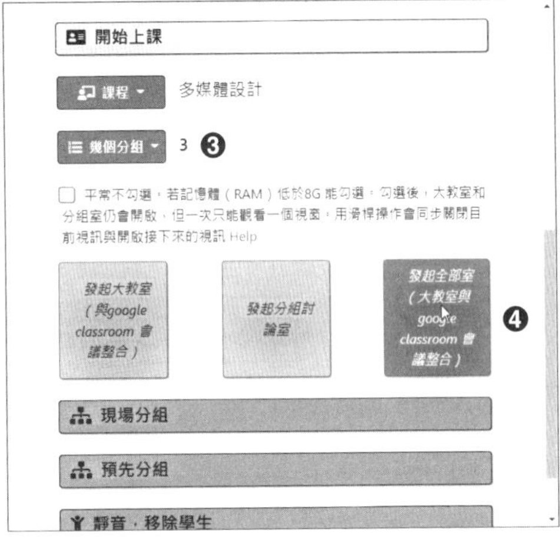

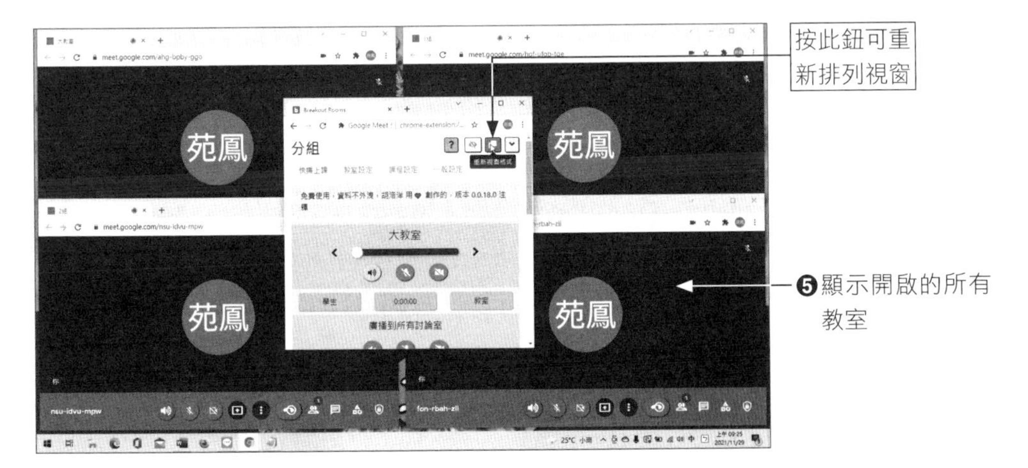

大教室和分組被開啟後，接下來老師就是透過「分組」的視窗來控制老師所在的教室。

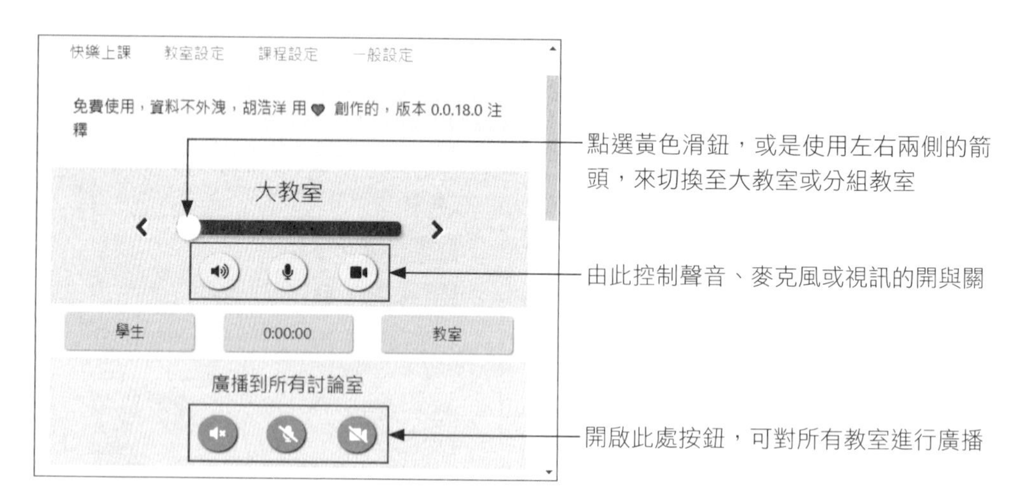

如左下圖所示，是大教室或分組教室的切換，而右下圖則是同時對所有教室進行廣播。

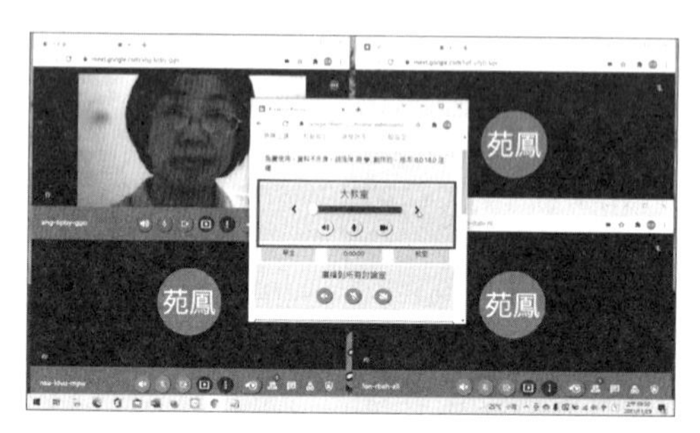

切換到大教室

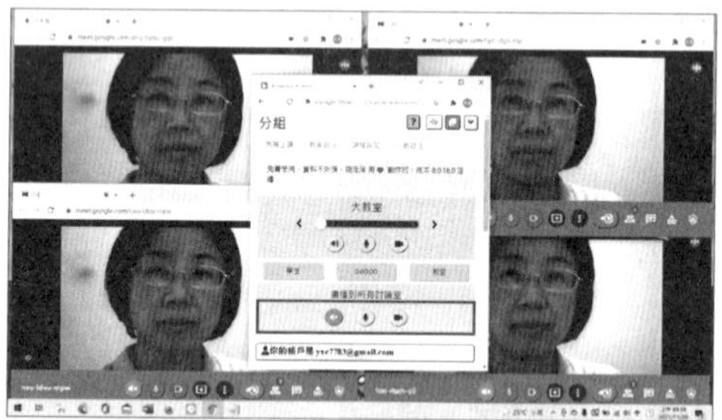

同時對所有教室進行廣播

3-2-7 顯示學生狀態或討論室狀態

在「快樂上課」的標籤中，各位可以看到兩個按鈕，點選「學生」鈕會顯示學生目前的狀態，而「教室」鈕則是顯示討論室的狀態，可以讓老師清楚掌控學生是在討論室或是在大教室之中，如果學生有跑錯組別的狀況，老師也可以從這兩個按鈕中察覺到問題。

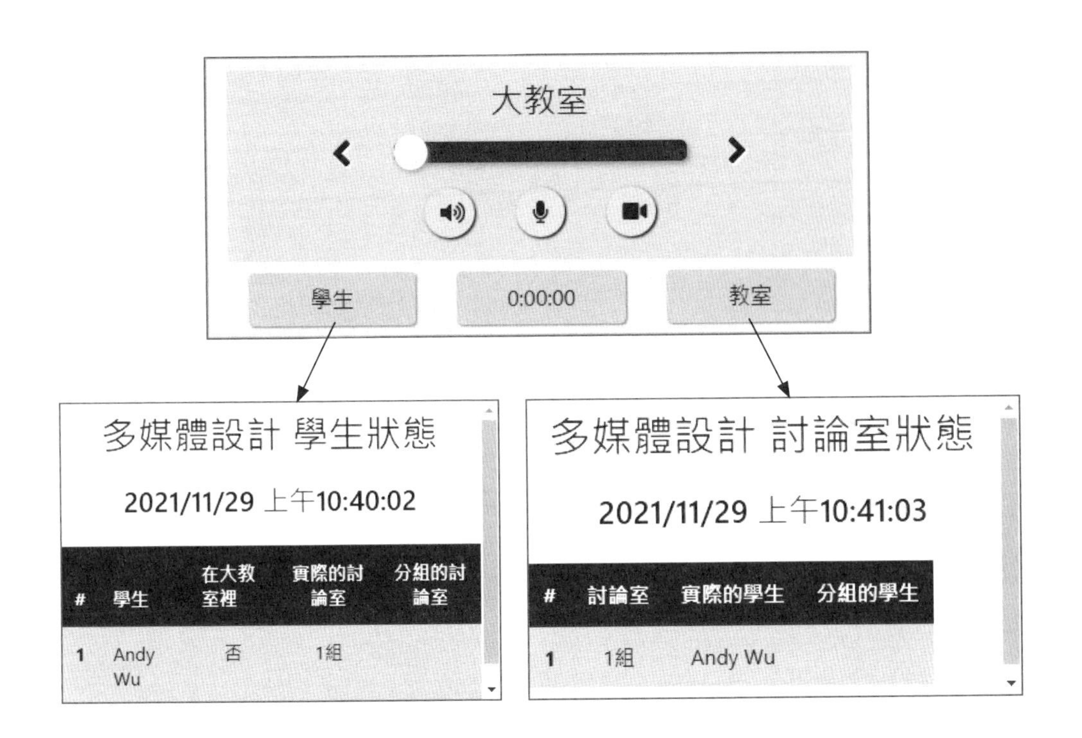

3-2-8 使用計時器計時

對於討論的時間，老師可以透過 0:00:00 鈕來開啟計時器，只要設定好時間，按下「開始」鈕就會開始倒數時間，剩下一分鐘和時間到時會聽到學校的鐘聲。

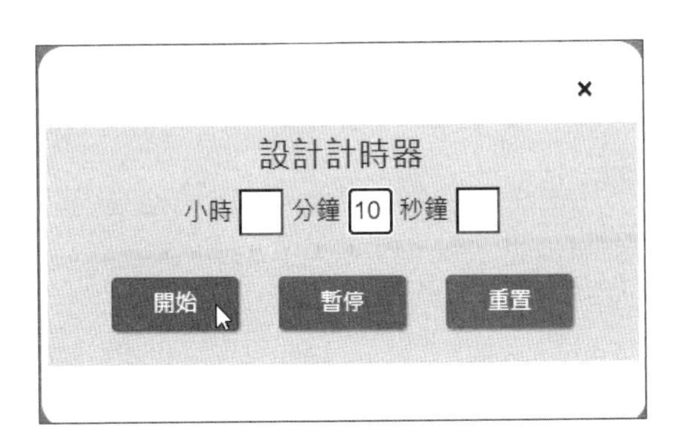

Note

04

CHAPTER

使用 Jamboard 白板教學

在實體上課時，老師經常會利用黑板來書寫重點，以加強學生的印象，同樣地，Google Meet 視訊會議中也有提供線上白板的功能，讓參加會議或課程的人能夠共同編輯或書寫。這個線上白板功能原本僅開放給 Google Suite 用戶使用，由於 Microsoft Teams 視訊會議軟體可在共享螢幕時即時啟用白板功能，所以 Google 也因應推出免費版本，只要是擁有 Google 帳戶的用戶就可以使用，而此功能即為 Google 應用程式中的「Jamboard」。

Jamboard 也可以單獨開啟程式，老師可運用它所提供的畫筆、圖形、清除、文字工具、便利貼等各種工具來製作教學的教材，檔案會自動儲存在 Google 雲端硬碟當中，屆時可透過分享螢幕畫面的方式將檔案分享給學生。

在 Google Meet 視訊會議中也可以快速開啟 Jamboard，讓老師即時在白板上進行課程的解說，也可以讓師生協同合作，就如同學校的黑板一樣，所有參與會議的學生都能在此白板上進行塗鴉，達到互動的目的。

4-1 從 Google Meet 啟用白板

首先我們從 Google Meet 視訊會議中使用白板的方式做說明，讓老師隨時可以將白板當成學校的黑板來使用。

4-1-1 建立新白板

由 Google Meet 右下角按下「活動」鈕，在「活動」面板中點選「白板」，接著選擇「建立新白板」，就能啟動虛擬白板。

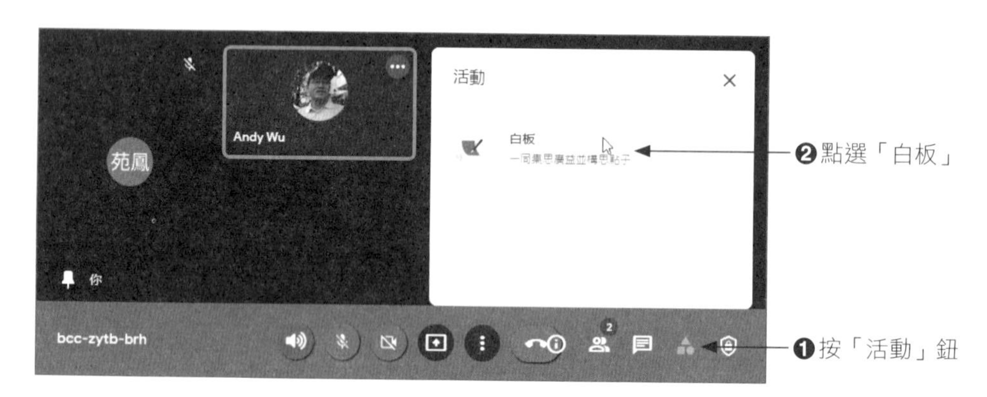

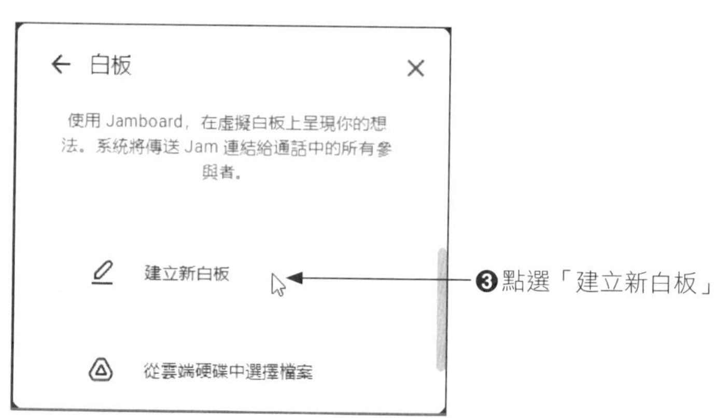

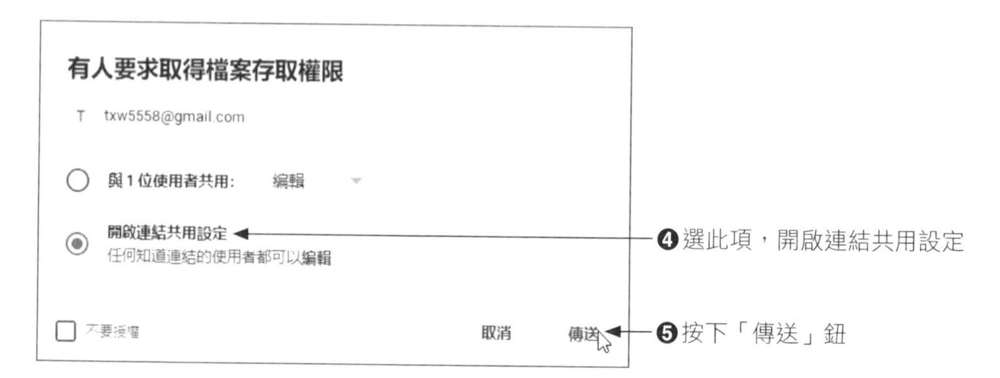

按下「傳送」鈕後，系統會傳送 Jamboard 連結給通話中的所有參與者。學生從「通話中的訊息」面板就可以直接點選超連結，然後進入 Jamboard 的視窗畫面。如下圖所示：

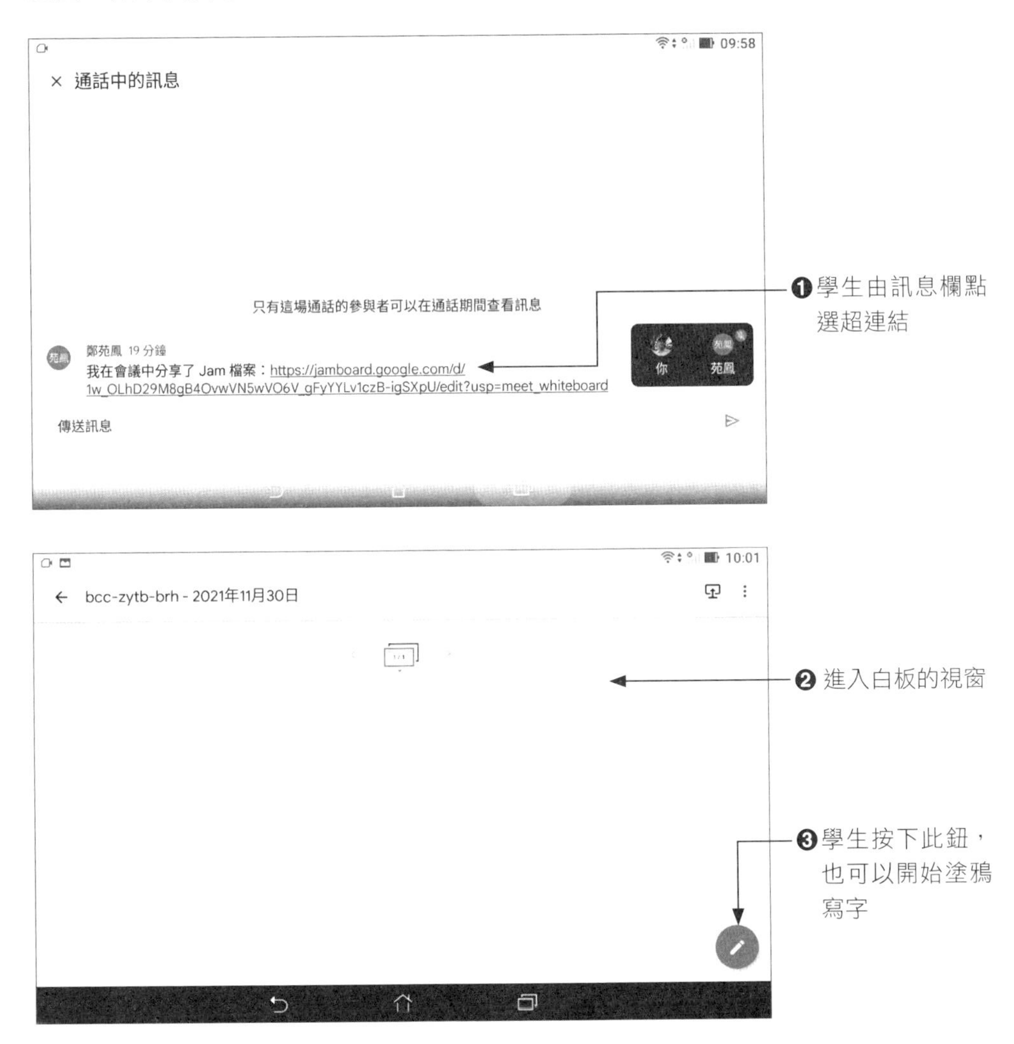

老師在建立白板前，最好先確認學生都有進入會議教室，如此一來才能確認所有參與者都能看到通話訊息欄的連結資訊，晚進入的人會看不到 Jamboard 連結，老師還必須重傳連結給晚到的學生。

4-1-2 協同合作虛擬白板

在新建立的白板當中，老師可以利用「文字方塊」輸入文字，也可以使用「畫筆」直接塗鴉，或是使用「新增圖片」直接插入圖片進行解說，這些工具的使用我們稍後再做說明。

老師在白板上所輸入的文字或所畫的線條，遠端的學生都能立即看到，同樣地，老師可以透過白板詢問學生問題，然後請學生以工具來標記答案，標記的內容也可以讓所有的學生看到。

老師在白板上進行說明

學生也可以利用工具進行標記

剛剛的白板我們只建立了一個畫面，事實上一個白板可以建立 20 個畫面，按一下向右的箭頭鈕就會自動新增畫面，老師可透過左右的箭頭控制前後畫面的切換，而按下「展開畫面列」鈕方便老師快速切換畫面，如下圖所示：

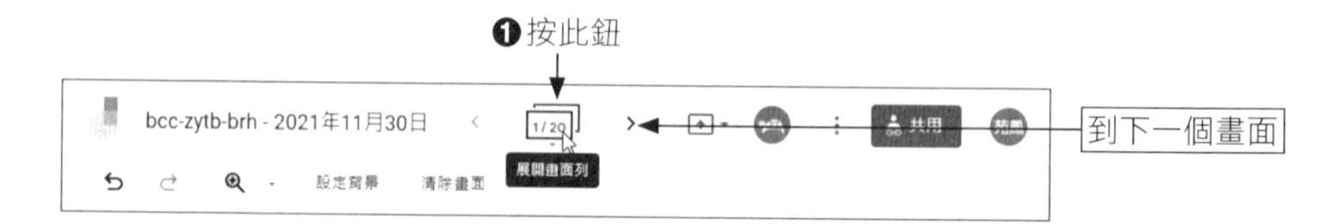

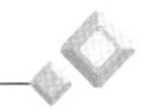

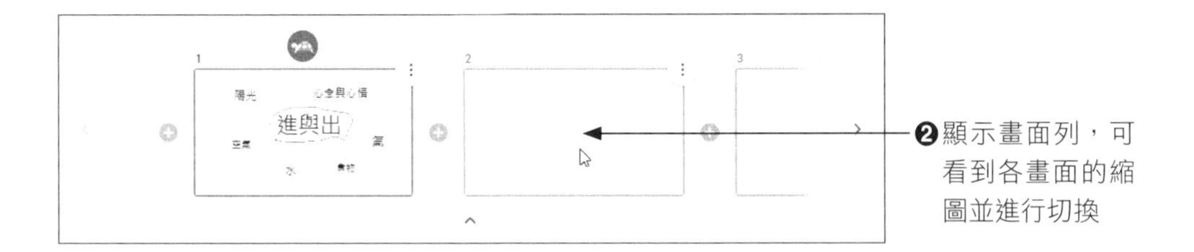

4-1-3 從雲端硬碟中選取 Jamboard 檔案

前面我們「建立新白板」來進行課堂教學，如果老師有事先利用 Jamboard 程式來設計一些教學內容，那麼在 Google Meet 中也可以從雲端硬碟中來選取 Jamboard 檔案。

4-2 從 Jamboard 進行共用與分享

前面我們提到，Jamboard 是 Google 提供的應用程式之一，所以在 Google 首頁的右上角按下 ⋮⋮⋮ 鈕，就可以選取 Jamboard 程式。

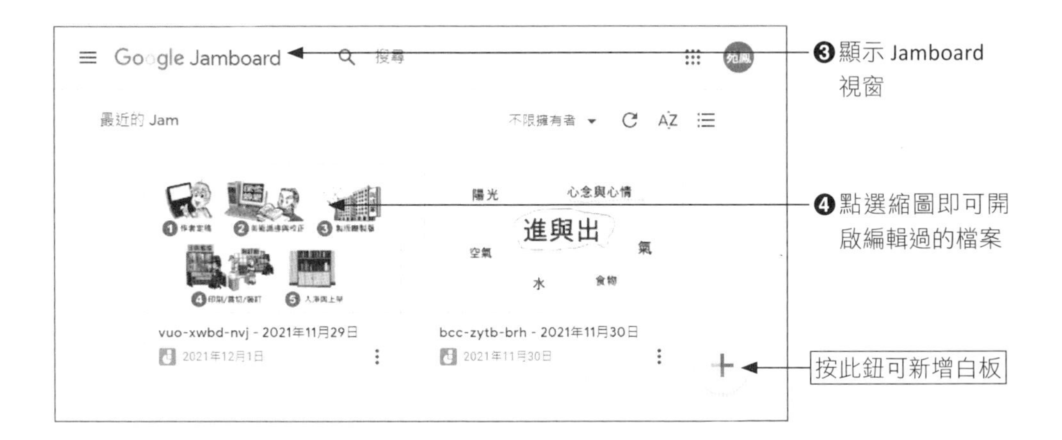

4-2-1 與他人共用編輯 Jamboard

要從 Jamboard 程式中與他人共用畫面，可透過「共用」鈕來進行設定。

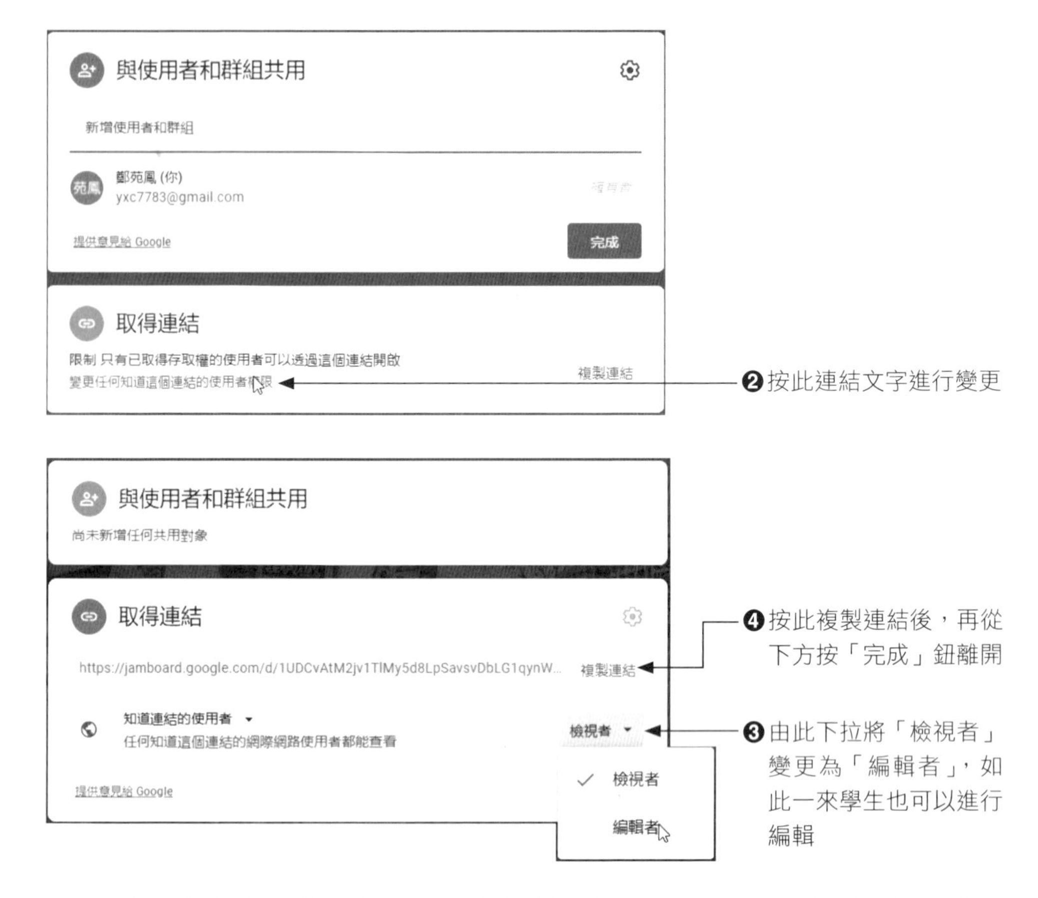

老師將連結轉貼給學生，學生按此連結開啟 Jamboard，師生就可以一起在此白板上進行討論或塗鴉。

4-2-2 建立副本與他人共用

老師辛辛苦苦透過 Jamboard 建立各種教材，如果與學生協同合作共用白板，那麼師生所畫的線條或執行的動作都會自動被儲存下來，一堂課上完後畫面可能面目全非，無法再提供下個班級繼續教學。

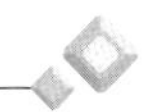

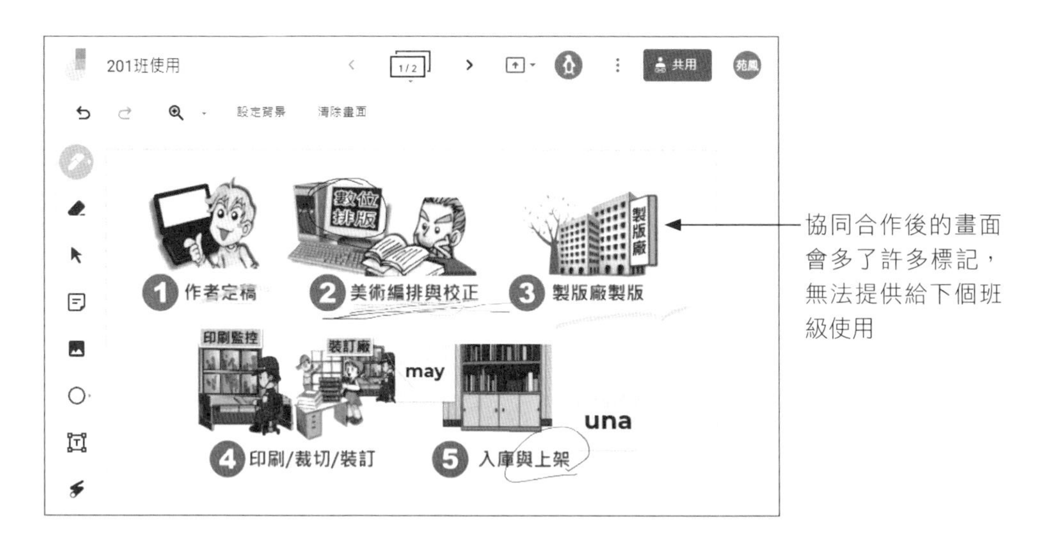

如果老師有這樣的困擾，那麼再選擇共用之前，不妨先「建立副本」，這樣乾乾淨淨的教材就可以一直沿用到其他班級之中。要建立副本，請由「更多動作」⋮鈕下拉選擇。

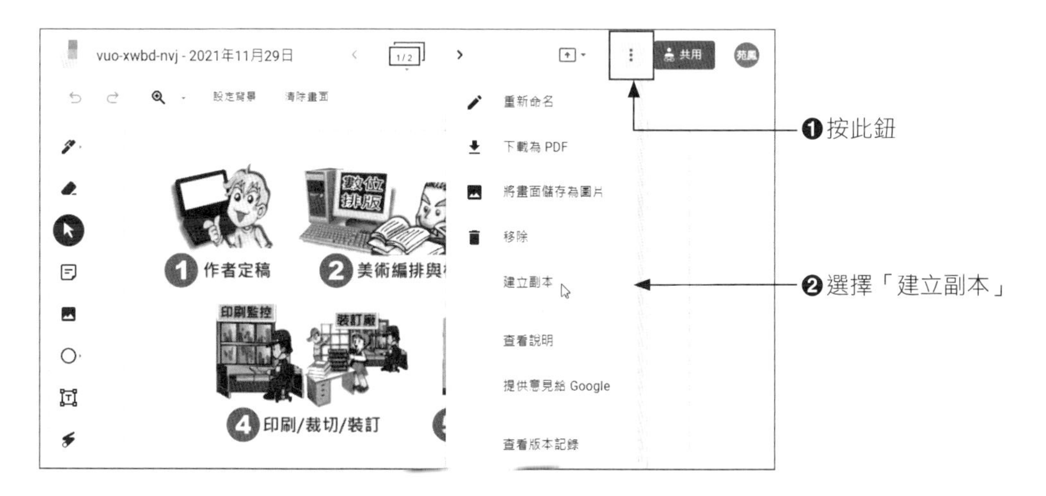

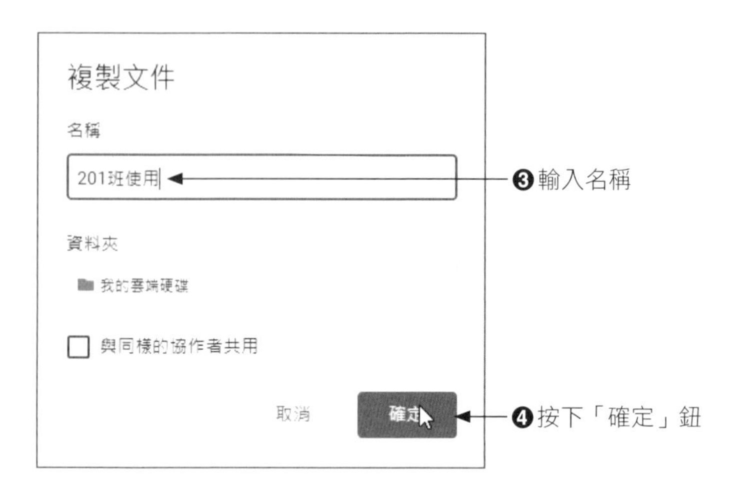

以副本與學生協同合作，這樣同一門課程的教材可以給多個班級使用，需要書寫的內容只要製作一次即可搞定多個班級。對於無用的檔案則是利用以下方式進行移除。

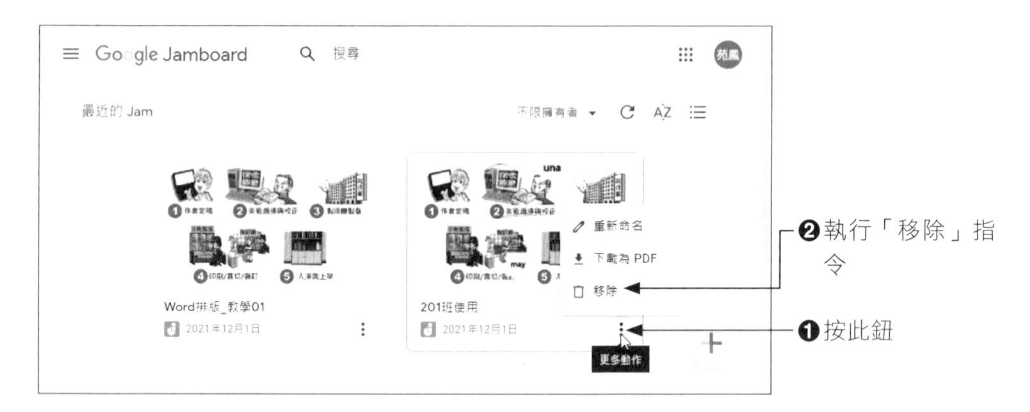

4-2-3 在會議中分享 Jamboard 螢幕畫面

Jamboard 畫面如果只是單純的分享，不允許學生編輯，那麼可以按下 [↑] 鈕在會議中分享螢幕畫面。

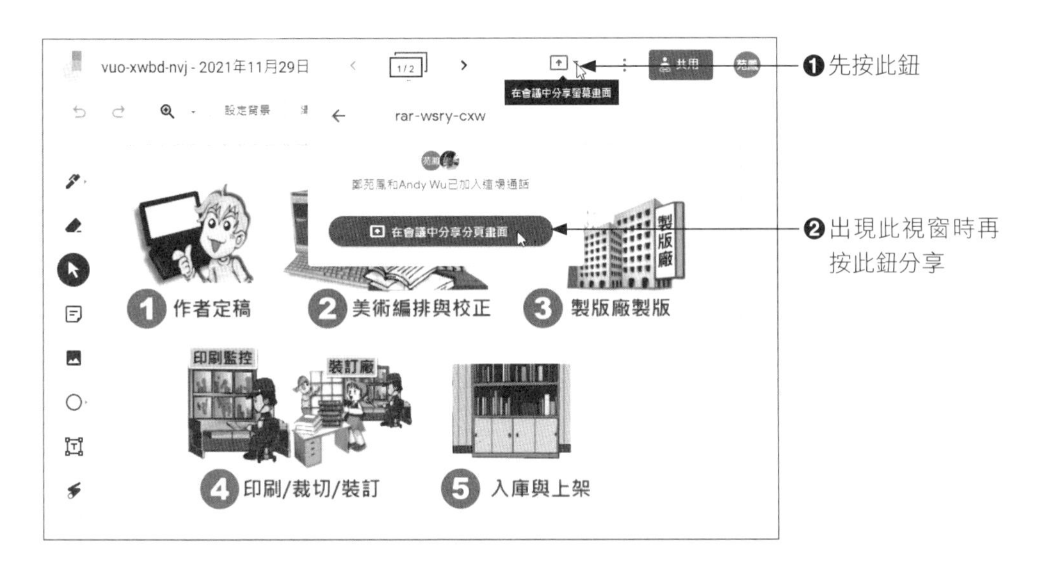
vuo-xwbd-nvj - 2021年11月29日
在會議中分享螢幕畫面
共用
rar-wsry-cxw
在會議中分享分頁畫面
1 作者定稿
2 美術編排與校正
3 製版廠製版
4 印刷/裁切/裝訂
5 入庫與上架
❶先按此鈕
❷出現此視窗時再按此鈕分享

你正在與所有人分享螢幕畫面
簡報音效
停止顯示
你
Andy Wu
rar-wsry-cxw
❸顯示 Jamboard 分享的效果

4-3 Jamboard 工具的使用

對於白板的共用與分享技巧都熟悉後，接下來熟悉一下 Jamboard 的各項工具，讓各位都能夠靈活運用這些工具來製作所需的教材。

4-3-1 新增白板與命名

進入 Jamboard 首頁後，按下右下角的 ＋ 鈕即可新增白板，對於未命名的白板可重新命名。

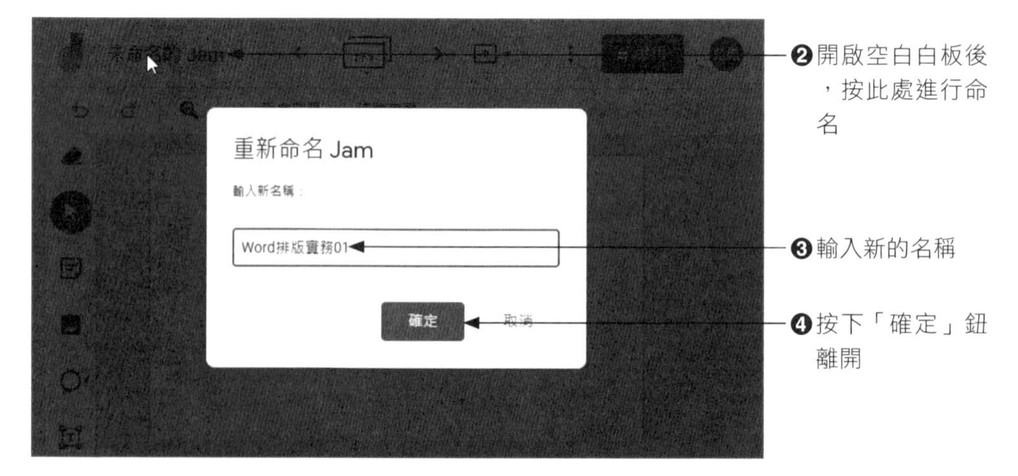

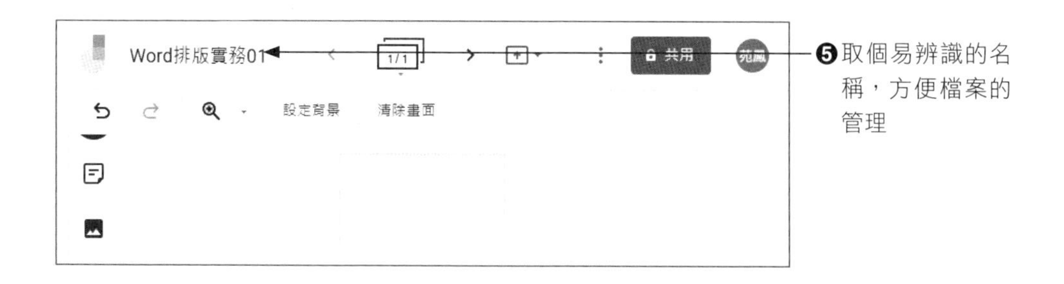

4-3-2 變更背景

Jamboard 預設的背景是白色，按下「設定背景」鈕可選擇灰色圖表、藍色背板、黑板、或是自訂的圖片。

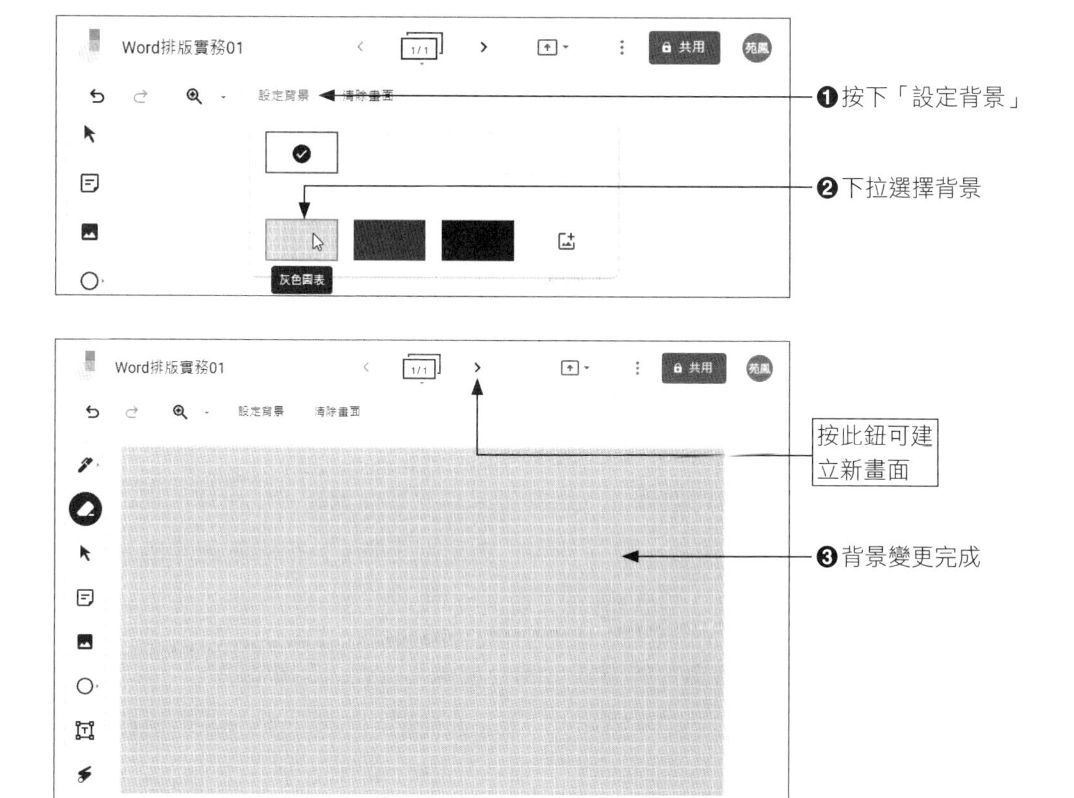

選擇「灰色圖表」會顯示如上的方格狀，老師如果習慣使用黑板，也可以選擇深色的背景，屆時再選用白色畫筆來書寫文字即可。要注意的是，變更的背景僅在此一畫面，如果按下 > 鈕建立新畫面，背景就會恢復成白色。

4-3-3 畫筆工具與清除

Jamboard 提供的「畫筆」工具包括畫筆、彩色筆、螢光筆、筆刷四種工具，另有黑、藍、綠、白、黃、紅六種顏色可以選用。老師只要將滑鼠當作筆來使用，就可以進行寫字或塗鴉。需要清除的地方可使用「清除」工具來消除，如果寫完的板書想要擦除，只要按下「清除畫面」鈕，畫面就一乾二淨。

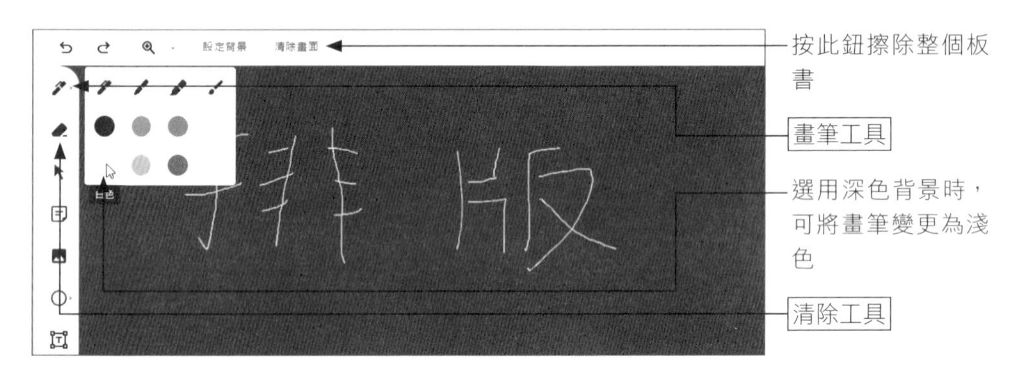

4-3-4 加入圖片

除了即時使用白板進行教學外，老師如果預先準備課程，也可以利用「新增圖片」鈕將圖片插入白板，或是使用「圖形」工具來繪製簡單的幾何圖形和箭頭，而「文字方塊」工具則可鍵入文字。

這裡先來看一下新增圖片的方式。圖片來源可從個人的電腦進行「上傳」、或是明確的圖片網址、手機中的相片、Google 圖片搜尋、Google 雲端硬碟、Google 相簿。

❑ Google 圖片搜尋

老師們最常使用的大概是網路圖片，所以切換「Google 圖片搜尋」標籤，輸入要搜尋的關鍵字，按下「Enter」鍵就可以找到圖片。

❑ 圖片編輯技巧

插入圖片後，透過右下角和左下角的藍色圓鈕可縮放圖片比例，需要旋轉請利用左上角的圓鈕，而圖片的複製、刪除、順序調整則是透過右上角的 ⋮ 來選擇。

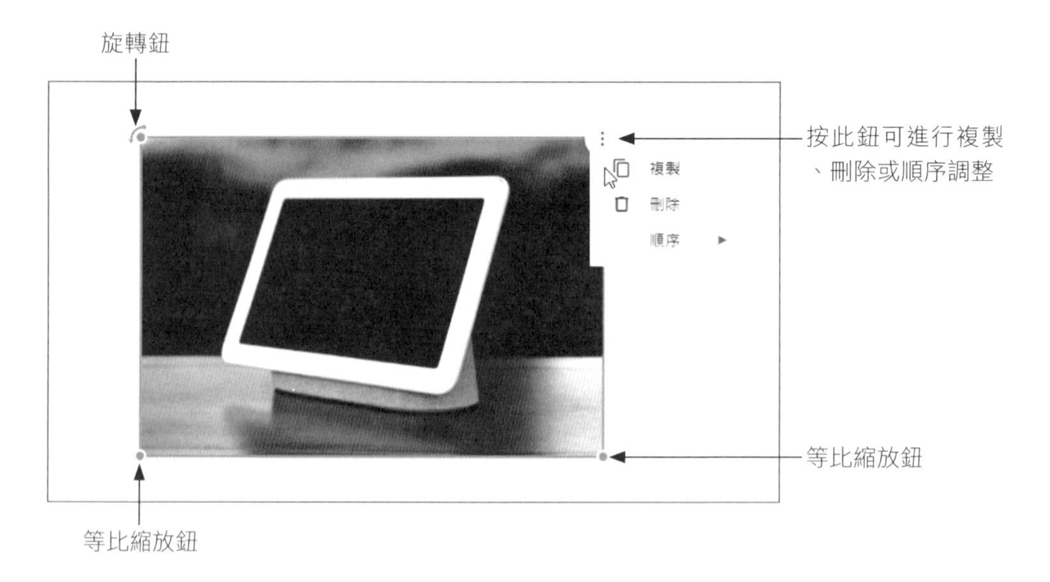

❑ 上傳圖片

如果使用的圖片是放置在個人的電腦當中，只要選擇「上傳」標籤，將要使用的圖片直接拖曳到視窗中，就可以插入圖片。

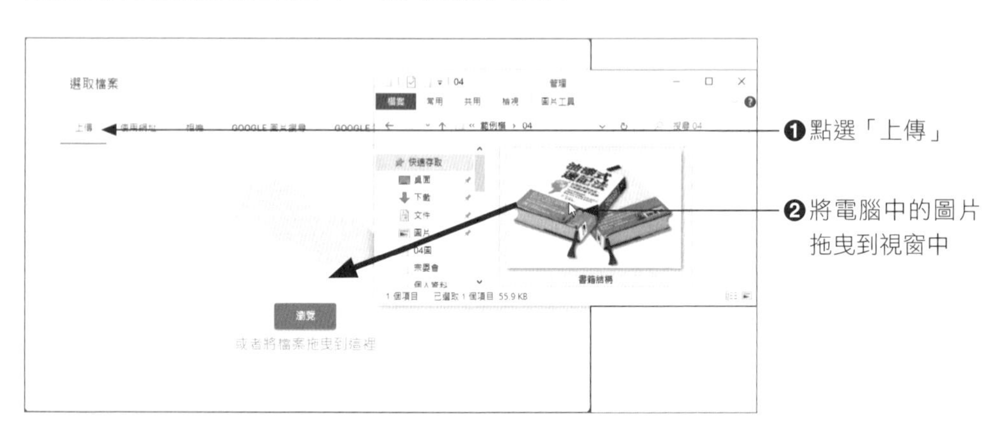

❑ 小學老師教漢字筆畫

以往老師在教小學生漢字筆劃的書寫，都是透過黑板一筆一畫寫給學生看。如果想透過 Jamboard 白板進行教學，可以先透過 Google 搜尋一下，就可以找到筆順字典或是漢字筆劃順序圖。

- **漢字筆劃順序圖**：https://kanji.sljfaq.org/kanjivg.zh-TW.html
- **筆順字典**：https://strokeorder.com.tw/

以漢字筆劃順序圖為例，老師在欄位中輸入文字，按下「獲得圖」鈕後，下方會以不同顏色和數字顯示筆畫順序，按右鍵執行「複製圖片」指令，就可以到 Jamboard 程式中進行貼入。

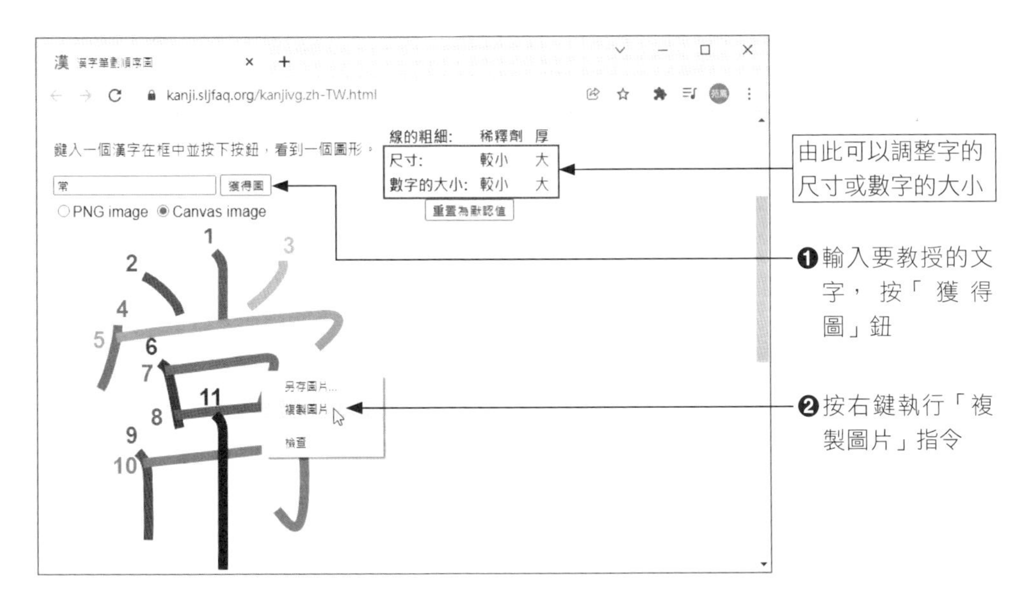

同樣地，在「筆順字典」網站上所找到的中文字，也是利用右鍵「複製圖片」，就可以「貼入」到 Jamboard 中進行教學。

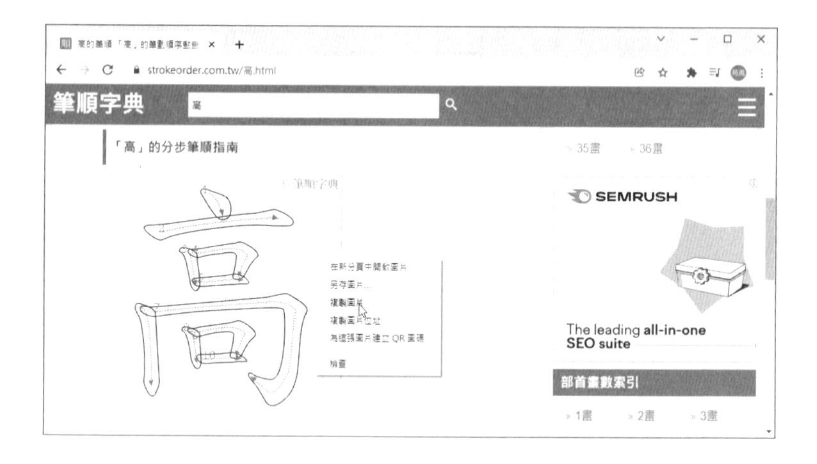

4-3-5 加入文字方塊

覺得手寫文字不好看，那麼可以點選「文字方塊」工具 ，在白板上按一下左鍵，於顯示輸入方塊中輸入文字，透過上方的選項列還能調整文字的樣式、文字顏色與對齊方式。

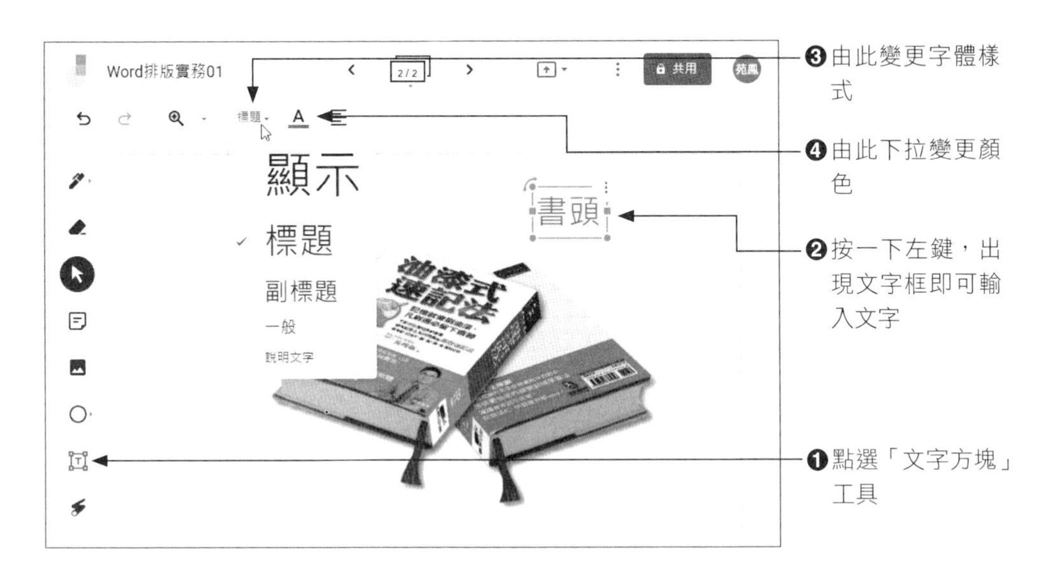

點選文字方塊時，右下角和左下角的藍色圓鈕可縮放文字比例，需要旋轉請利用左上角的圓鈕，而文字的編輯、複製、刪除、順序調整則是透過右上角的 ⋮ 來選擇。所以設定好一個文字樣式後，其餘的文字就利用 ⋮ 鈕選擇「複製」和「編輯」指令，就可以快速製作教材內容。

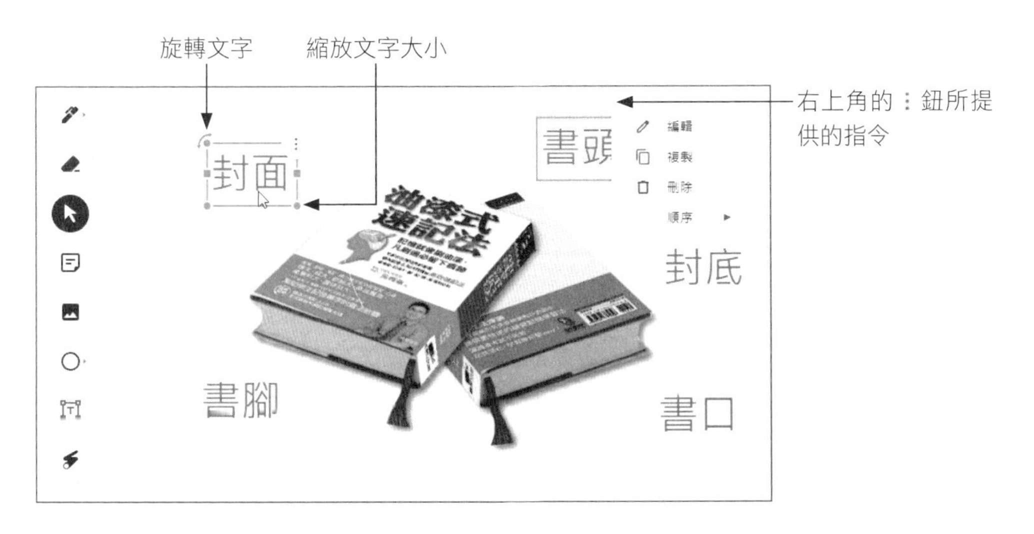

4-3-6 加入圖形

「圖形」工具可繪製圓形、正方形、三角形、菱形、圓角矩形、半圓形、長條、箭頭等形狀。繪製圖形後可從上方選項列設定填滿的顏色或框線的色彩。

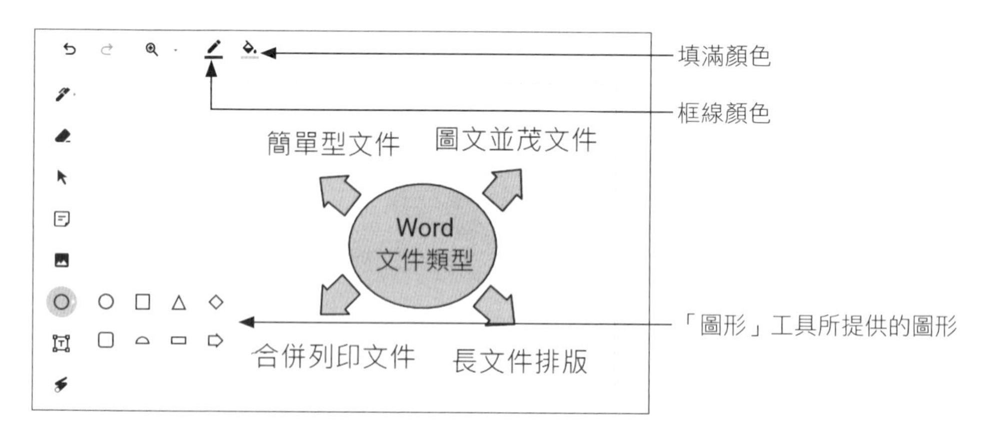

4-4 下載 Jamboard 教材給學生

辛苦為學生準備的教材，或是利用 Jamboard 所製作的學習單，如果希望給學生使用，那麼可以考慮以下兩種方式下載給學生：一個是將畫面儲存為圖片，另一個是下載為 PDF 文件。

4-4-1 畫面儲存為圖片

開啟檔案後，選定要給學生的畫面後，由「更多動作」⋮ 鈕下拉選擇「將畫面儲存為圖片」指令，檔案會自動下載到電腦的「下載」資料夾中。

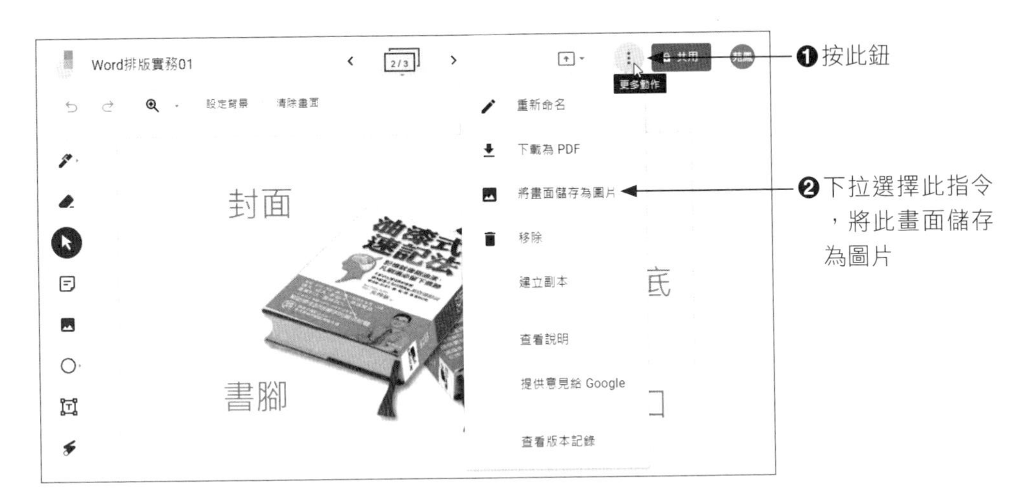

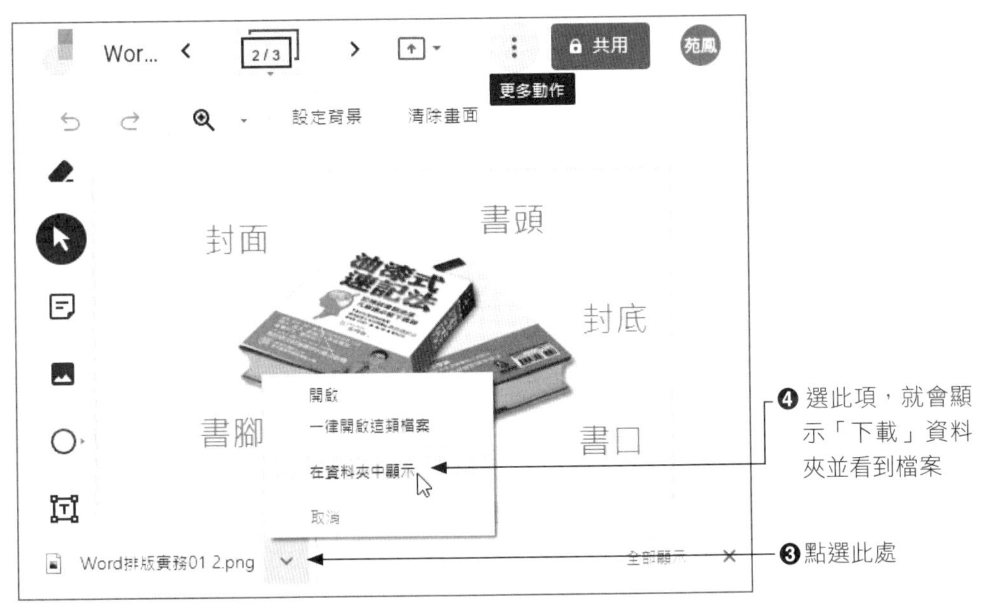

4-2-2 畫面下載為 PDF

Jamboard 文件中如果包含多個畫面，且都是要給學生當作課後教材，那麼適合儲存為 PDF 格式，由「更多動作」⋮ 鈕下拉選擇「下載為 PDF」指令就可搞定。

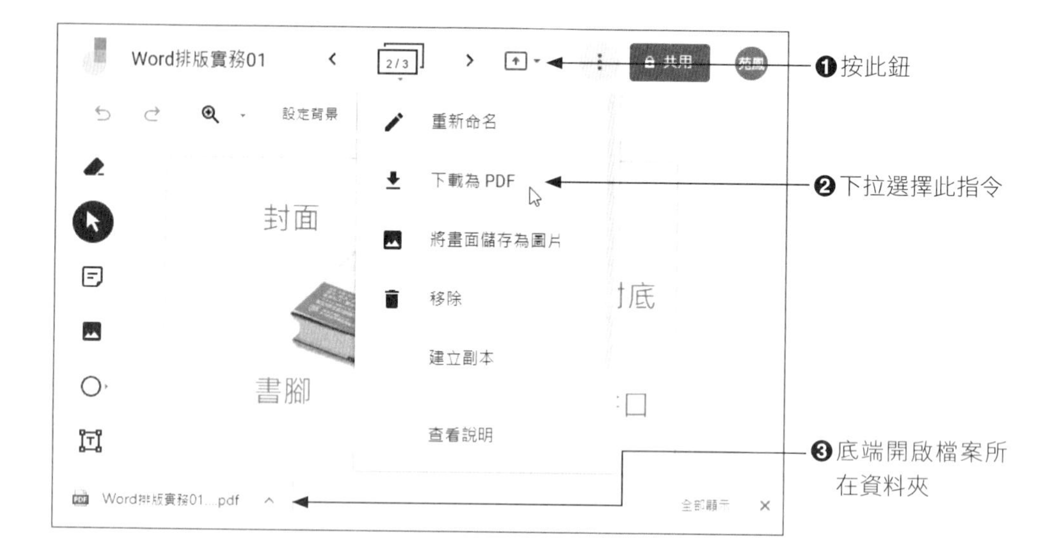
Word排版實務01
2 / 3
共用
設定背景
重新命名
下載為 PDF
將畫面儲存為圖片
移除
建立副本
查看說明
封面
書腳
Word排版實務01....pdf
❶按此鈕
❷下拉選擇此指令
❸底端開啟檔案所在資料夾

05
CHAPTER
主辦人錄製會議與課程內容

在 Google 付費版和教育帳號登入的用戶可以使用「錄製會議」的功能，免費版的個人帳號則並無支援，不過各位可以透過 Google 擴充功能來找到擷取螢幕畫面的應用程式。

5-1 使用 Screencastify 擷取螢幕畫面程式

這裡要跟各位介紹的擴充程式是 Screencastify，讓老師可以錄製教學的課程內容外，也可以錄影視訊會議的內容。Screencastify 在錄製螢幕畫面後還提供簡單的編輯功能，可進行去頭去尾的修剪，讓影片呈現最完整的效果。老師可以將錄製的內容上傳至雲端硬碟中，或傳送到 Google Classroom 當作教材或是作業分派給學生，是一套不錯螢幕錄製程式。

5-1-1 新增 Screencastify 擴充功能

首先介紹 Screencastify 擴充功能的加入方式。

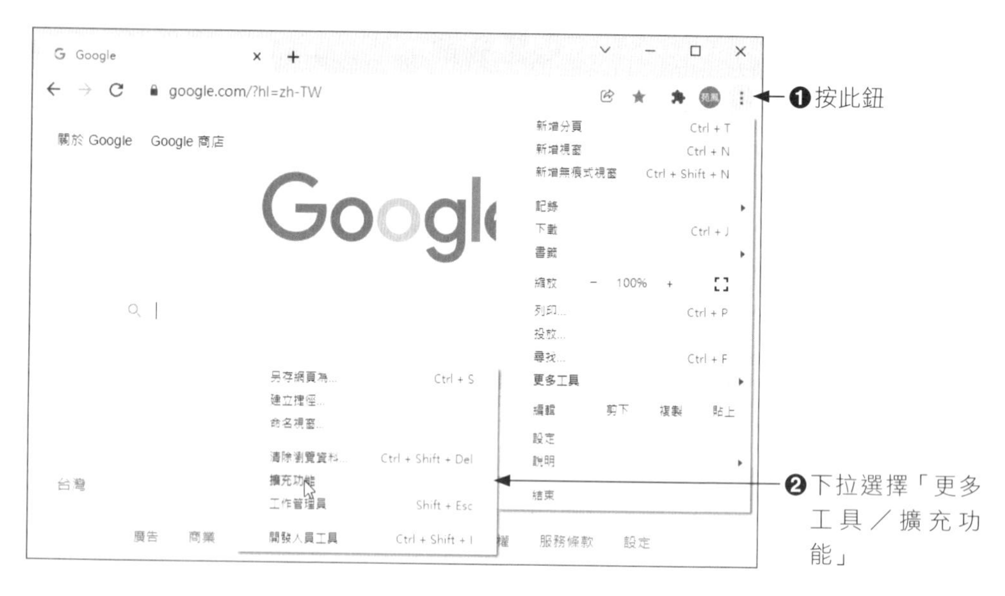
❶按此鈕
❷下拉選擇「更多工具／擴充功能」

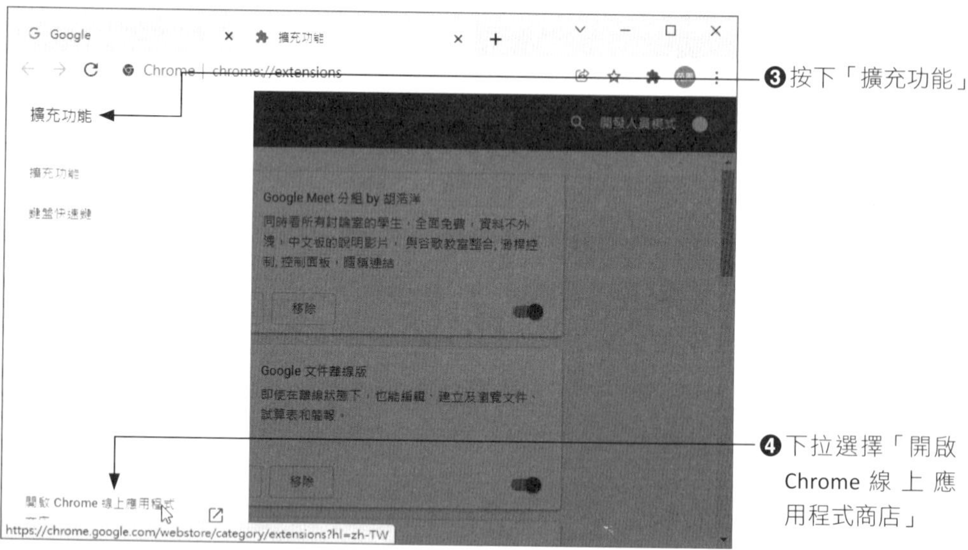
❸按下「擴充功能」
❹下拉選擇「開啟 Chrome 線上應用程式商店」

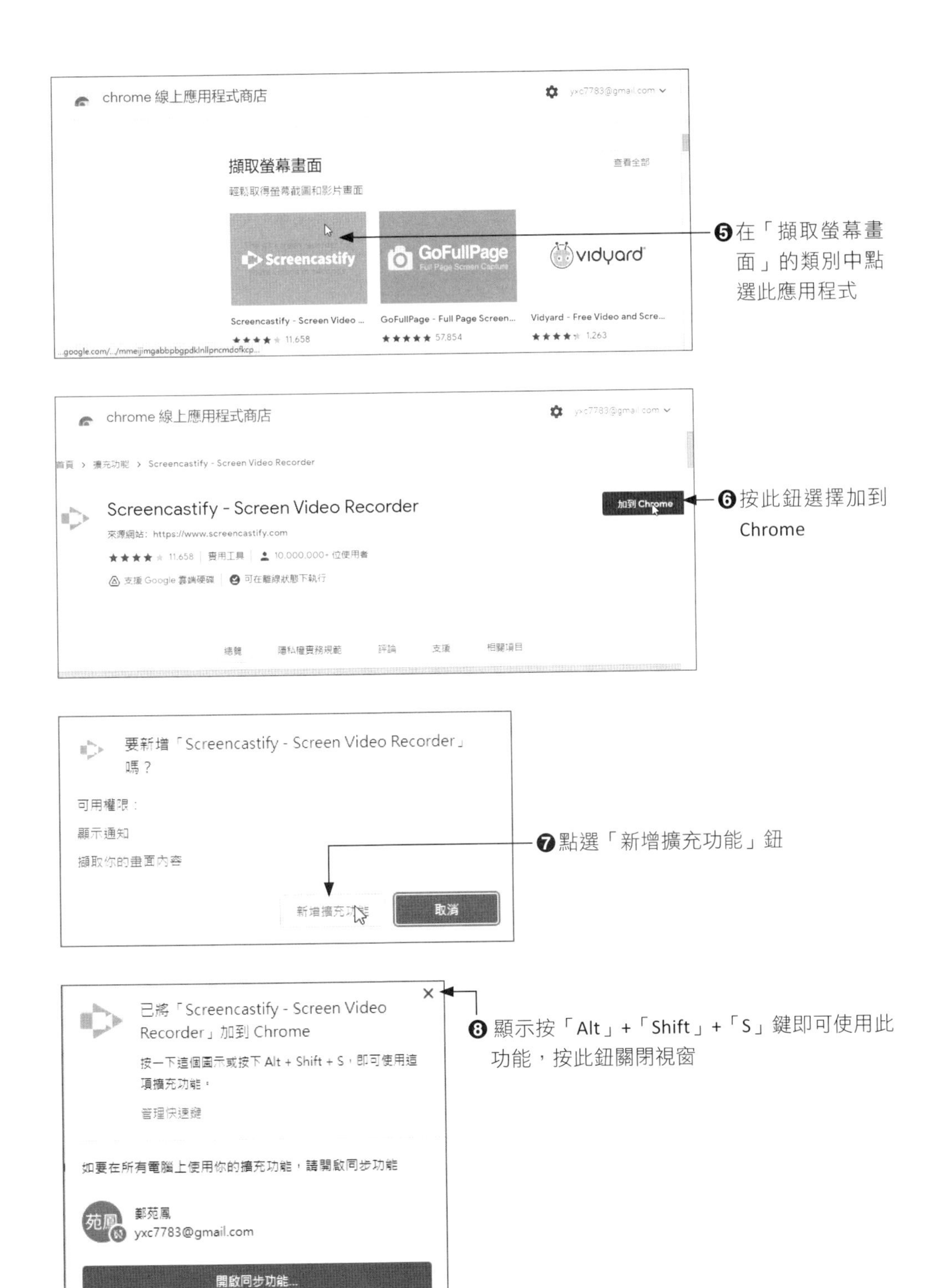
chrome 線上應用程式商店
擷取螢幕畫面
輕鬆取得螢幕截圖和影片畫面
查看全部
Screencastify
GoFullPage
vidyard
Screencastify - Screen Video ...
GoFullPage - Full Page Screen...
Vidyard - Free Video and Scre...
❺在「擷取螢幕畫面」的類別中點選此應用程式
Screencastify - Screen Video Recorder
來源網站：https://www.screencastify.com
加到 Chrome
❻按此鈕選擇加到 Chrome
總覽
隱私權實務規範
評論
支援
相關項目
要新增「Screencastify - Screen Video Recorder」嗎？
可用權限：
顯示通知
擷取你的畫面內容
新增擴充功能
取消
❼點選「新增擴充功能」鈕
已將「Screencastify - Screen Video Recorder」加到 Chrome
按一下這個圖示或按下 Alt + Shift + S，即可使用這項擴充功能。
管理快速鍵
如要在所有電腦上使用你的擴充功能，請開啟同步功能
鄭苑鳳
yxc7783@gmail.com
開啟同步功能...
❽顯示按「Alt」+「Shift」+「S」鍵即可使用此功能，按此鈕關閉視窗

設定完成後，各位在 Chrome 瀏覽器右上角按下「擴充功能」鈕，就可以看到新增 Screencastify 的擴充功能，下回點選此功能即可使用。

第一次使用者還需要經過帳戶的設定，如果你有 Google 或 FB 帳號，可以透過利用這些現有的帳號進行登入，以便 Screencastify 取得姓名、電子郵件、語言偏好等資訊，同意 Screencastify 的條款和隱私政策後，設定個人的身分，並授予網路攝影機和麥克風的「啟用」，這些都就緒後，就可以開始錄製的工作了！

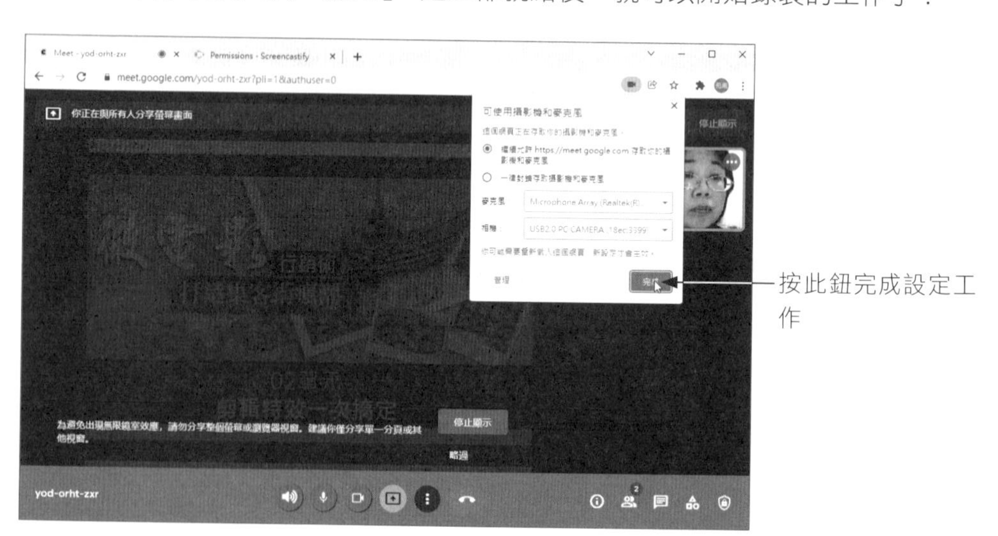

5-1-2 錄製 Jamboard 的教學內容

這裡以 Jamboard 和 Screencastify 作說明，當各位在 Jamboard 的頁面上製作好教材內容後，錄製影片時並不需要開啟 Google Meet 的應用程式，只要從 Google Chrome 瀏覽器上方按下「擴充功能」鈕就可以進行錄製，免費版本每次有五分鐘的限制，如果要增加錄影的時間就必須付費升等。

錄製前可以先調好視窗大小或是以全螢幕錄製，也可以決定是否將老師的畫面加入到影片當中，也可以啟動畫筆工具，那麼開始錄製後左下角會提供畫筆給老師標註重點，這些標註的線條或文字會一併錄在影片當中，但加入的塗鴉不會對 Jamboard 畫面沒有任何影響。

另外，要提醒各位注意的是，為了讓學生可以清楚看到畫面的內容與功能指令，建議在錄製之前可以「調降」一下個人電腦上的顯示器解析度，例如：原先設定顯示器的解析度為 1600×900，調降為 1360×768 後，這樣錄製畫面中的文字會讓學生看得較清楚些。

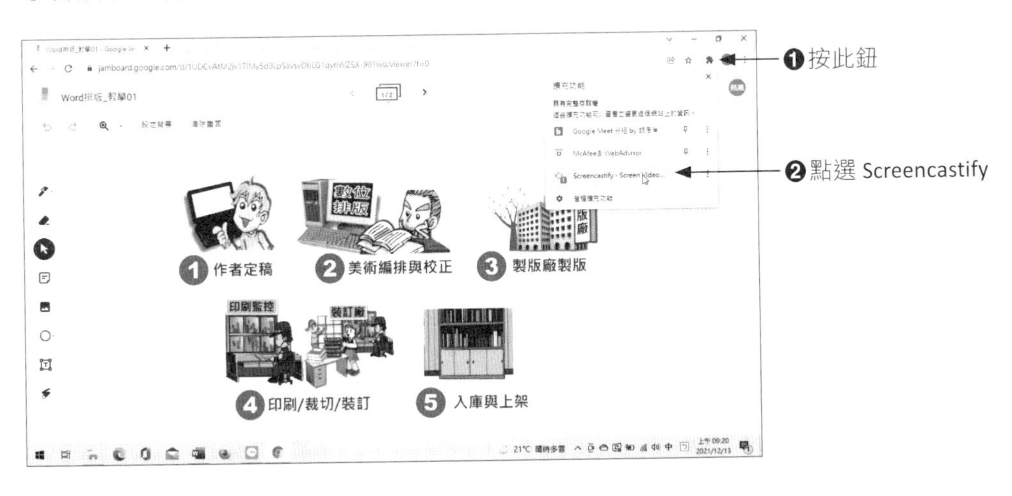

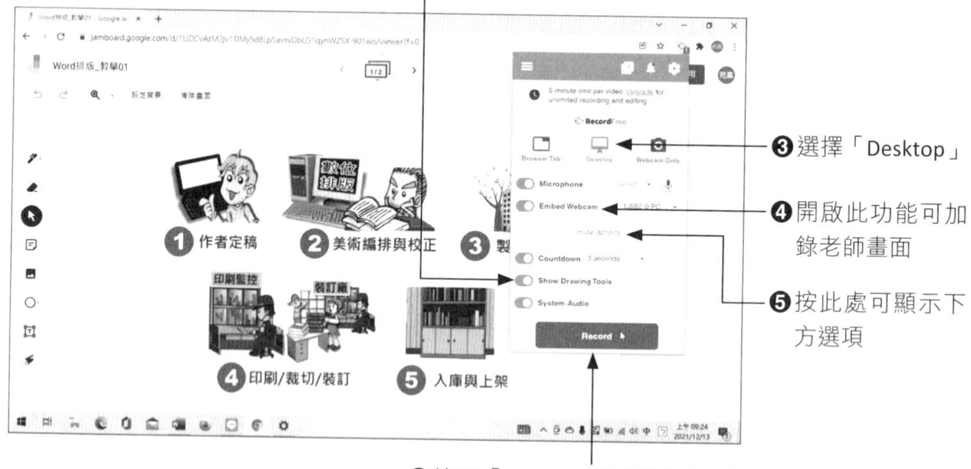
❻開啟此功能可加入畫筆工具
Word排版_教學01
❶作者定稿
❷美術編排與校正
❸製
❹印刷/裁切/裝訂
❺入庫與上架
Microphone
Embed Webcam
Countdown
Show Drawing Tools
System Audio
Record
❸選擇「Desktop」
❹開啟此功能可加錄老師畫面
❺按此處可顯示下方選項
❼按下「Record」按鈕開始錄製

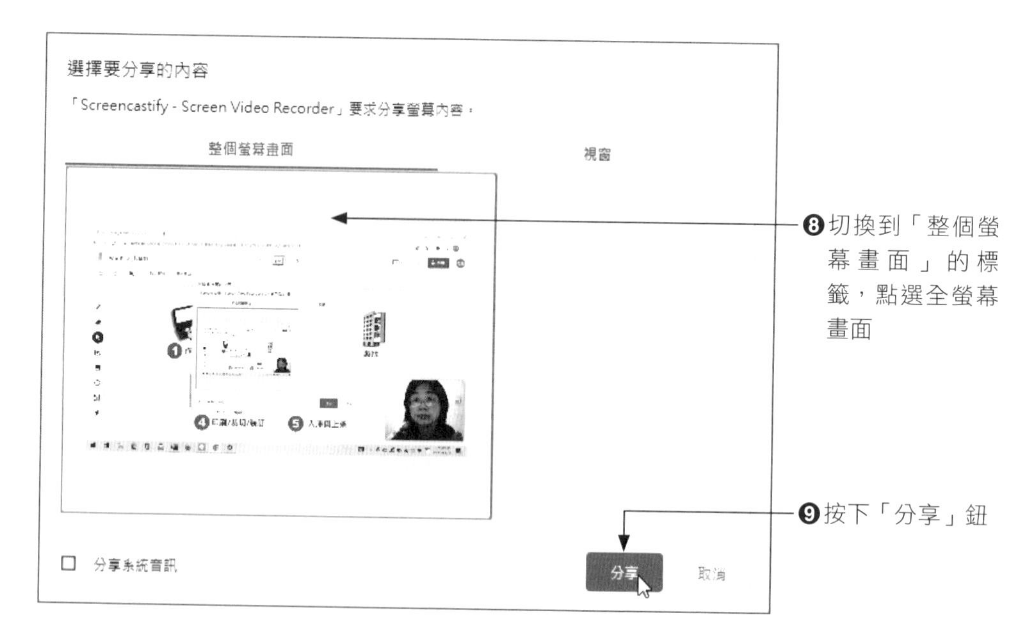
選擇要分享的內容
「Screencastify - Screen Video Recorder」要求分享螢幕內容。
整個螢幕畫面
視窗
分享系統音訊
分享
取消
❽切換到「整個螢幕畫面」的標籤，點選全螢幕畫面
❾按下「分享」鈕

❿講解時可以下方的畫筆標記重點

⓫講解完成時，按下「Alt」+「Shift」+「S」鍵會出現此視窗，按下此鈕停止錄影

不想保留可按此鈕刪除

⓬顯示錄製完成的檔案

5-1-3 錄製 PowerPoint 教學影片

老師如果習慣以 PowerPoint 來製作教學內容，那麼可以將簡報設定「閱讀檢視」模式，接著在瀏覽器啟動 Screencastify 擴充功能，如右下圖一樣設定為「Desktop」，關閉「Embed Webcam」網路攝影機功能，再按下「Record」鈕選擇簡報的視窗畫面，就可以開始錄製簡報內容。

5-1-4 使用網路攝影機錄製畫面

Screencastify 除了錄製電腦桌面上的教學內容外，也可以使用網路攝影機錄製老師的表情和輔助的道具，這種方式對於不熟悉電腦操作技巧的老師是蠻實用的，因為只要準備好教學道具，直接放在攝影機前，這樣就可以進行解說。講解完之後按下底端的「STOP」鈕就可以完成錄製的工作。

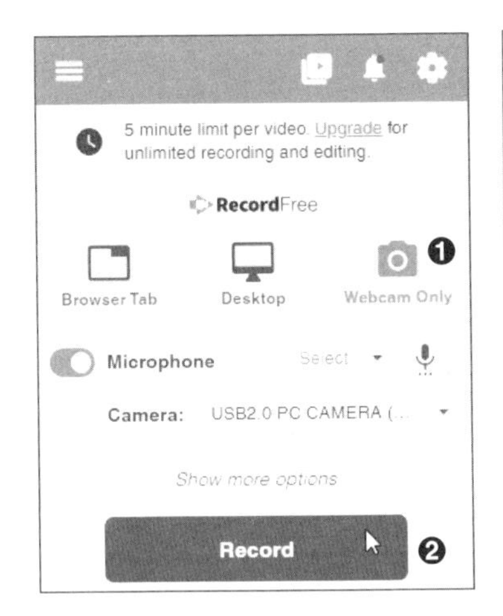

5-1-5 錄製會議內容

使用 Screencastify 除了錄製教材外，如果要錄製會議內容，使用方式也是一樣的。開啟 Google Meet 會議後，由 🧩 鈕下拉選擇 Screencastify 程式。

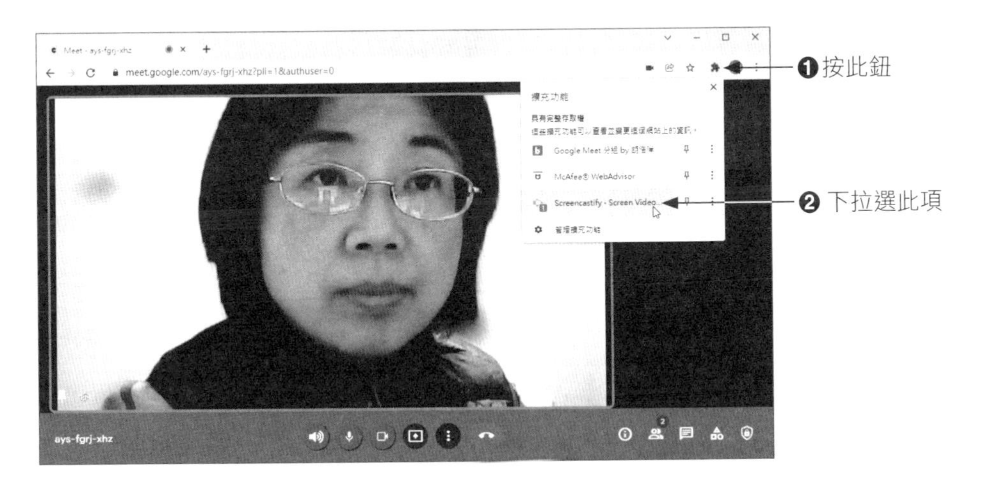

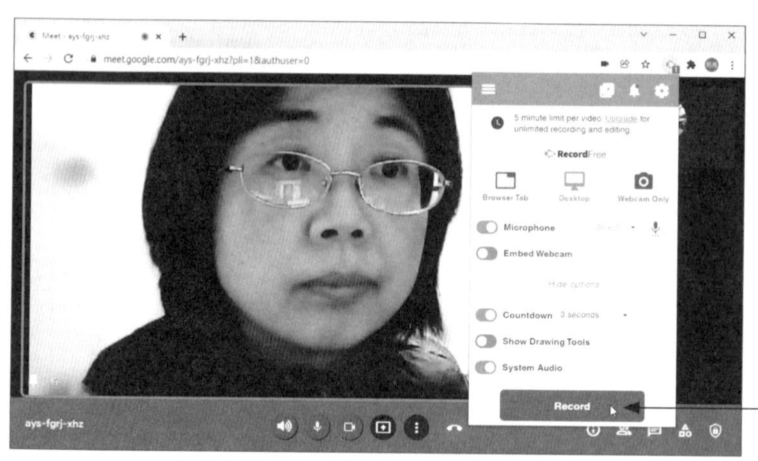

❸設定如圖後，按下「Record」鈕

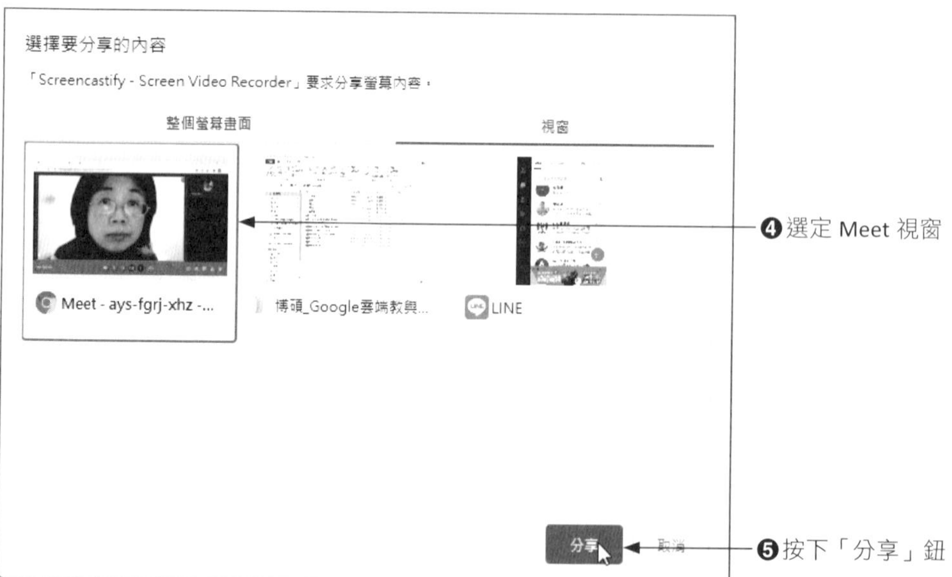

❹選定 Meet 視窗

❺按下「分享」鈕

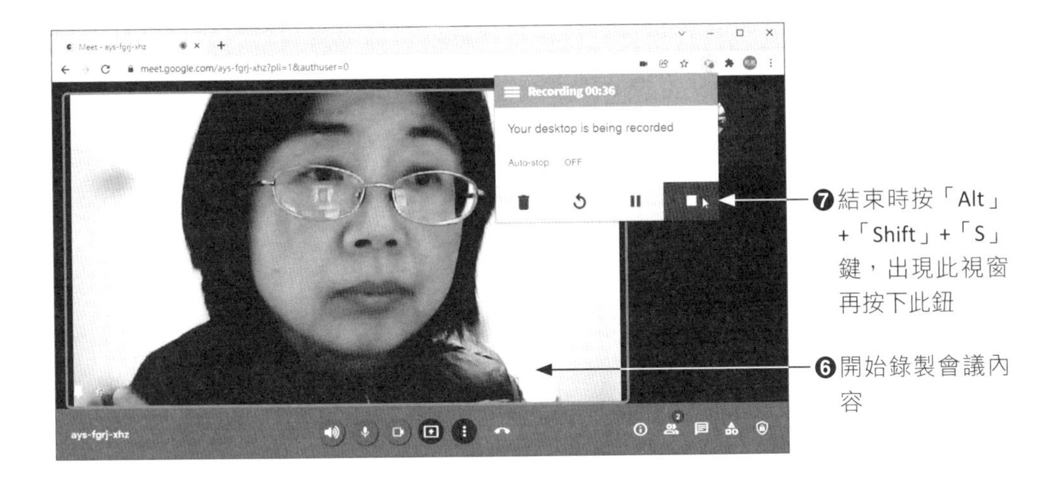

5-2 編修與輸出影片

利用 Screencastify 錄製教學內容後，影片前後多少會有準備的動作和結束的動作是多餘的畫面，我們可以快速利用 Screencastify 提供的修剪功能來去頭去尾，這樣可以讓學生看到最完美的教學影片。

要查看或選取編輯的影片，可以在如下的面板上按下鈕，就會進入「My Recordings」畫面，直接點選影片縮圖就可以開啟影片。

而完成的教學影片除了可以輸出到 YouTube、下載檔案、存放在個人的雲端硬碟外，也可以分享到 Gmail 或 Google Classroom，讓學生得以利用課餘時間觀看學習。

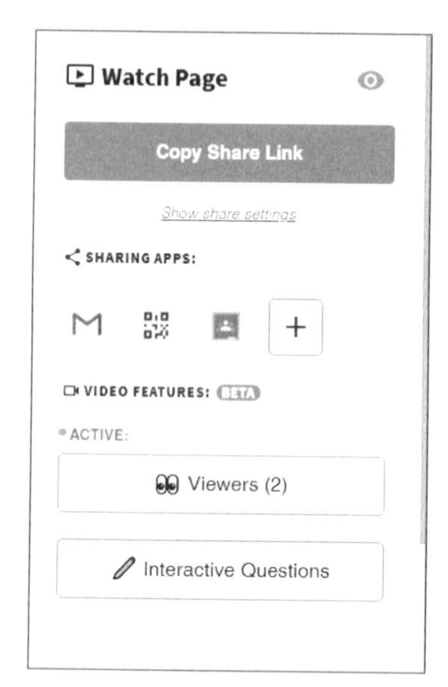

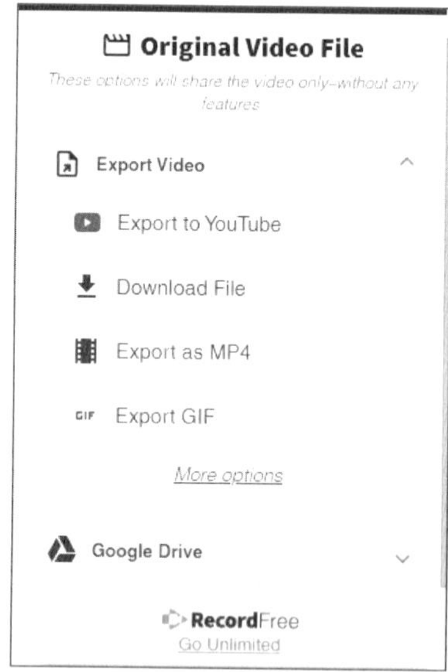

視窗右側提供的分享與輸出的功能

5-2-1 修剪影片前後多餘處

開啟要編輯的檔案後，可利用前後的剪刀工具來修剪影片。

❷將此剪刀往右移至要保留的開始處

❶按「播放」鈕先試聽一下影片內容

除了作去頭去尾的處理外，在影片上方按下「Open in Editor」鈕還可以進行裁切、模糊、文字、或是加入影片等處理，有興趣的話可以自行嘗試看看，限於篇幅關係，這裡不多加說明。

5-2-2 影片分享到 Google Classroom

修剪完成的影片可以直接分享到 Google Classroom 中，選定好教授的課程名稱，接著依照影片內容選擇建立作業、出題、張貼公告、建立教材等選項，再設定標題及說明文字，就能張貼給學生。

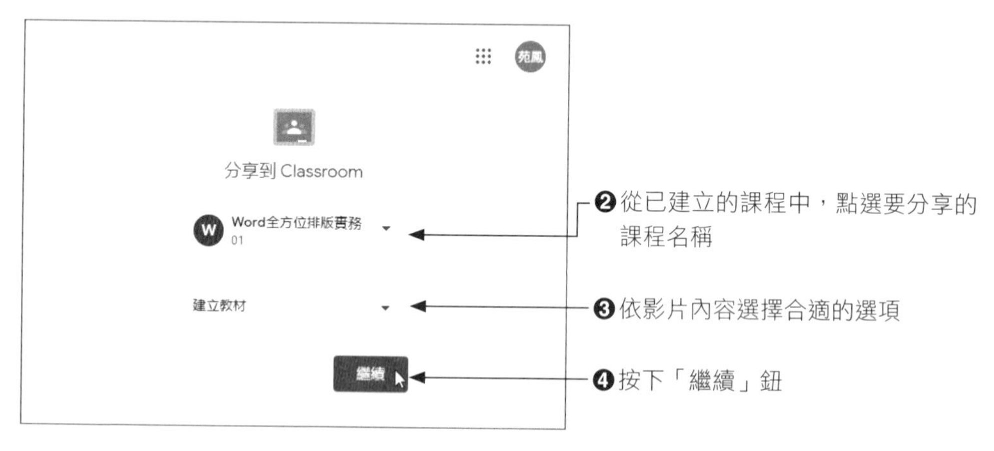

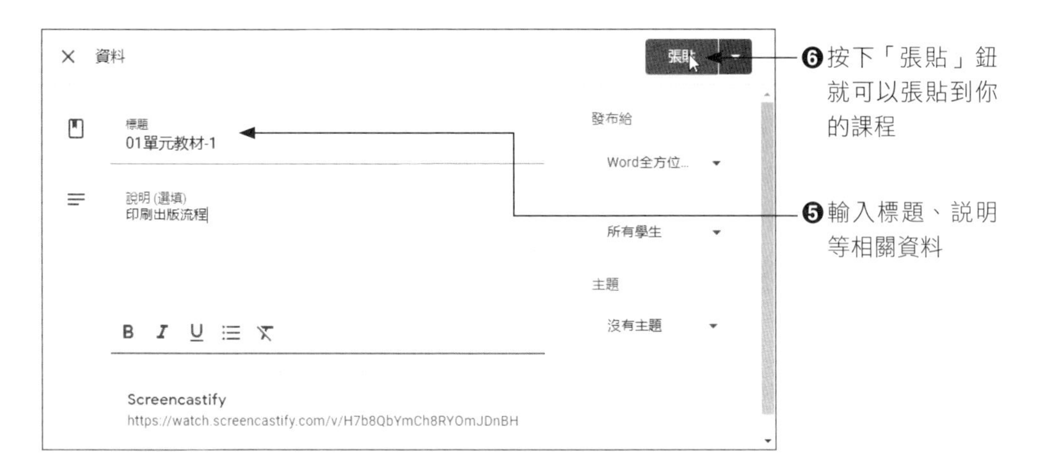

完成如上設定，影片教材就自動張貼到課程當中，屆時學生點選連結網址，即可看到教材內容。

5-2-3 影片輸出成 mp4 格式

影片修剪後也可以將它輸出成 MP4 的格式，請在右側的「WatchPage」面板下方點選「Export Video ／ Export as MP4」的選項

Untitled: Dec 1...
Open in Editor
Click to unmute
Original Video File
Export Video
Export as MP3
Export to YouTube
Download File
Export as MP4
More options
RecordFree
❶選此項

Export as MP4
Convert to fixed frame rate
Cancel
Export
❷按下「Export」鈕

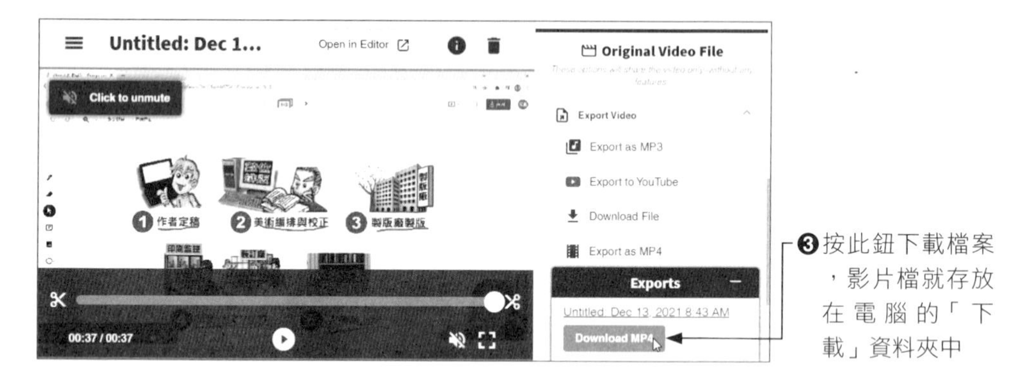
Untitled: Dec 1...
Open in Editor
Click to unmute
Original Video File
Export Video
Export as MP3
Export to YouTube
Download File
Export as MP4
Exports
Untitled Dec 13 2021 8 43 AM
Download MP4
00:37 / 00:37
❸按此鈕下載檔案，影片檔就存放在電腦的「下載」資料夾中

師生互動平台 - Google Classroom

第2篇

學習大綱

06. 在雲端教室建立課程
07. 老師與學生互動技巧

06 CHAPTER

在雲端教室建立課程

Classroom 是 Google 提供的眾多應用程式之一，只要擁有 Google 免費帳號的用戶都可以使用，Google 雲端教室能在線上建構遠端課程及互動學習平台，協助教師和學生之間交流互動，節省時間，並且讓課程管理作業有條不紊。特別是 2021 年 COVID-19 疫情爆發之後，所有學校採用遠距教學，Classroom 被學校老師使用的機會越來越高，舉凡設計作業、繳交作業，測驗評量成績等工作，都可以透過 Classroom 來完成，甚至有老師一直在研究與應用 Classroom，希望透過這個應用程式來有效提升教學的流程。所以這個章節我們就來針對課程的建立進行說明，讓各位輕鬆登入 Google 雲端教室，同時學會建立課程、加入課程作業與邀請學生加入課程的各種方式。

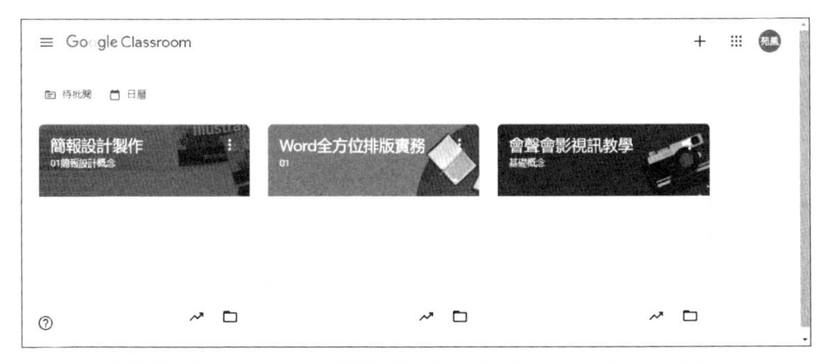

老師透過 Classroom 來管理所有的課程資料、學生成績、上課時程、待批閱的作業

6-1 建立與加入課程

老師要想建立課程，必須先登入個人的 Google 帳戶，才能啟用 Classroom 應用程式。建立課程並不難，輸入課程名稱、單元、科目、教室等資料就可以快速「建立課程」。而學生也可以在進入 Classroom 應用程式後選擇「加入課程」。

6-1-1 登入 Classroom 雲端教室

要登入 Google 雲端教室，請於 Chrome 瀏覽器右上角按下 ⠿ 鈕並下拉選擇「Classroom」圖示，即可啟用 Google 雲端教室。

6-1-2 老師建立新課程

進入 Google 雲端教室後，在首頁右上角按下「+」鈕，在下拉的清單中選擇「建立課程」指令即可建立新課程。建立時必須輸入課程名稱（必填）、單元、科目、教室等資訊，按下「建立」鈕即可完成新課程的建立。

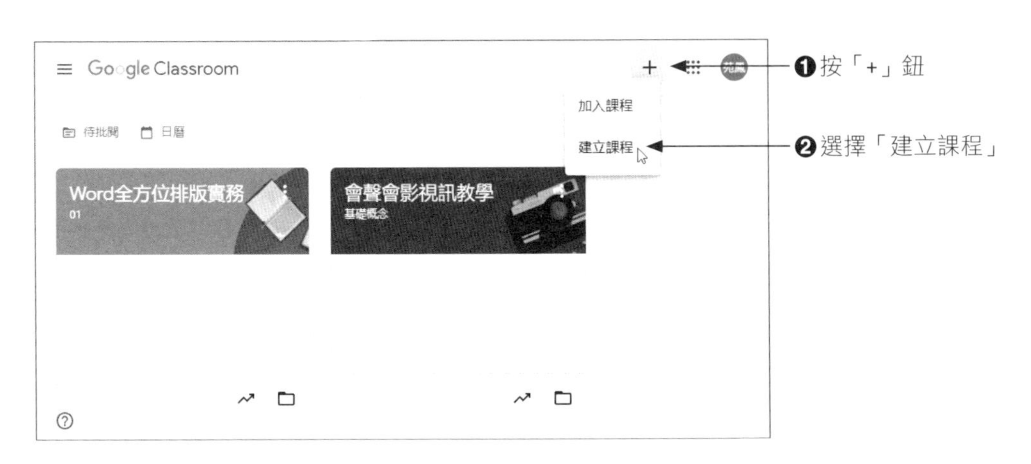

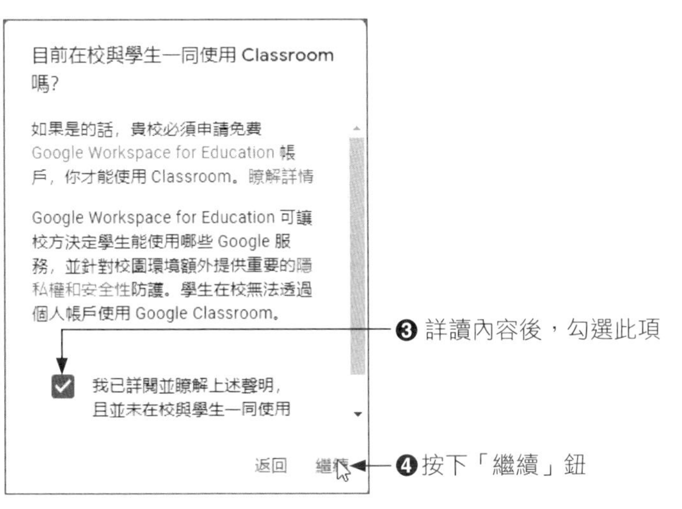

建立課程

課程名稱 (必填)
簡報設計製作

❺填入課程名稱等各項資訊

單元
01簡報設計概念

科目

教室

取消 建立

❻按下「建立」鈕

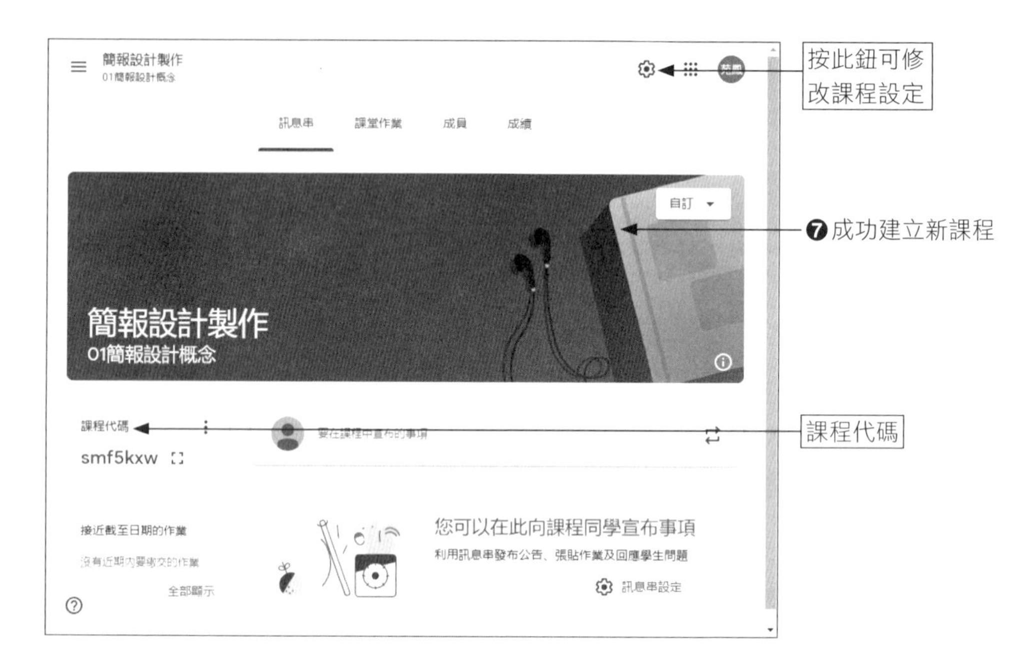

已建立完成的課程，如果因課程變動或是輸入錯誤而需進行修改，可在如上的視窗中按下右上角的「設定」⚙鈕，就會進入「課程設定」的視窗，變更資料後按下「儲存」鈕進行儲存就可看到變更後的結果。

6-1-3 複製 / 貼上課程代碼或連結給學生

各位可以看到，在新課程的左側有一個欄位是顯示「課程代碼」，這是課程所專有的編碼，老師必須拷貝給學生，學生才能夠連結到此課程並看到課程中的各項資訊。如下圖所示，按下 ⋮ 鈕可以選擇「複製課程邀請連結」或「複製課程代碼」指令，複製這些資訊後傳送給學生，學生就可以憑此課程代號加入課程。

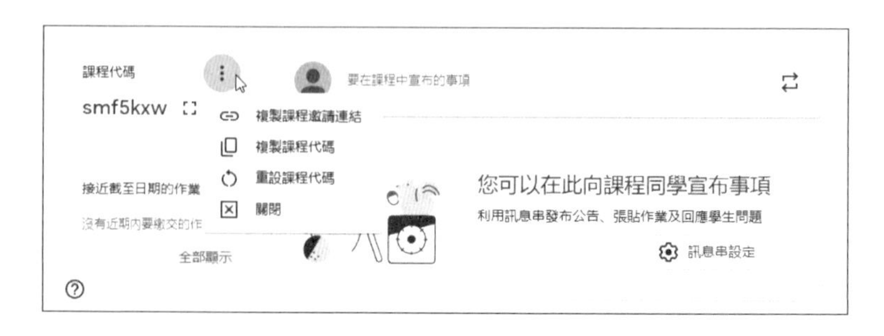

6-1-4 以學生身分加入課程

如果你的身分是學生，當老師提供「課程代碼」給你，只要你進入 Google 雲端教室後按下「+」鈕，下拉選擇「加入課程」指令，輸入課程代碼，按下「加入」鈕就可以進入課程。

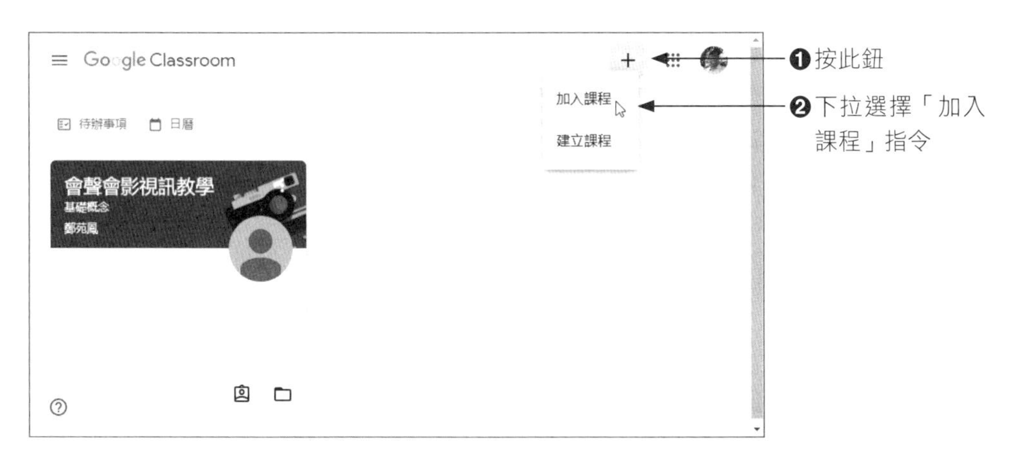

如果老師是複製課程邀請連結給學生，那麼在網址列貼入連結後會看到如下畫面，請按下「加入課程」鈕即可。

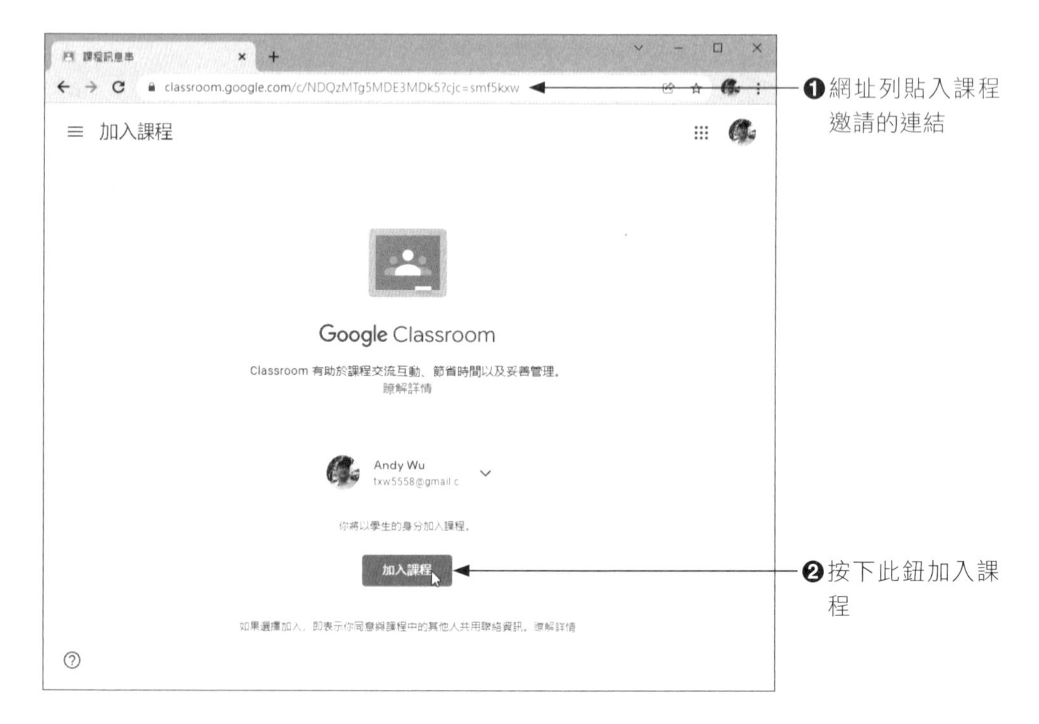

6-2 課程的管理

當老師建立課程後，可以透過多個管道邀請學生加入到課程裡，老師可以將作業匯入到 Classsroom 之中再分享給學生，如果課程是由多位老師一同上課，也可以邀請老師協同合作，一起出作業、改作業或進行評量。此處先針對課程管理以及課程的封面的設定進行說明。

6-2-1 設定課程封面

新增課程後，Google 會有預設的首頁畫面，如果首頁的封面圖案與你的課程主題差距甚大，那麼可在右上角按下「自訂」鈕，再選擇圖片庫中的圖案或是自行上傳相片來美化課程。

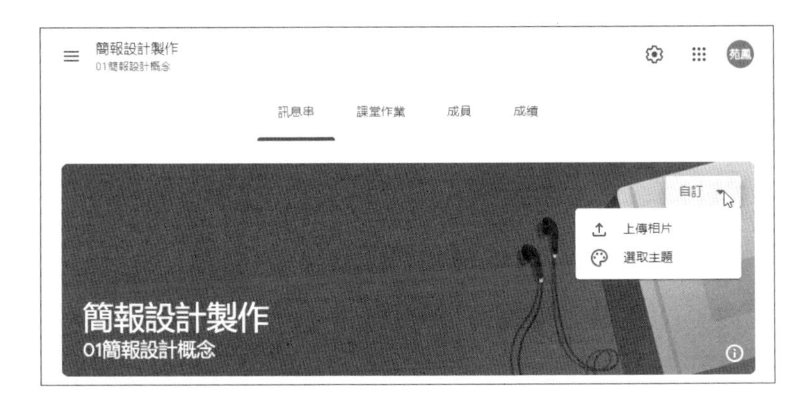

❑ 選取主題

選擇「選取主題」的選項後將進入「圖片庫」，可以選擇各類型的主題圖案。

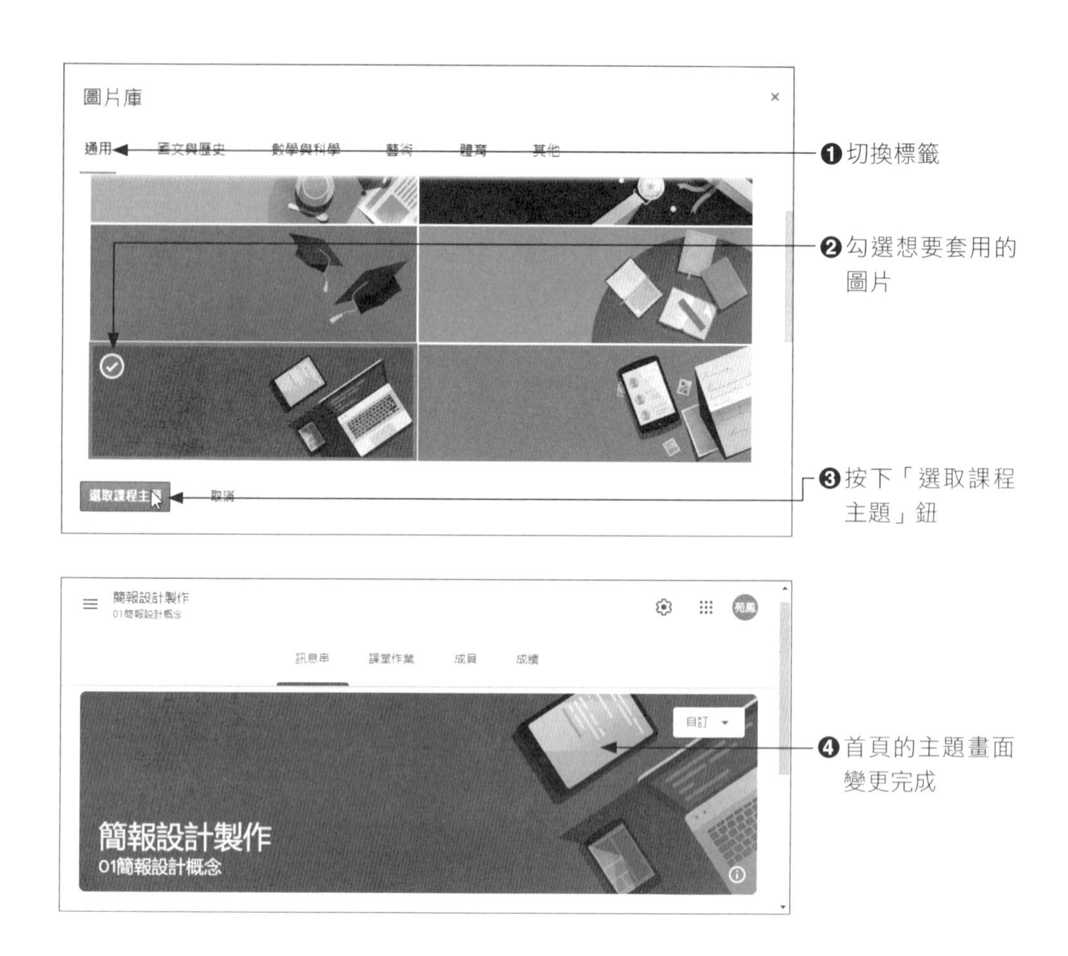

❑ 上傳相片

如果點選「上傳相片」的選項，可讓你從電腦中直接選取圖片來使用，但是上傳的相片不可過小，相片寬度必須 800 像素以上，高度則要 200 像素以上才可以。

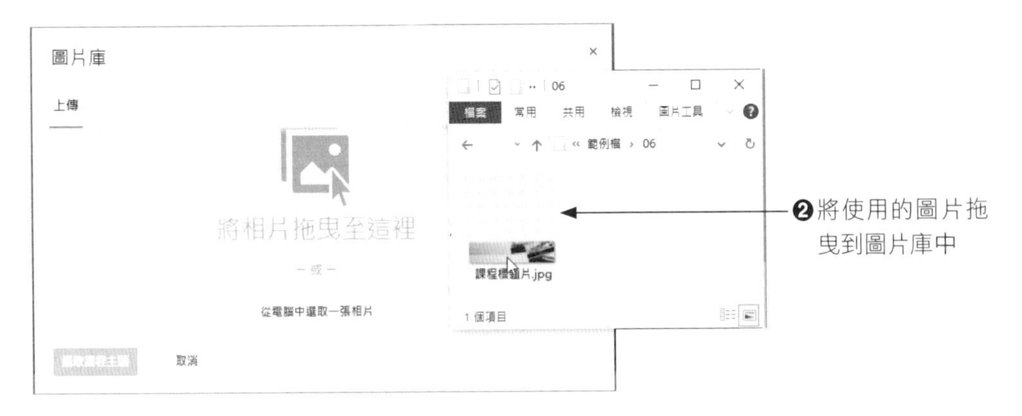

6-2-2 修改課程設定

對於已建立的課程，如果需要修改課程名稱、課程說明、單元、科目、教室等資料，或是要複製邀請連結與課程代碼，都可以按下右上角的 ⚙ 鈕，進入「課程設定」的視窗中進行修改。除此之外，「訊息串」是否允許學生留言和張貼、訊息串上的課堂顯示方式、以及成績計算方式的設定，也都可以在「課堂設定」的視窗中進行變更修改。

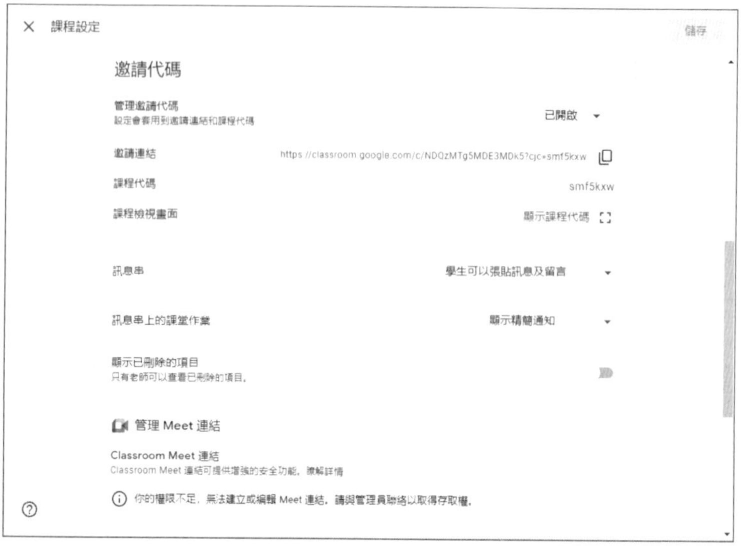

課程設定　儲存

邀請代碼

管理邀請代碼　已開啟
設定會套用到邀請連結和課程代碼

邀請連結　https://classroom.google.com/c/NDQzMTg5MDE3MDk5?cjc=smf5kxw

課程代碼　smf5kxw

課程檢視畫面　顯示課程代碼

訊息串　學生可以張貼訊息及留言

訊息串上的課堂作業　顯示精簡通知

顯示已刪除的項目
只有老師可以查看已刪除的項目。

管理 Meet 連結

Classroom Meet 連結
Classroom Meet 連結可提供增強的安全功能。瞭解詳情

你的權限不足，無法建立或編輯 Meet 連結。請與管理員聯絡以取得存取權。

6-2-3 邀請老師或學生加入課程

有了課程之後當然要將學生加入到課程裡，如果這門課是由多位老師共同上課，也可以把其他的老師一起加入進來。請由課程上方切換到「成員」標籤，要邀請老師就在「老師」右側按下 鈕，要邀請學生就從「學生」右側按下 ，只要輸入老師或學生的電子郵件信箱即可。對於你所新增的老師將可執行你能做的任何動作，只是該老師無法刪除本課程而已。

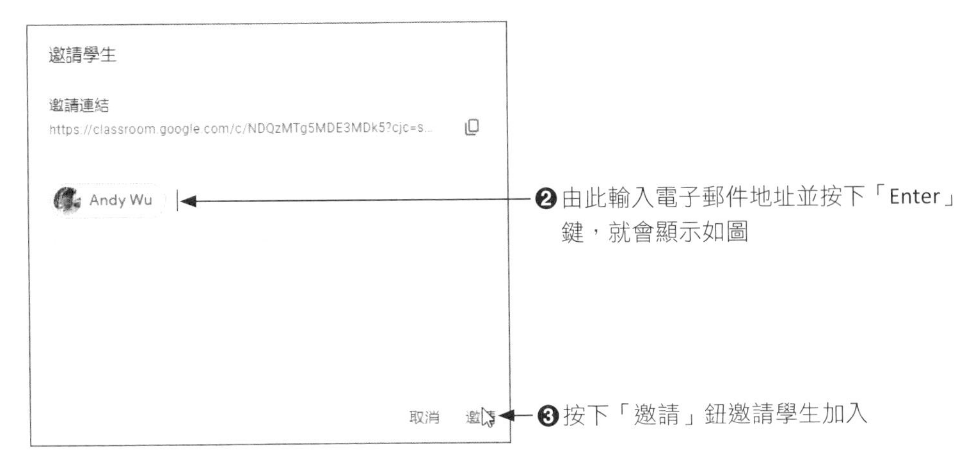

完成如上動作後，被邀請的學生清單會顯示在下方。如下圖所示：

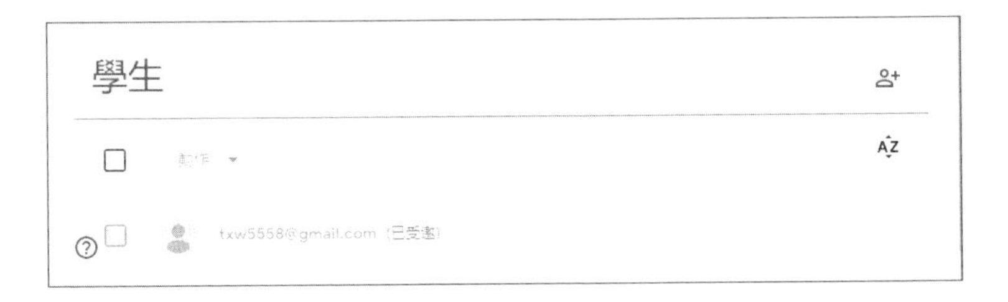

受邀的學生在收到電子郵件的邀請信件後，只要在信件中按下「加入」鈕並確認加入課程，就能夠順利進入課程當中。當學生選擇加入後，表示學生同意與課程中的其他人共用聯絡資訊。

6-2-4 老師聯繫和查看學生成績

當學生已加入至課程後，老師有任何訊息想要和特定的學生連繫，都可以在「成員」標籤裡，由學生名字後方按下 ⋮ 鈕，選擇「傳送電子郵件給學生」指令，就會開啟 Gmail 的新郵件，讓你輸入主旨與聯絡事宜，如果學生退選課程，也可以透過 ⋮ 鈕來移除學生的資料。

另外，老師只要點選學生的大頭貼照，還可快速查看學生繳交作業的狀況以及成績。如下圖示：

6-2-5 多門課程的切換

老師如果有在 Google Classroom 裡建立多門的課程，那麼在進入 Classroom 時就可以直接選擇要管理的課程。如果在進入某一課程後，想要再編輯另一門課程，只要由左上角按下「主選單」≡ 鈕，就可以快速進行切換。

6-2-6 連結日曆安排線上教學

在「課堂作業」的標籤中，老師可以看到「Google 日曆」的應用程式，按此按鈕可連結到日曆的應用程式，屆時只要新增活動，設定每周上課的時間與學期上課的區段，如此一來就能新增視訊會議。

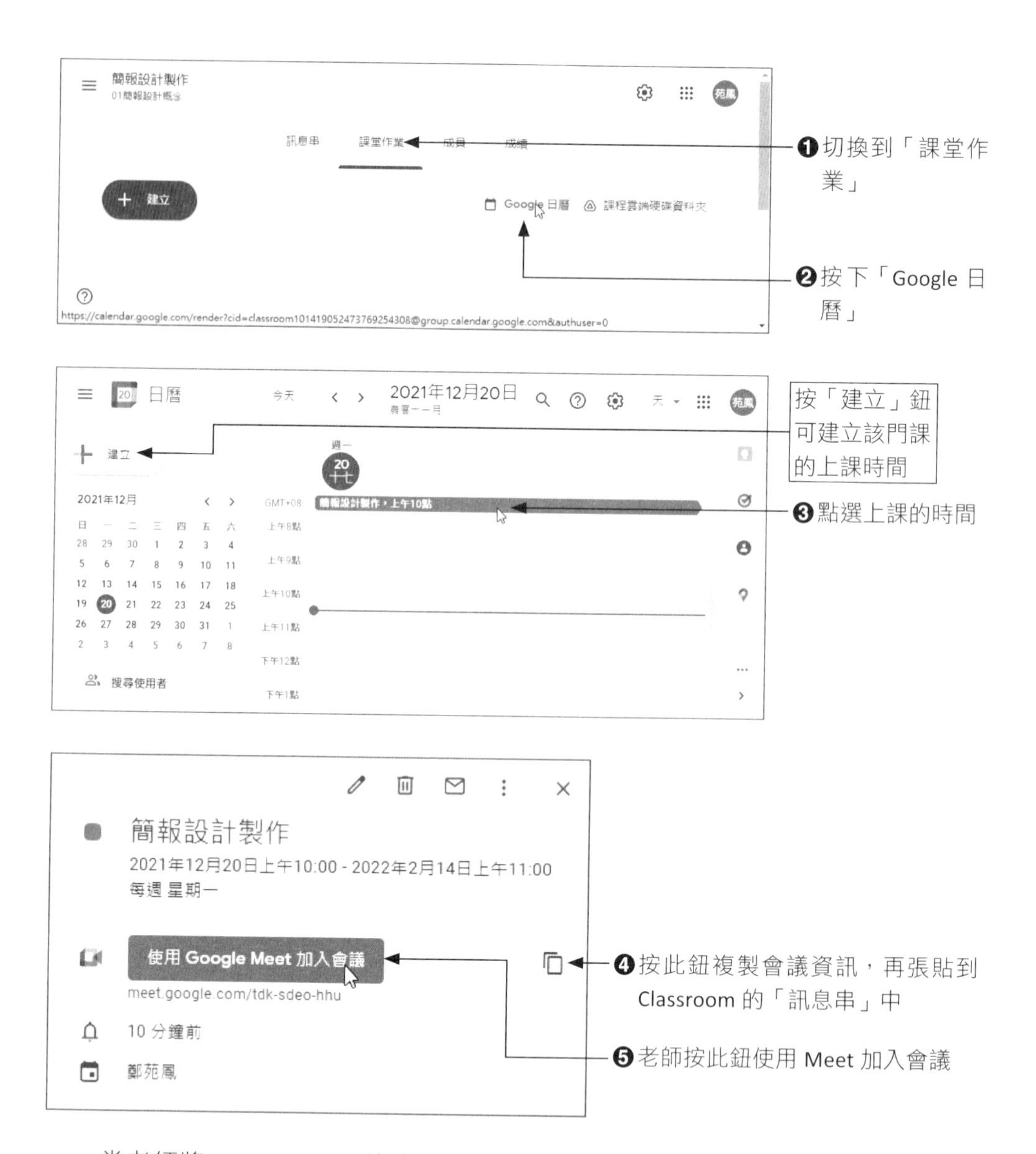

當老師將 Google Meet 的會議資訊張貼到 Classroom 的「訊息串」後，學生們就可以快速透過訊息串的視訊通話連結進入會議中上課。另外，按下 ⚙ 鈕進入「課程設定」的視窗，將 Google Meet 連結網址貼入「教室」的欄位，如此一

來，學生只要按下課程封面右下角的「查看課程資訊」ⓘ鈕，就可以看到 Google Meet 的連結網址。

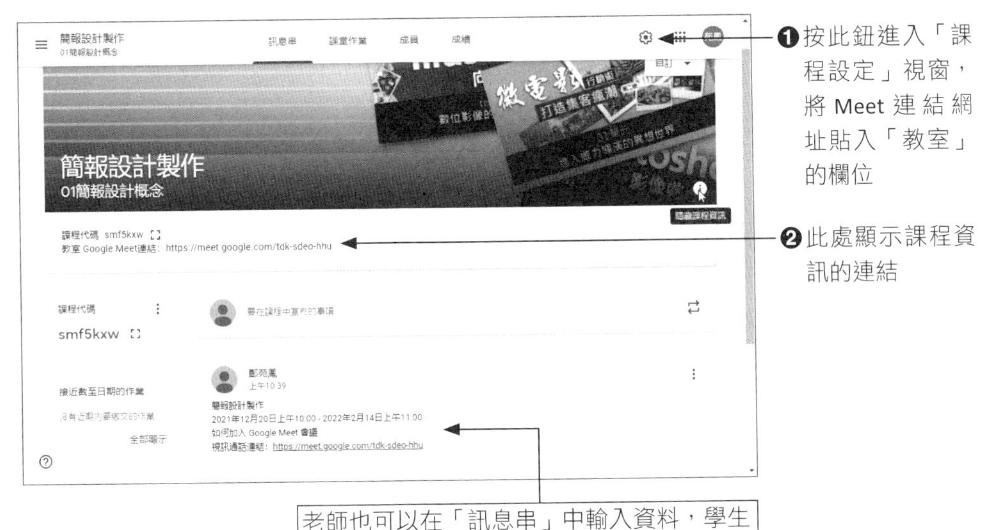

6-2-7 加入課程教材

在設定課程之後，你可以將教材資料或是與課程相關說明先提供給學生做參考。要加入課程教材，請切換到「課堂作業」的標籤，然後利用課程雲端硬碟資料夾來進行設定。

在雲端硬碟中，Classroom 會依照你所建立的課程來分門別類放置課程資料，對老師來講管理相當的方便。

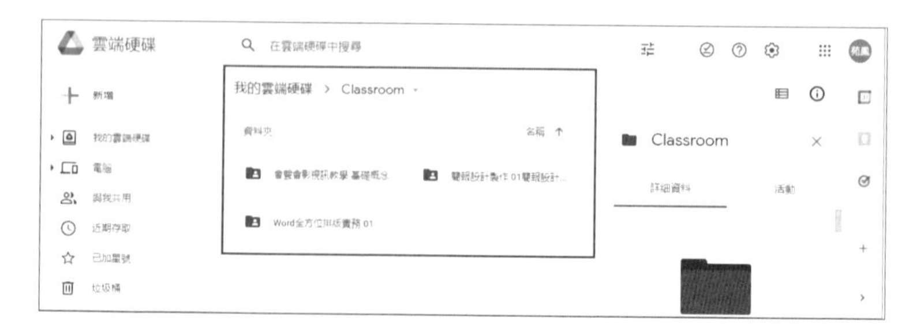

6-2-8 與學生共用教材

製作的教材如果要給學生預習或研讀，老師可以利用「共用」鈕來分享檔案給學生。

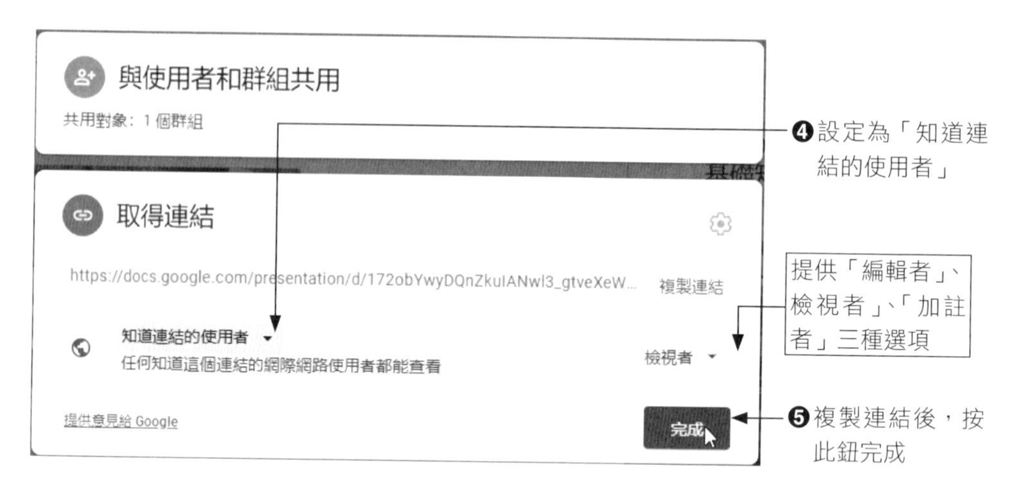

檔案設定完成後，老師將複製的連結貼到 Classroom 的「訊息串」中，這樣學生就會收到通知。另外，在與使用者共用的設定方面有「編輯者」、「檢視者」、「加註者」三種選項，選擇「編輯者」可共用內容及變更權限，選用「檢視者」和「加註者」可以下載、列印或複製這個檔案。為了避免老師的教材被學生誤改，可選擇「檢視者」的選項，這樣學生就可以下載這個檔案到自己的電腦。

07
CHAPTER

老師與學生互動技巧

隨著數位學習的流行以及疫情的關係，老師上課教學已不再侷限於面對面的方式，透過雲端教室能夠將分散於不同區域的老師與學生，以網路來傳遞彼此的影像與聲音來達到遠端教學的目的。

前面的章節我們學會課程的建立與管理方式，接下來介紹的內容是老師與學生進行互動、老師發佈即時公告，同時建立作業或批閱作業，讓課程順利進行。

7-1 課程訊息公告

在 Google Classroom 裡，各位會看到「訊息串」的標籤，此標籤可作課程的公告欄，老師可以把課程目標或是上課規則公告於此，也可以將課程所要用到的補充教材或影音圖文等資料在此發佈，或是由底端的欄位與學生進行課程的討論。

7-1-1 在課程中立即宣布事項

老師需要通知學生上課的訊息或學校的公告，可在「訊息串」標籤中按下課程封面下方的「要在課程中宣布的事項」方塊，即可輸入公告的文字。除此之外，如果要提供學生課前預習、課後複習的相關資料，還可以插入以下的內容：

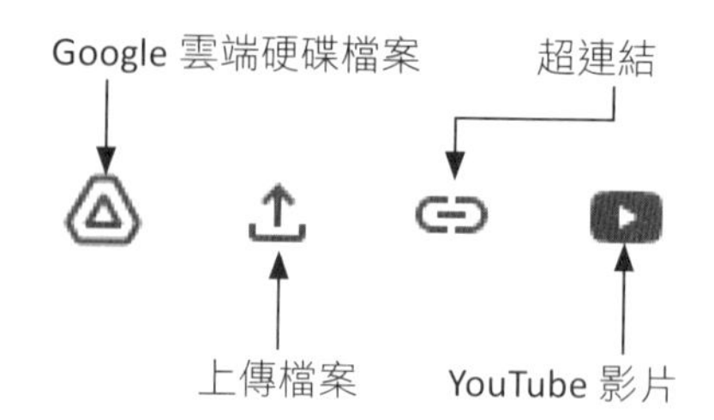

以 YouTube 影片為例，在插入 Classroom 的訊息串後，學生只要點擊影片，就可以直接在 Classroom 裡面進行播放，這樣可以避免學生分心。

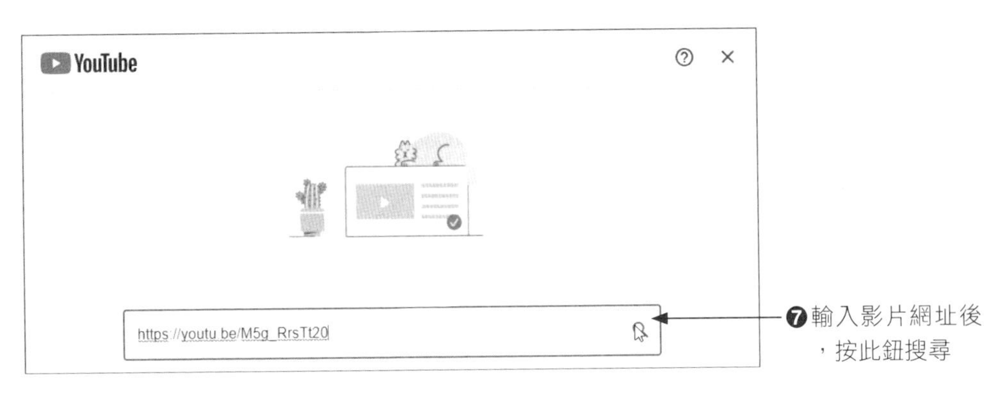

❼輸入影片網址後，按此鈕搜尋

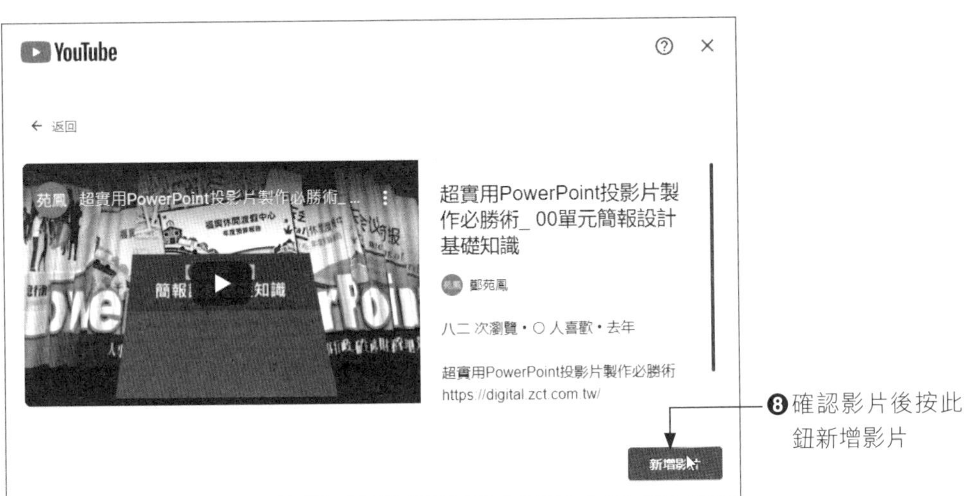

❽確認影片後按此鈕新增影片

❾按「張貼」鈕張貼訊息

7-1-2 預排課程訊息發送時間

老師如果已將整學期的課程內容都準備妥當，但不想一次就發給學生，或是有些公告必須在特定的時間才能發佈，那麼在訊息串的貼文裡，可以按下「張貼」鈕旁的下拉鈕，再選擇「安排時間」，它會出現月曆讓老師指定公告的日期和時間。至於「儲存草稿」則是儲存訊息草稿，留待稍後完成。

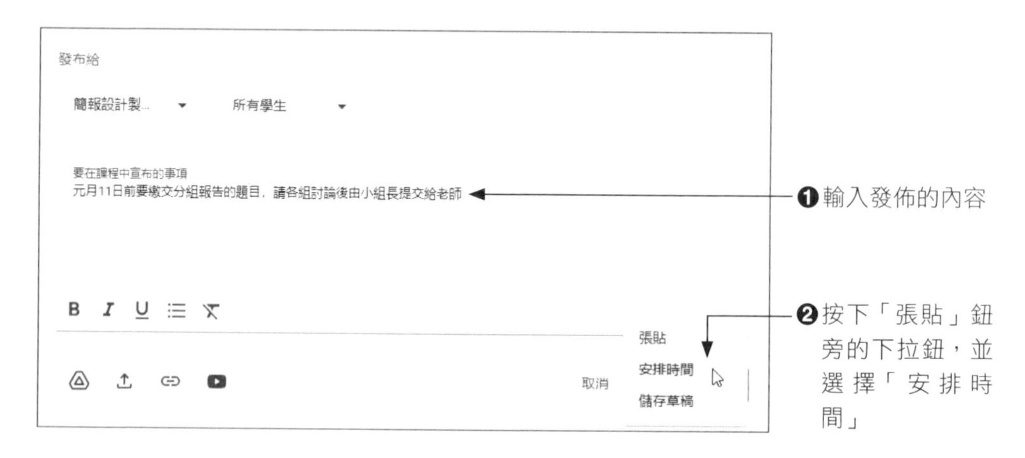

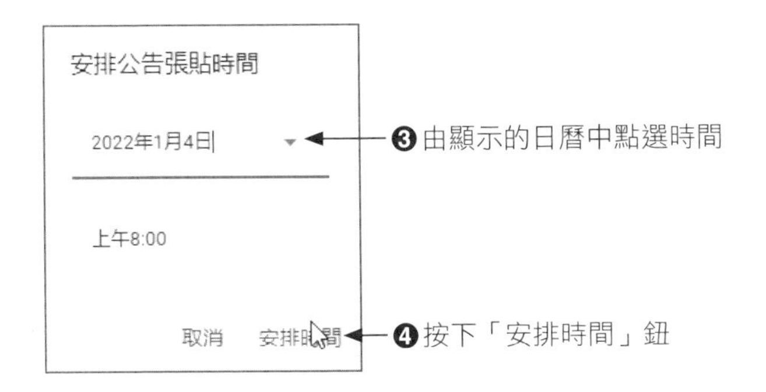

已儲存的公告會顯示在課程封面之下，按下右側的 ⌄ 鈕即可顯示所安排的公告內容。

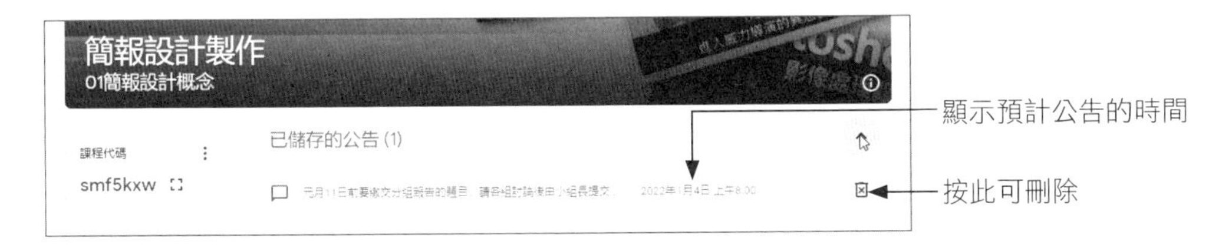

7-1-3 將重要公告置頂

老師所發佈的訊息，通常是新發布的消息放置在舊消息之上，而且依序由上往下排列。如果有重要消息希望每個學生都能注意到，可以考慮將該消息「移至頂端」。請在該訊息的右側按下 ⋮ 鈕，即可選用「移至頂端」的指令。

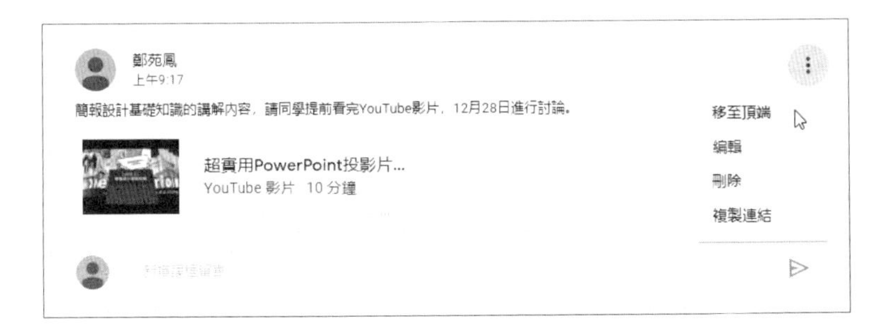

由於目前在 Classroom 裡沒有真正的置頂，老師如果再發佈新的訊息，新訊息仍會顯示在最上方，所以必須在新增訊息後，重新把重要的訊息再次置頂。

7-2 建立課堂作業與評分標準

Google Classroom 除了可以發佈上課資訊或上課教材給學生，它的最大優點是課堂作業的設計與老師的評量，如此一來，老師和學生都可以清楚知道這門課的所有作業與考試。

7-2-1 老師建立作業

在 Google 雲端教室裡，老師可以對全班出作業，在「課堂作業」的標籤按下「建立」即可進行各種作業的設定。

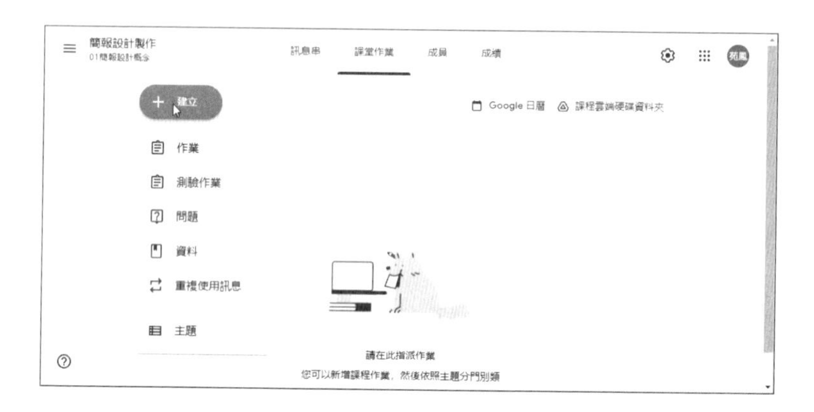

- **作業**：是最常使用的一種方式。老師可以描述作業內容，或是提供作業的文件給學生，同時讓學生知道作業的評分方式，屆時學生再繳交作業檔即可。
- **測驗作業**：使用 Google 表單設計測驗的內容。
- **問題**：設計討論的主題，讓學生可以相互回覆，或是讓學生編輯作答的內容，對於問題的回覆沒有字數的限制。
- **資料**：老師可以建立主題、設定標題與說明，同時為問題新增各種資料，可一併將雲端硬碟上的檔案、連結或 YouTube 傳送給學生。
- **重複使用訊息**：可複製其他課程中已建立的作業。

在線上出作業的好處是作業也在線上收，還能在線上進行評分，非常方便。這裡以最常使用的「作業」功能來說明建立作業的方式，請按下「建立」鈕並下拉選擇「作業」指令，使進入如下視窗進行設定。

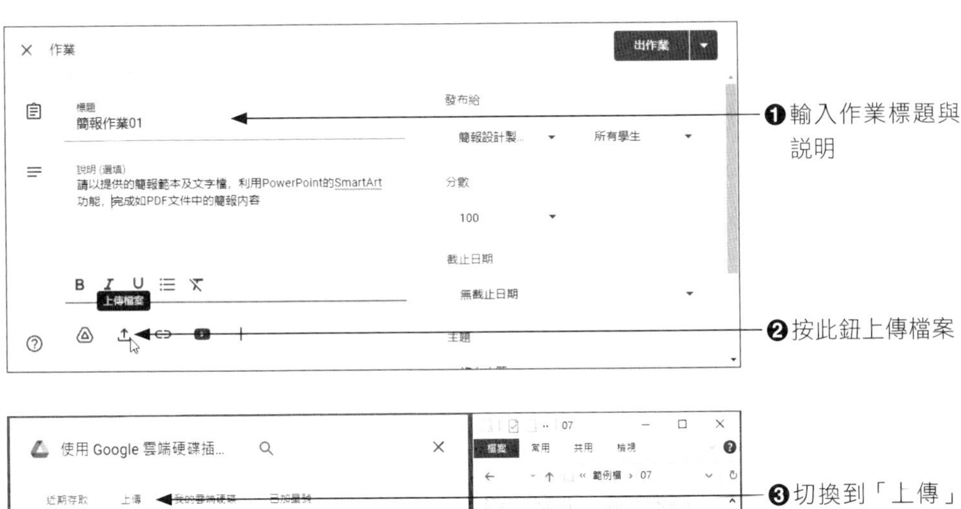

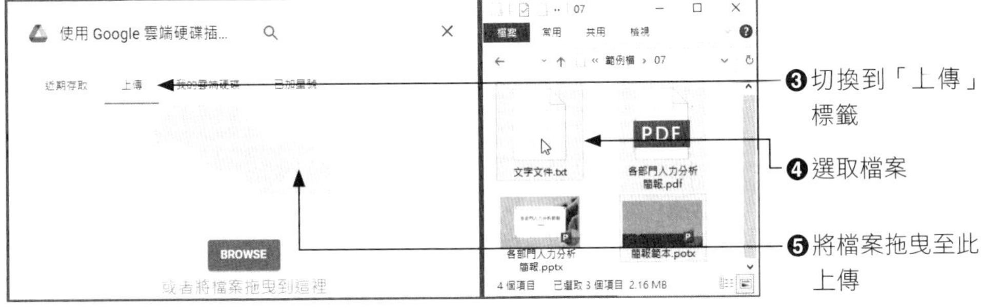

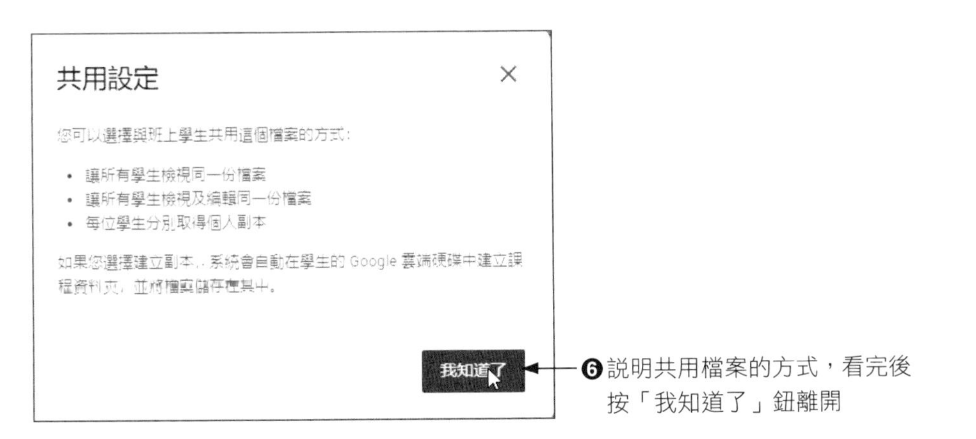

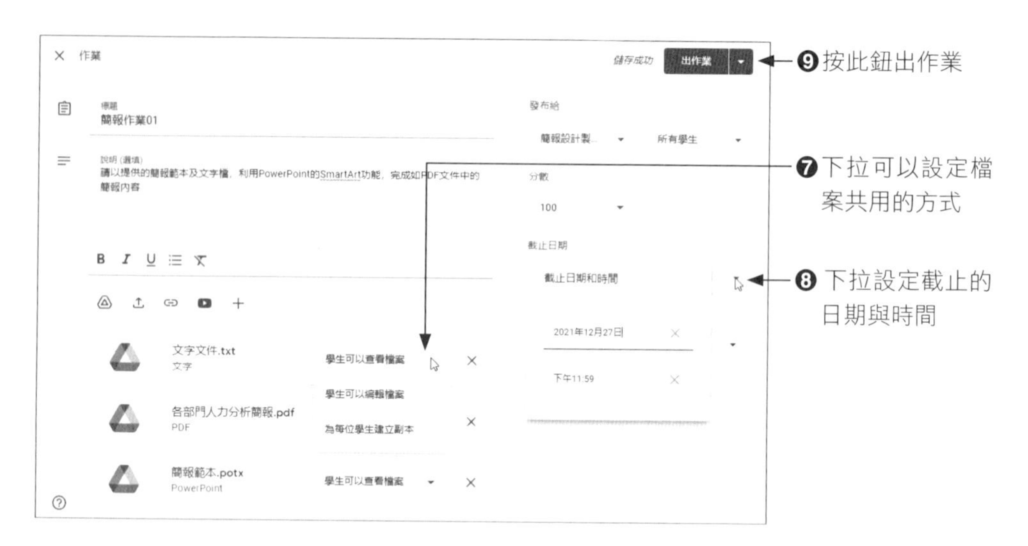

在步驟 7 的地方如果選擇「為每個學生建立副本」，如此一來每個收到這份作業的學生在開啟這個檔案時，會自動在學生自己的雲端硬碟中複製一份作業文件，學生就可以在上面直接填寫或做作業。另外，所建立的作業截止日都會顯示在日曆當中，一目了然。如下所示：

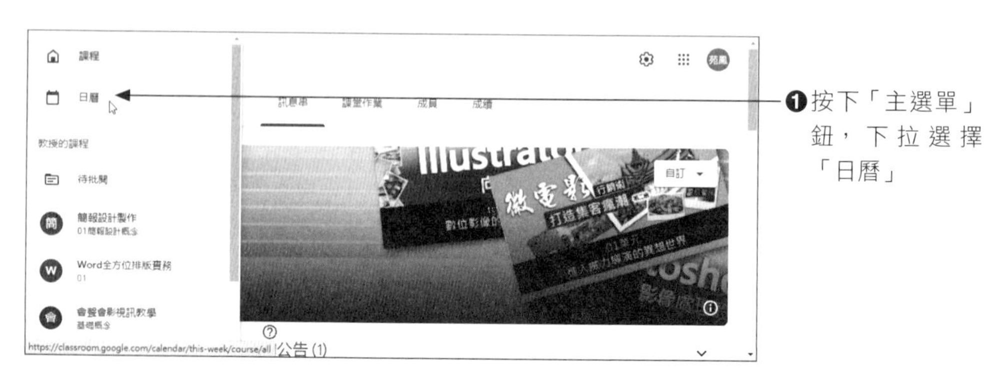

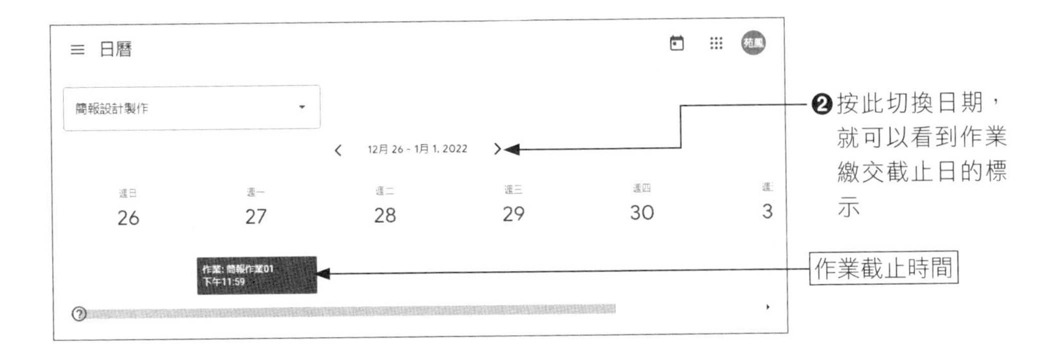

7-2-2 設計評分量表

在設計課堂作業時，老師也可以告知學生打分數的準則，讓學生有所依循。在「作業」畫面的右下角有「評分量表」鈕，老師可根據作業的性質來自訂準則與分數，或是訂定評分的級距。

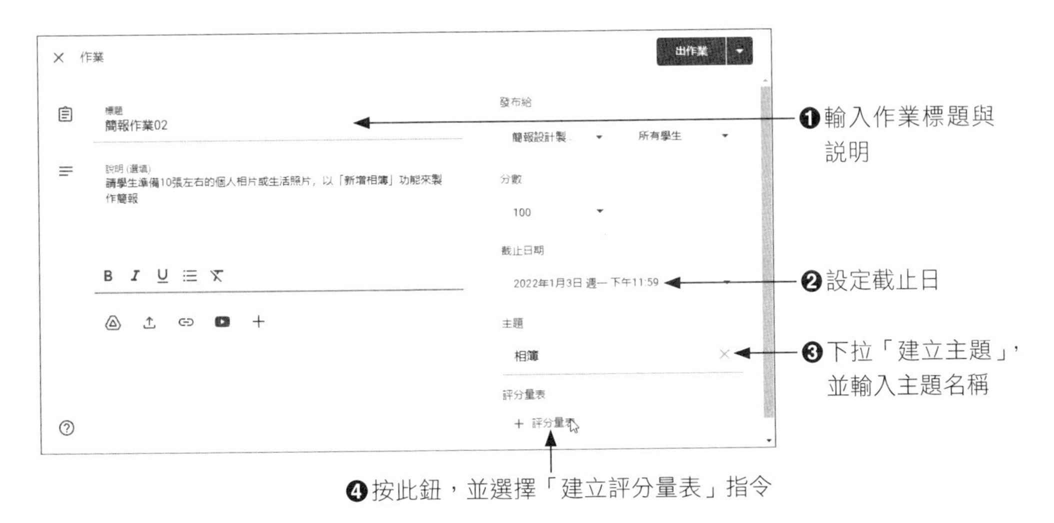

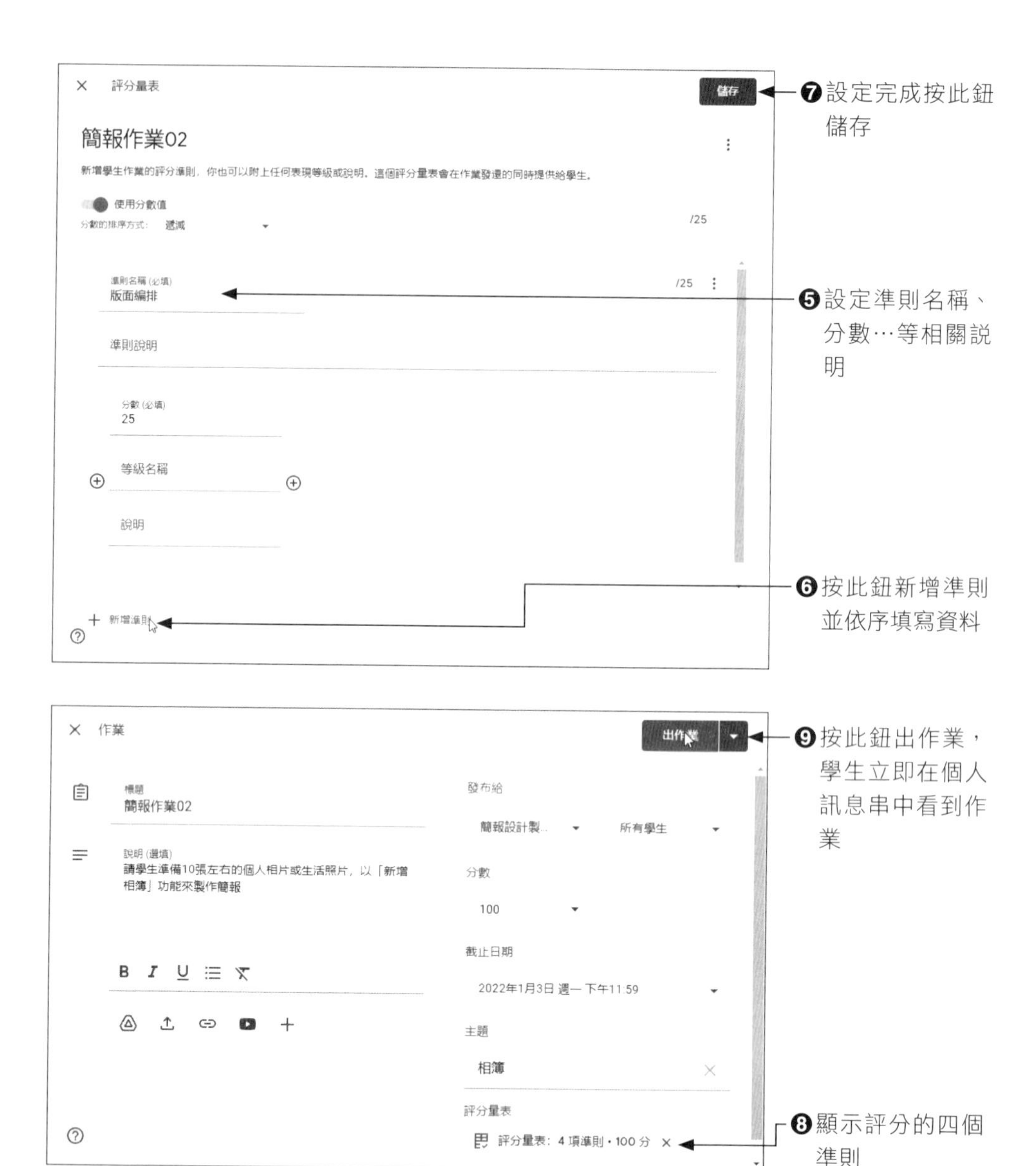
評分量表
儲存
簡報作業02
新增學生作業的評分準則，你也可以附上任何表現等級或說明。這個評分量表會在作業發還的同時提供給學生。
使用分數值
分數的排序方式：遞減
/25
準則名稱 (必填)
版面編排
/25
準則說明
分數 (必填)
25
等級名稱
說明
新增準則
❼設定完成按此鈕儲存
❺設定準則名稱、分數…等相關說明
❻按此鈕新增準則並依序填寫資料
作業
出作業
標題
簡報作業02
說明 (選填)
請學生準備10張左右的個人相片或生活照片，以「新增相簿」功能來製作簡報
發布給
簡報設計製...
所有學生
分數
100
截止日期
2022年1月3日 週一 下午11:59
主題
相簿
評分量表
評分量表：4 項準則・100 分
❾按此鈕出作業，學生立即在個人訊息串中看到作業
❽顯示評分的四個準則

7-2-3 查看作業繳交情況

老師出作業之後，想要知道作業繳交的狀況，可在「課堂作業」的標籤下點選作業，該作業就會自動展開，可看到作業的繳交狀況，如果已經有人繳交作業，直接點選下方的「查看作業」去查看作業。

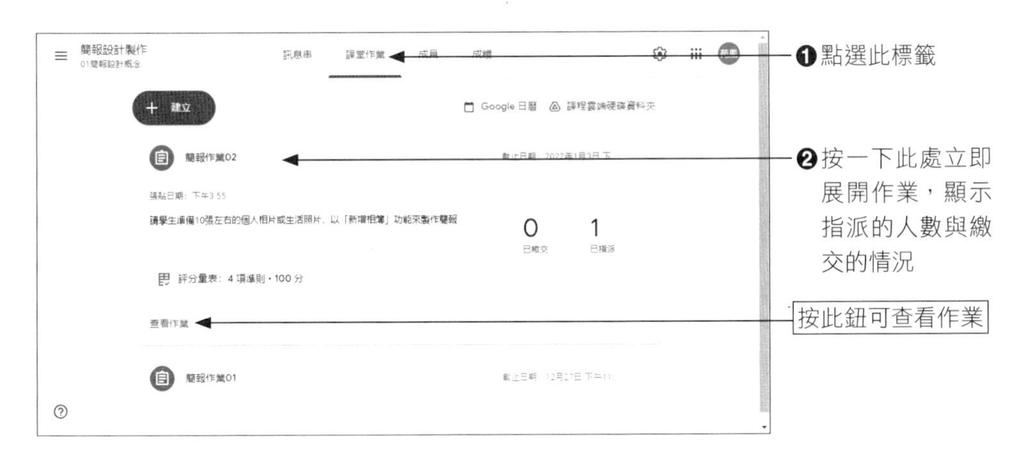

7-2-4 學生繳交作業

老師有指派作業後，當學生上網至雲端教室，就會看到如圖的作業內容。學生只要完成作業後，按下「新增或建立」鈕加入作業，最後再按「繳交」鈕繳交完成。

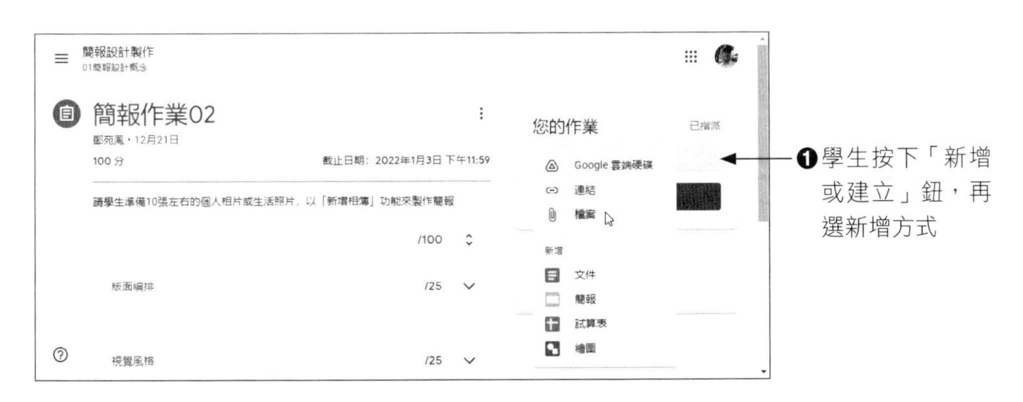

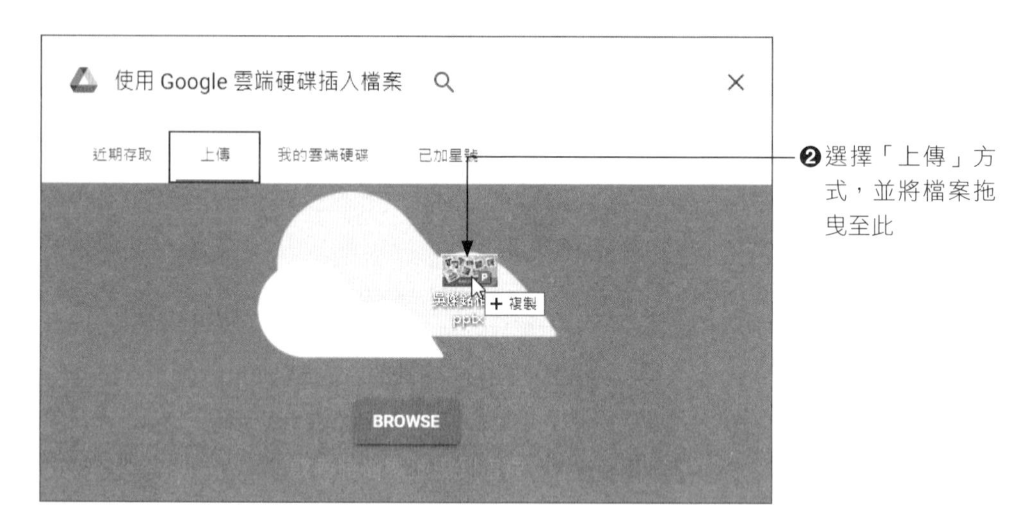

❷選擇「上傳」方式，並將檔案拖曳至此

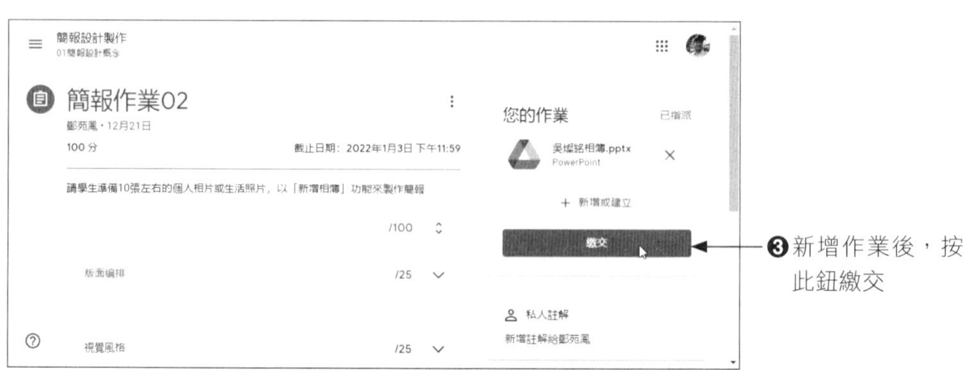

❸新增作業後，按此鈕繳交

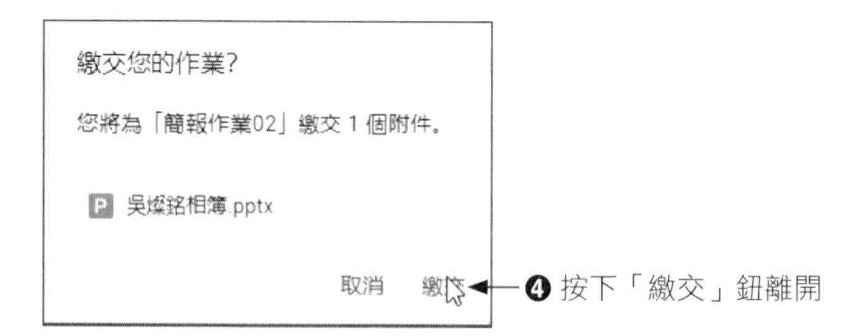

❹按下「繳交」鈕離開

7-2-5 老師查看與批改作業

學生做完並繳交作業後，老師就會在「課堂作業」的標籤中看到學生繳交的情況。按下左下角的「查看作業」鈕就能看到繳交的內容。

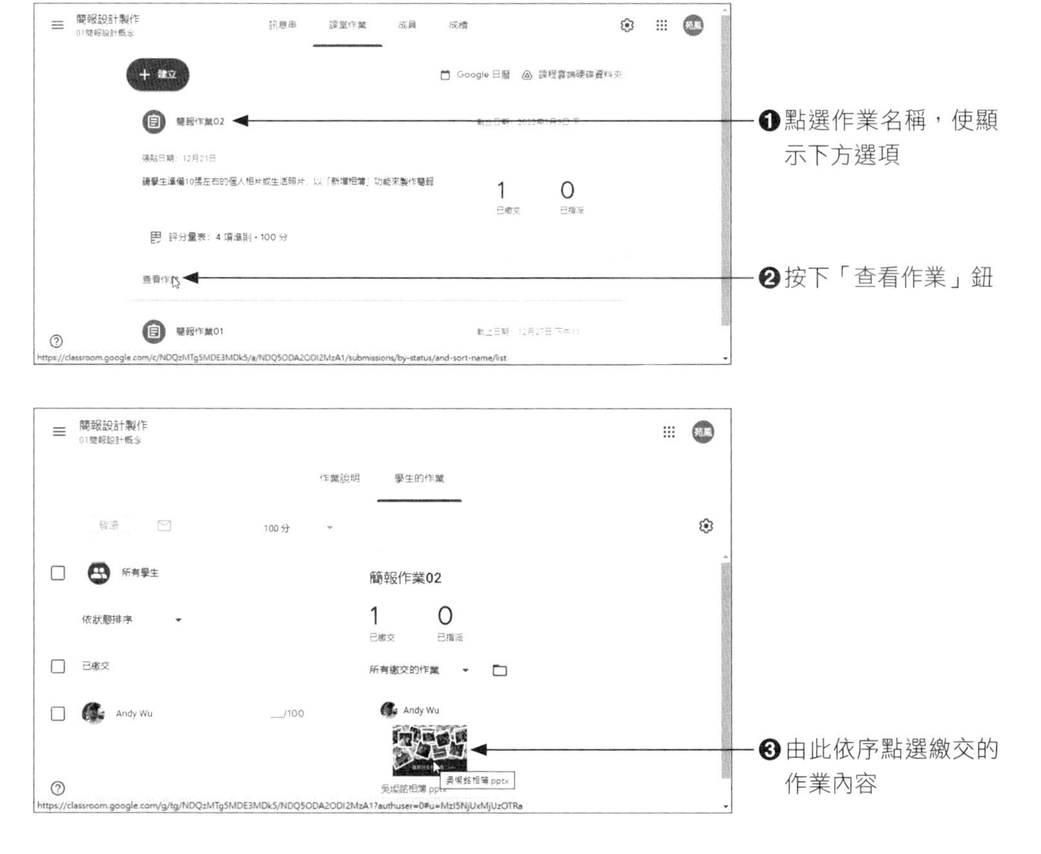

當老師看完學生的作品後，可在「成績」的欄位輸入成績，預設的滿分是 100 分，如果要變更總分，可按下 ⋮ 鈕進行變更。輸入成績後按下「發還」鈕完成作業的批改，那麼學生就會收到通知，也能看到你給予的成績。

7-2-6 老師發還作業

當老師看完學生的作業並打完分數後，從右上角按下「發還」鈕，即可將作業發還給學生。如果學生有多個作業提交，可按下右下角的下拉鈕，再選擇「發還多個提交項目」，如下圖所示：

按下「發還」鈕後，會在顯示下圖視窗，確認成績沒問題，按下「發還」鈕學生就會收到成績的通知了！

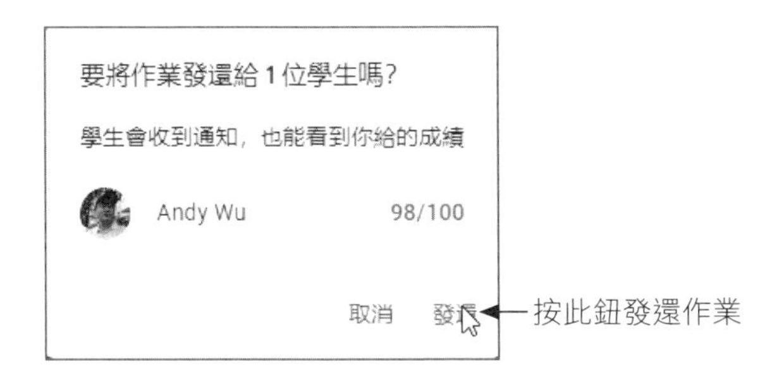

7-2-7 成績與作業統整理

利用 Classroom 建立的課程與作業，老師都可以在「成績」的標籤中看到每位學生作業的繳交狀況及作業成績，也可以看到整個班級的平均分數。

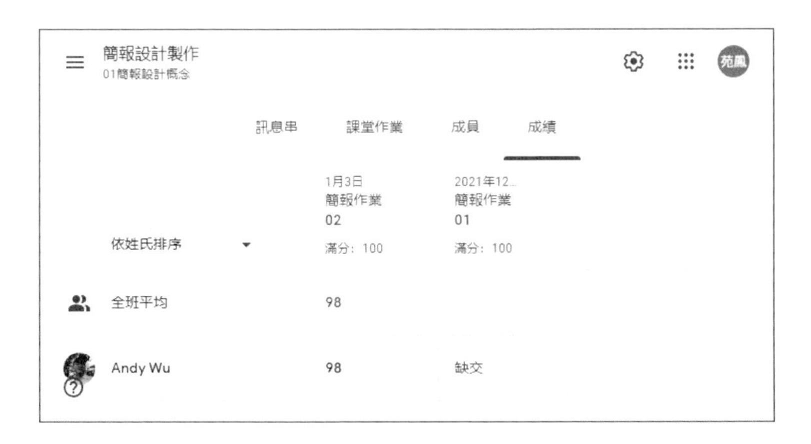

另外，切換到「課堂作業」標籤，按下「課堂雲端硬碟資料夾」的連結，可以查看教學的內容與學生的作業，方便老師從雲端硬碟來管理和查看學生繳交的作業，非常方便。

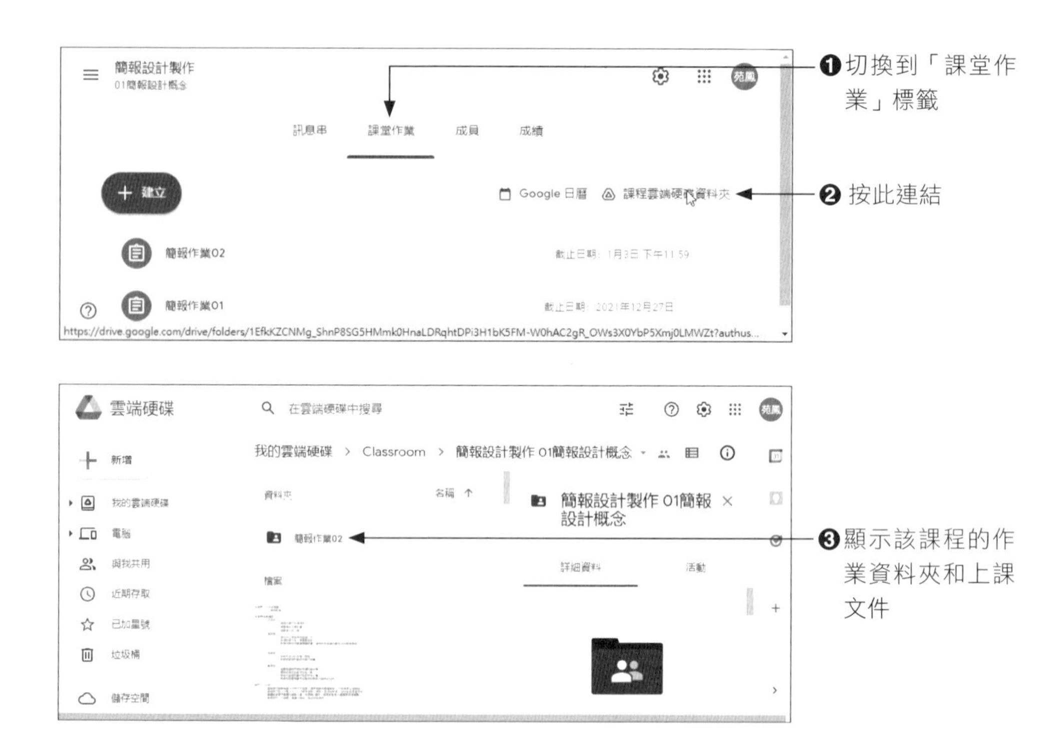

7-3 課程的封存與還原

一學期結束後，老師可以把該課程的所有內容封存起來歸檔，免得與新學期要上的課程搞混。因為封存的課程會移到另一個地方，不會顯示在 Classroom 的首頁畫面上，這樣新學期上的課程就可以一目了然。已封存的檔案如果有需要時還是可以還原，方便老師查看以前的上課紀錄。

7-3-1 封存課程

要進行封存歸檔請按下課堂名稱右上角的 ⋮ 鈕，再選擇「封存」指令。

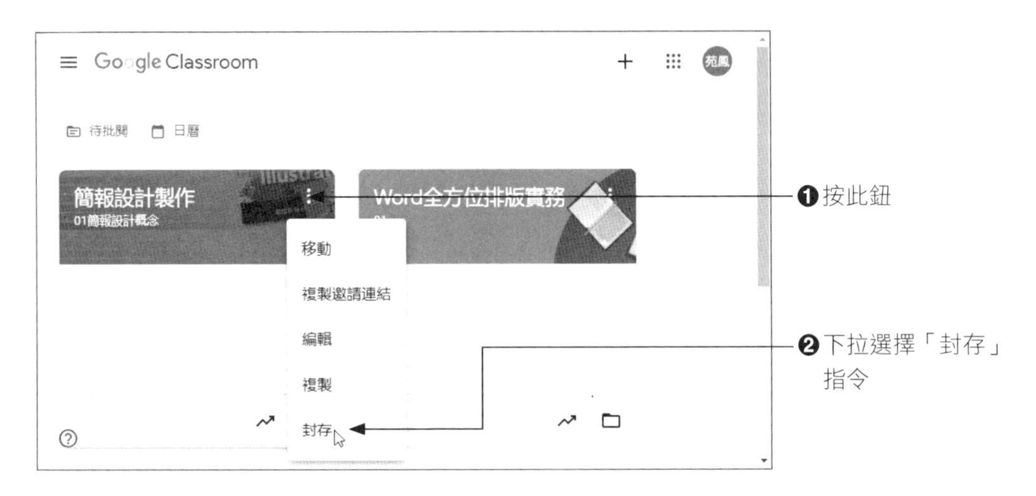

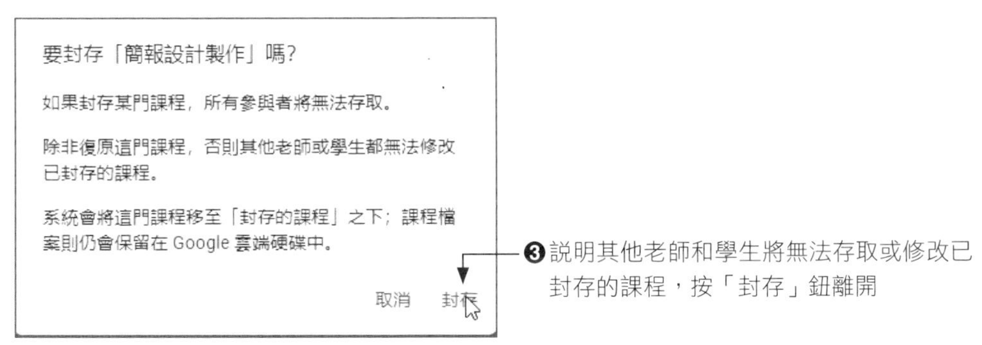

7-3-2 還原封存課程

封存課程後，老師如果想要查看已封存的課程，可在 Classroom 左上角按下 ☰ 鈕，下拉選擇「封存的課程」，即可查看已封存的檔案。

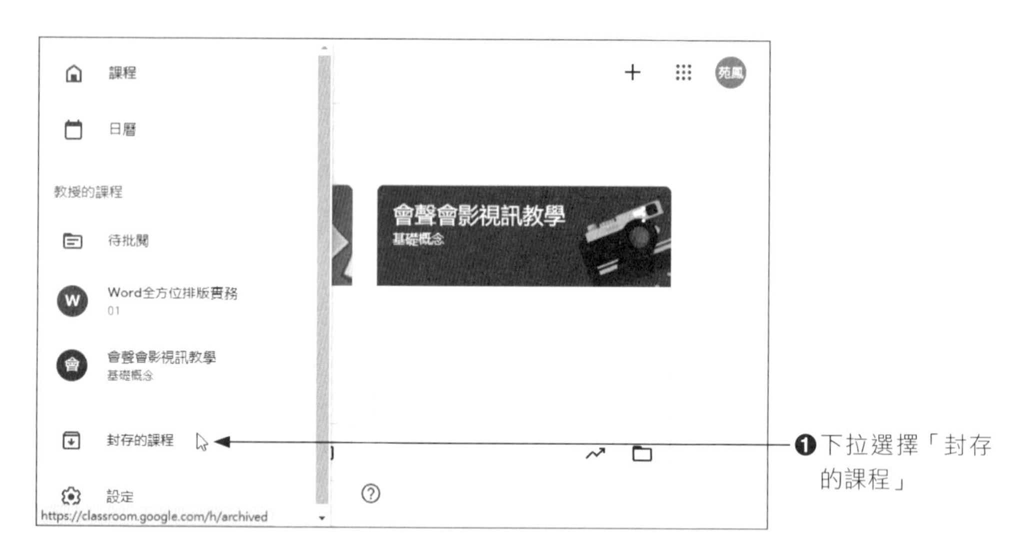
課程
日曆
教授的課程
待批閱
Word全方位排版實務
01
會聲會影視訊教學
基礎概念
封存的課程
設定
https://classroom.google.com/h/archived
會聲會影視訊教學
基礎概念
❶下拉選擇「封存的課程」

封存的課程
簡報設計製作
01簡報設計概念
會聲會影視訊教學
視訊基礎概念
查看您的作業
查看您的作業
https://classroom.google.com/c/NDQzMTg5MDE3MDk5
❷點選課程

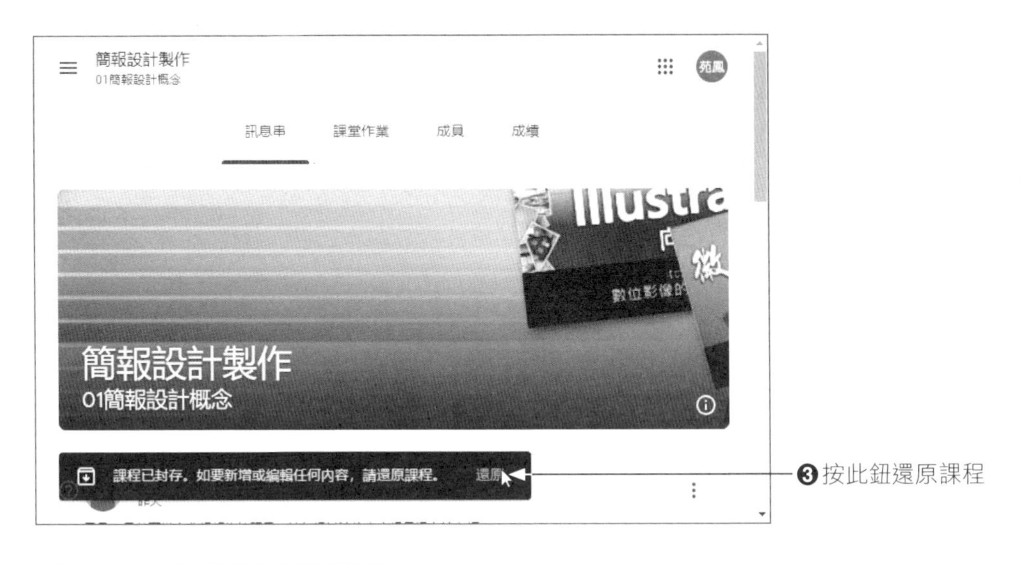

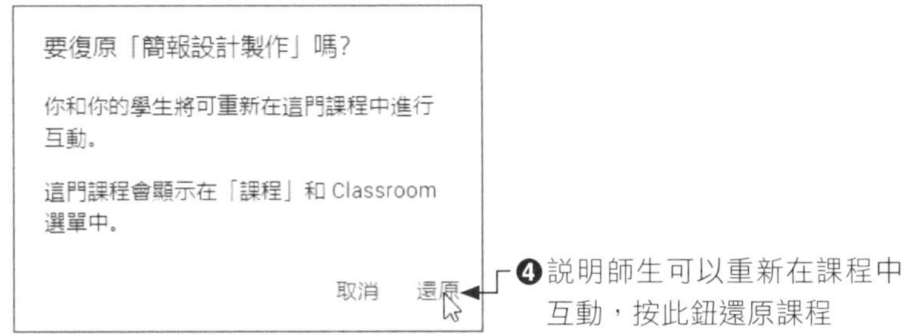

限於篇幅的關係，我們僅將 Google 雲端教室的重點說明至此，其他好用的功能就留給各位去試試囉！

Note

Google 文件應用

第 3 篇

前　言

在雲端進行教學，老師們當然也開始使用 Google「文件」進行文書的處理。因為只要上網登錄個人的 Google 帳號，就可以擁有 Office 辦公室軟體的基本功能，而且 Google 的「文件」軟體是免費使用的，透過瀏覽器就可以編輯文件，而文件儲存在雲端的好處是你能從任何有網路連線和標準瀏覽器的電腦，隨時隨地都可以變更和存取文件，不管是格式的設定、圖片的加入、表格的處理都可以輕鬆做到，還可以邀請其他人一起共同編輯內容。

學習大綱

08. Google 文件的教與學

09. 文件中的物件使用技巧

08

CHAPTER

Google 文件的教與學

要使用 Google 文件來進行教學並不困難，因為它的操作方式和一般的文書處理軟體雷同，只不過是透過雲端來編輯文件而已，老師只要會從瀏覽器上開啟 Google「文件」的應用程式，就可以進行教材的準備。這個章節我們將針對老師比較會用到的功能做說明，即使應用軟體不熟悉的老師也可以輕鬆上手，加快文件編輯的速度和教材的準備。

8-1 Google 文件基礎操作

當各位開啟 Google Chrome 瀏覽器後，由視窗右上角按下「Google 應用程式」⠿鈕，就可以看到「文件」的圖示，點選該圖示即可啟動該應用程式。

8-1-1 建立 Google 新文件

在「文件」首頁畫面中，各位可以在右下角按下 + 鈕，就會進入「未命名文件」，如果視窗中已有編輯的文件，想要重新建立一個新文件，可從「檔案」功能表下拉選擇「新文件」指令，再從副選項中選擇文件、試算表、簡報、表單、繪圖。

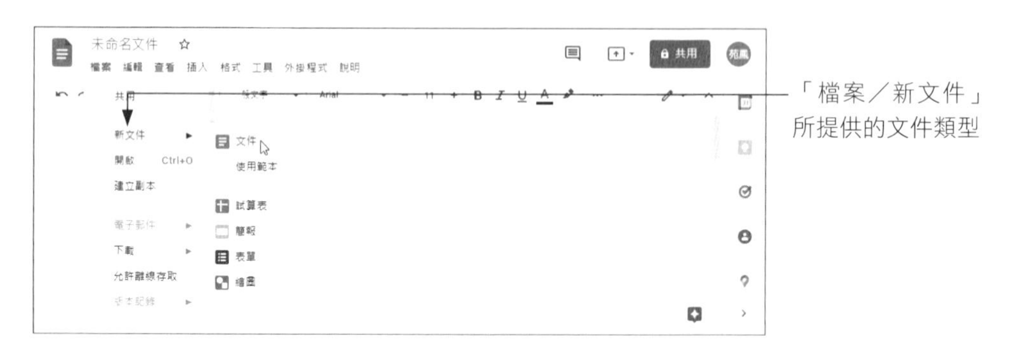

8-1-2 介面基礎操作

預設的文件並未命名，為了方便管理檔案，可在左上角按下「未命名文件」，這樣就可以重新命名，命名後你所執行的任何動作指令就會被儲存下來。文件的操作介面很簡潔，除了檔案名稱、功能表列、工具列外，下方便是各位編輯文件的地方。

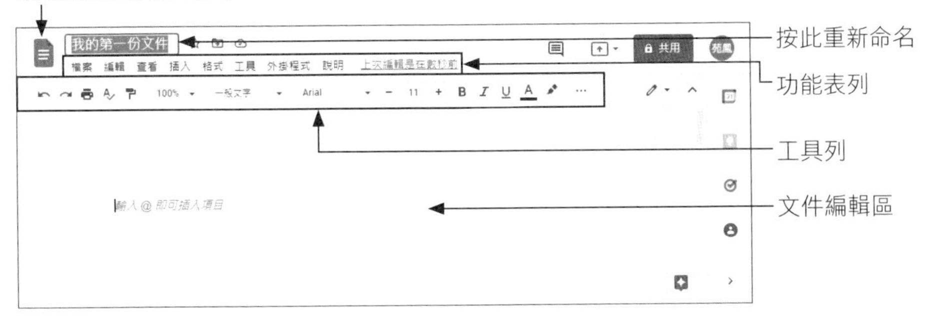

8-1-3 善用「語音輸入」工具編撰教材

對於平常少用電腦的老師來說，要將課程內容數位化是件苦差事，因為鍵盤的不熟練，光是打字可能就要耗費許多的精力，如果老師會使用「文件」中的「語音輸入」工具，就可以省下許多打字的功夫。

很多筆記型電腦都有內建麥克風的功能，如果是桌上型電腦，必須先將麥克風與電腦連接，然後執行「工具／語音輸入」指令開啟麥克風功能，按下麥克風按鈕，Google 文件就會自動把各位說的話顯示在文件當中。

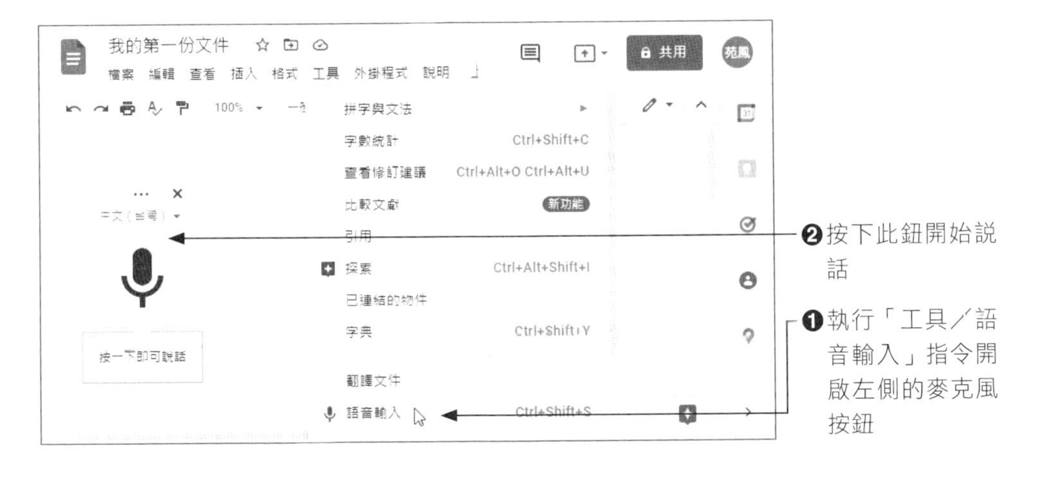

語音轉成文字後，只要透過「工具列」將「一般文字」變更為「標題」，或是縮放文字的顯示比例，如此一來，老師以「分頁」方式分享螢幕，學生都可以清楚看見文件中所顯示的內容。

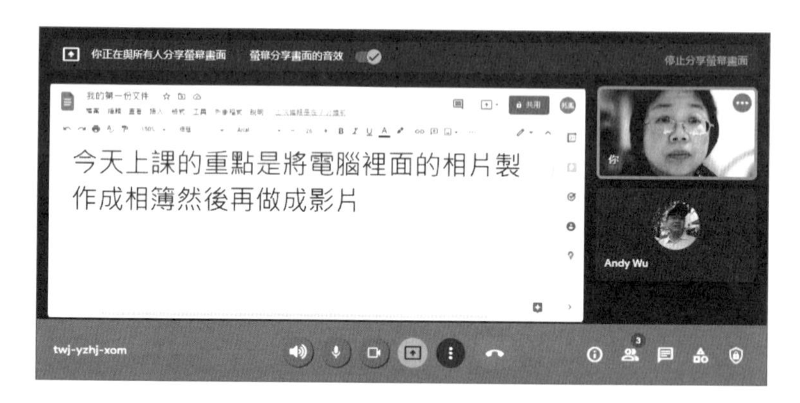

8-1-4 切換輸入法與插入標點符號

老師在 Google 文件上所編輯的內容都會自動儲存在雲端上，所以不用特地做存檔的動作，只要在文件編輯區域中設定文字的插入點，即可透過語音輸入或文字輸入的方式來編輯文件內容。

Google 文件的輸入法有注音、漢語拼音、倉頡、中文（繁體）等方式，由「工具列」按下「更多」⋯ 鈕，再點選「選取輸入工具」就可以設定慣用的輸入方式，其中點選「中文（繁體）」的選項將會顯現常用的標點符號讓各位選擇插入。

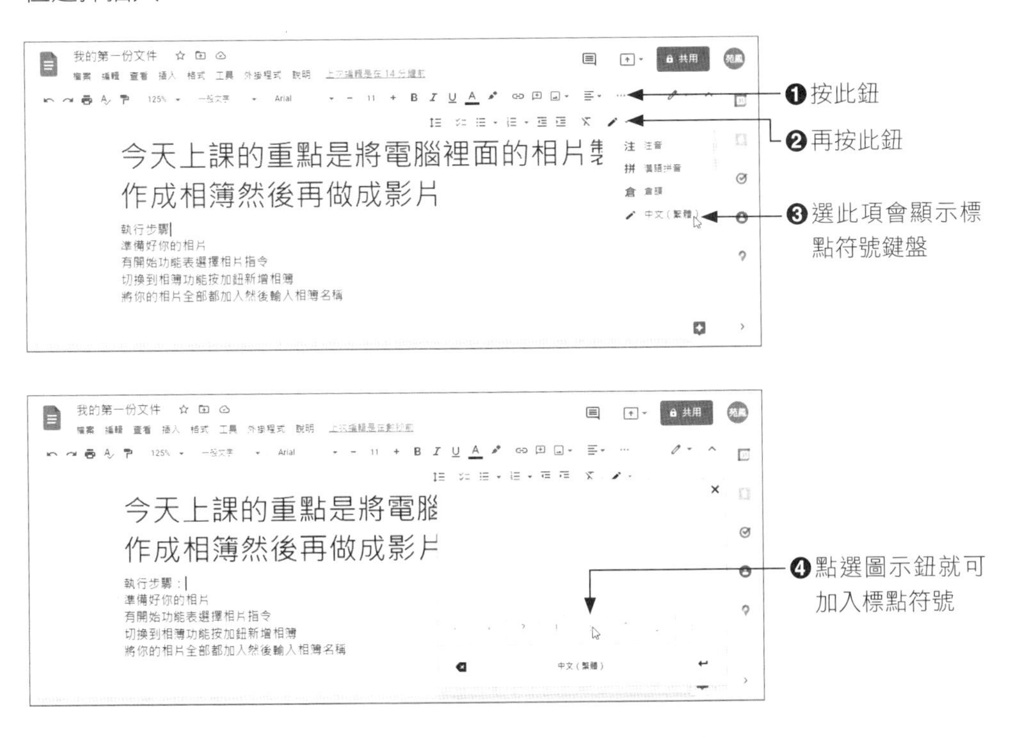

各位不妨將輸入法切換到「中文（繁體）」，如此一來既可以注音輸入文字，也可以隨時按點圖鈕來加入標點符號。

8-1-5 插入特殊字元與方程式

文件中如果需要插入各類型的符號、箭頭、數學符號、上下標、表情符號、漢文部首、各國語言的書寫體等，可以執行「插入／特殊字元」指令，它會開啟「插入特殊字元」的面板讓你選擇插入的類別與次選項，依照個人需求選取特殊字元即可。

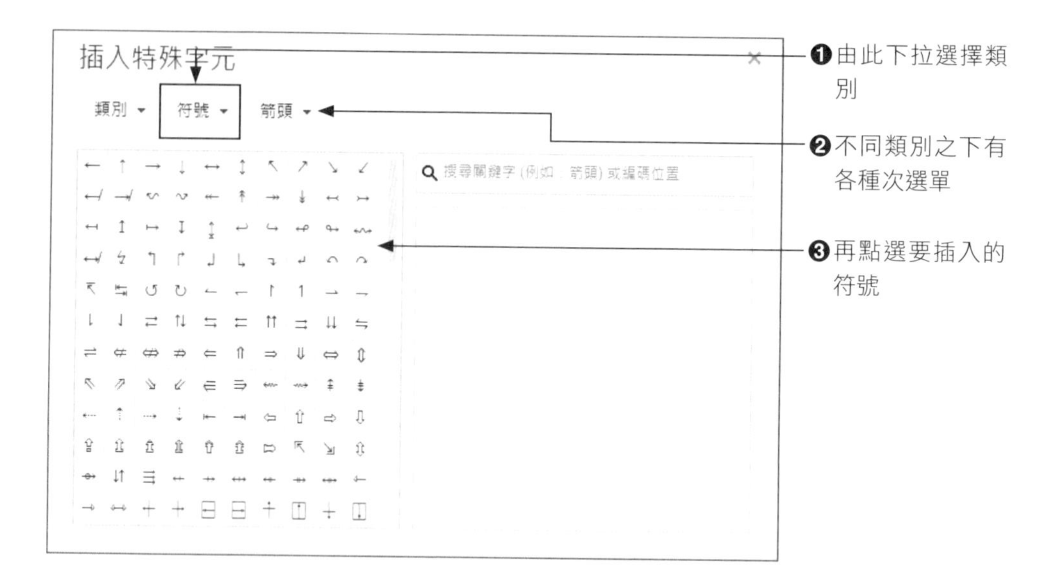

如果老師是教授數學，也可以選擇「插入／方程式」指令，它會顯示新增方程式的工具列，方便老師選用希臘字母、其他運算子、關係、數學運算子、箭頭等符號。

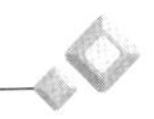

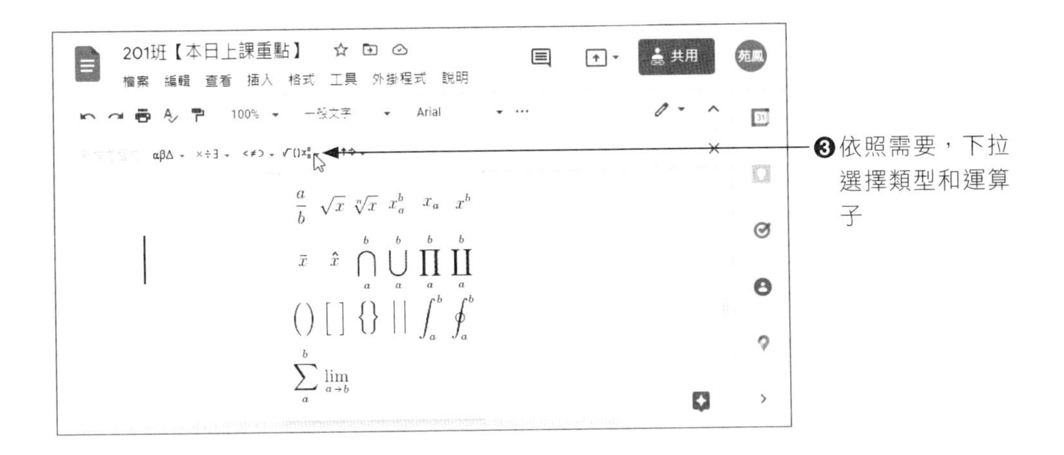

8-1-6 文字格式與段落設定

要設定文字格式或段落樣式，可在選取範圍後由「工具列」進行編修，不管是字體樣式、字型、字體格式、文字顏色、對齊方式、行距、項目符號與編號、增／減縮排等效果皆可由此工具列搞定。

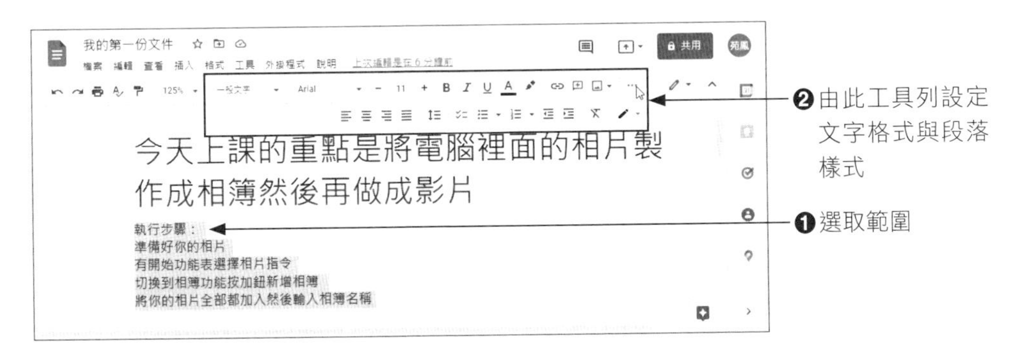

8-1-7 顯示文件大綱

在編輯文件時，如果老師有運用到「樣式」中的「標題」、「標題 1」、「標題 2」等樣式，那麼可以利用「查看／顯示文件大綱」指令來顯示文件架構，這樣文件左側會顯示文件的標題，如此一來綱要隨時了然於心，老師也可以根據學校的教學大綱來延伸教學內容。

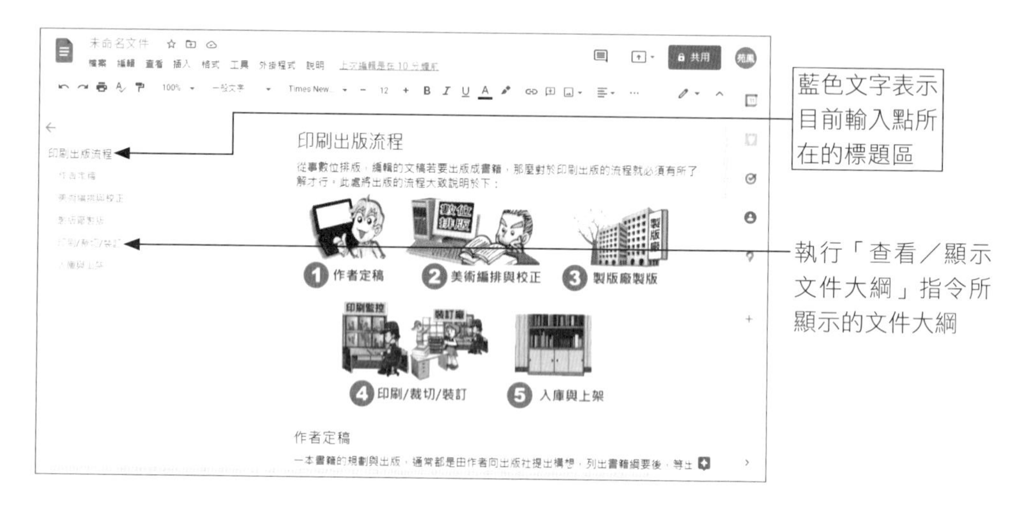

8-1-8 Google 文件離線編輯

Google 文件通常要在上網的情況下才能透過瀏覽器來編輯文件，如果有網路的限制，希望能夠離線編輯文件，那麼可以考慮啟用 Google 文件離線版。

請從 Chrome 瀏覽器右上角按下 ⋮ 鈕，下拉選擇「更多工具／擴充功能」指令，確認「Google 文件離線版」的擴充功能是否已開啟。

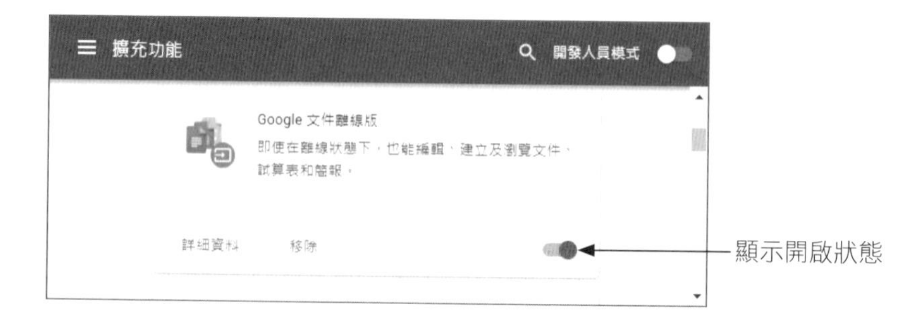

Google Chrome 在預設狀態下已內建 Google 文件離線版，確認該功能已開啟後，接著開啟你的 Google 文件，執行「檔案／允許離線存取」指令，使該功能呈現勾選的狀態，如此一來即使未連上網際網路仍可存取該檔案，不過不建議在公用電腦上使用離線編輯的功能。

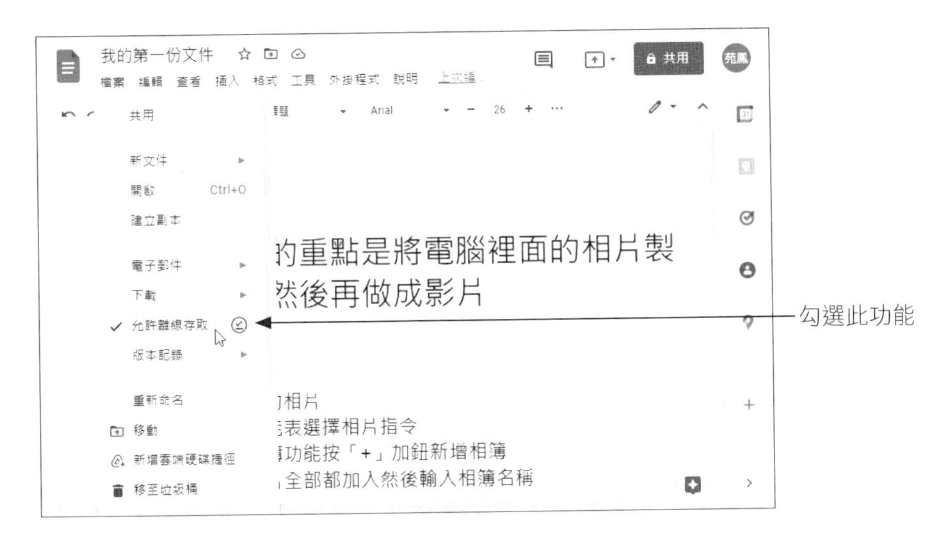

除了上述的方法外，你也可以在文件首頁處按下文件右下角按下 ⋮ 鈕，並選擇「可離線存取」的指令，如此一來文件底端就會出現 ㉂ 的圖示，如下圖所示：

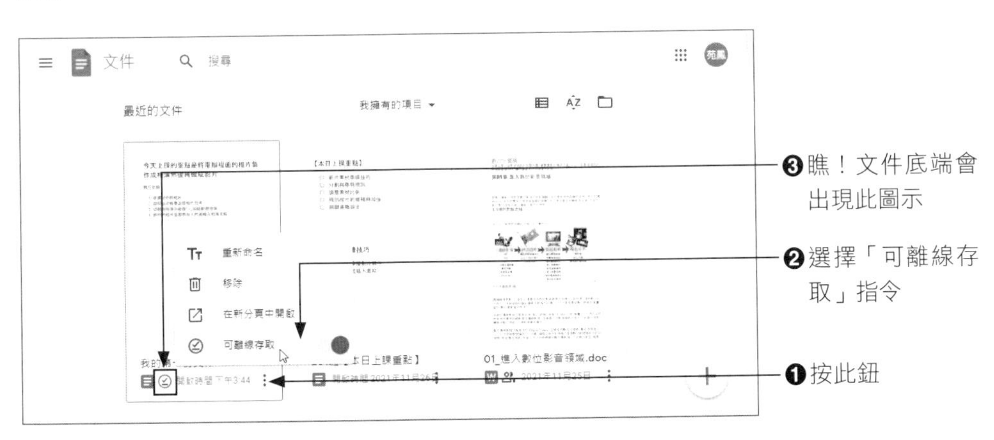

當文件確認有 ⓒ 圖示後，之後離線編輯文件，新增的內容就會自動先儲存到目前的電腦裝置中，等上網時文件會自動儲存到雲端硬碟裡。

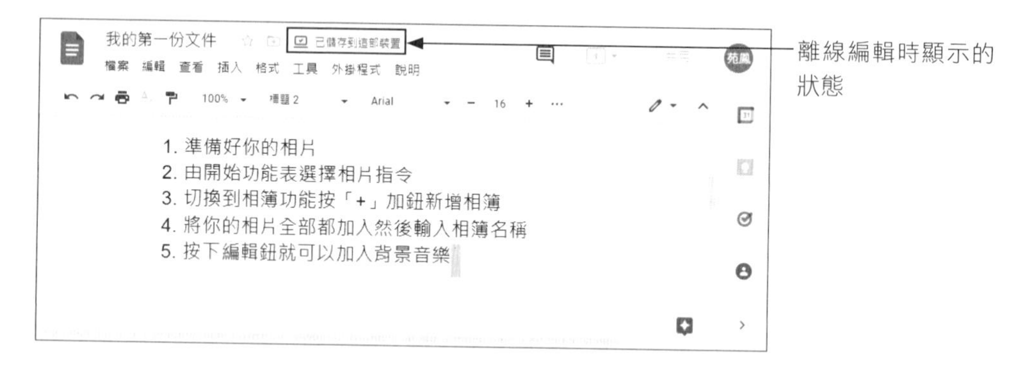

8-2 師生間的文件互動

利用 Google 文件，老師可以準備上課教材、製作考試評量或問卷調查表，完成的 Google 文件可以列印下來、與學生共用、在會議中分享畫面、以電子郵件方式傳送給學生，所以 Google 文件在師生之間的交流是相當便利的一件事。

8-2-1 變更頁面尺寸與顏色

Google 文件的預設紙張大小為 A4、直印，邊界的上下左右各為 2.54 公分，方便老師將文件列印出來做為教材。預設的白底黑字看起來較不搶眼，如果視訊教學時想要吸引學生的目光，老師可以利用「檔案／頁面設定」指令來變更頁面的顏色。

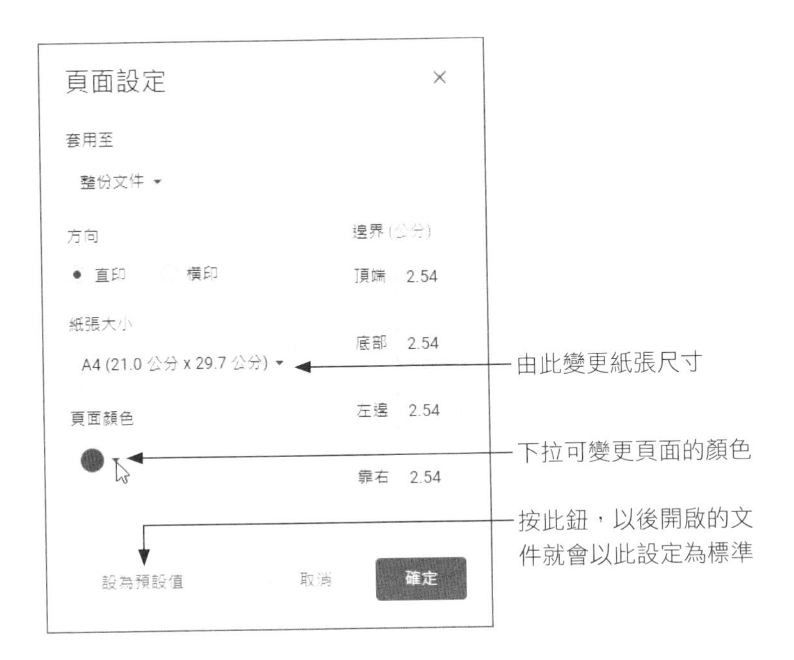

8-2-2 查看全螢幕文件

在 Google 文件中執行「查看／全螢幕」指令可隱藏功能表和工具列等非必要的工具，當老師透過 Google Meet 分享螢幕時，只要調整一下視窗的大小，就可以讓學生更專注在教材的學習，如下圖所示。如果要取消全螢幕的查看，只要按下「Esc」鍵就可再次顯示功能表和工具列。

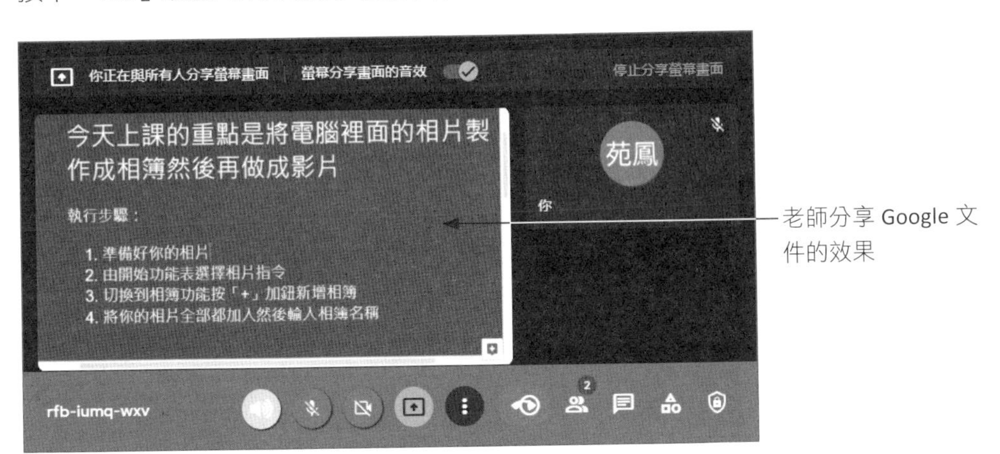

8-2-3 老師在會議中分享畫面

在會議進行時，老師除了從 Google Meet 中選擇以「分頁」方式分享螢幕畫面外，也可以在會議進行中從 Google「文件」右上方按下 鈕來分享畫面。

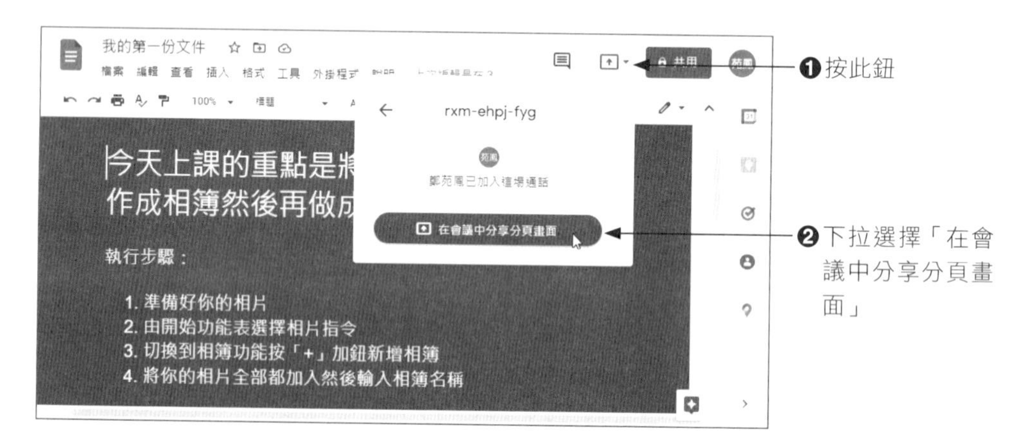

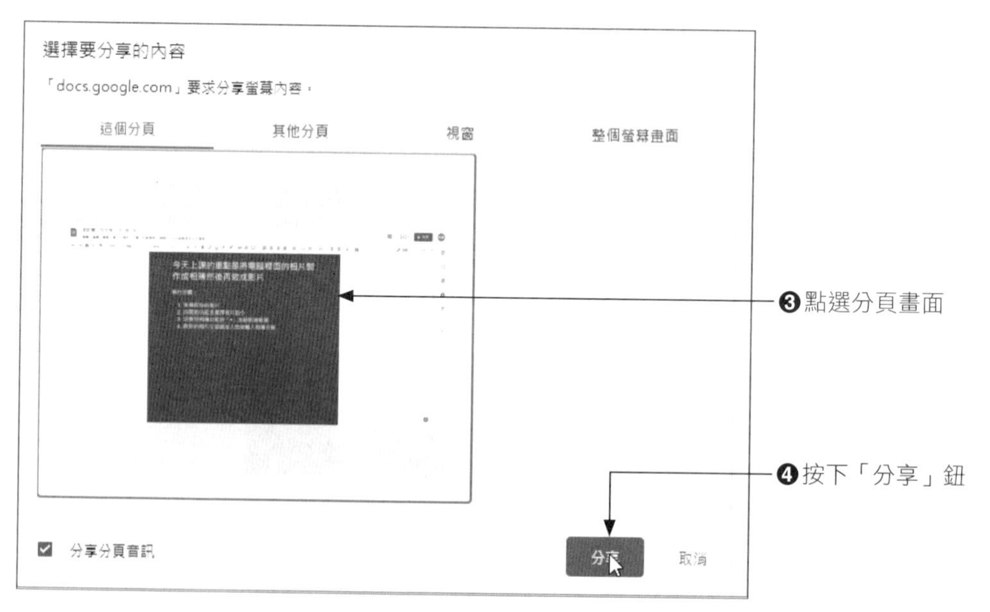

8-2-4 老師與學生共用文件

Google 文件在預設的狀態下是鎖住的，僅供自己使用，如果文件需要和他人一起共用，使他人無須登入帳號也可以存取該文件，那麼可以選擇「共用」的功能。

按下「共用」鈕後將進入如下畫面，各位可以在第一個欄位中直接輸入與你共用檔案者的電子郵件，然後按下「完成」鈕完成共用設定。另外，檔案要給很多人時也可以選擇以連結的方式，老師只要設定使用者的權限，然後將複製的連結網址傳送給共用的群組，這樣其他人也就可以透過連結的網址來「檢視」或「編輯」這份文件。方式如下：

接下來只要將複製的連結貼給與你共用的成員就行了！

8-2-5 以電子郵件方式傳送給學生

文件要傳送給學生，也可以執行「檔案／電子郵件／透過電子郵件傳送這個檔案」指令。

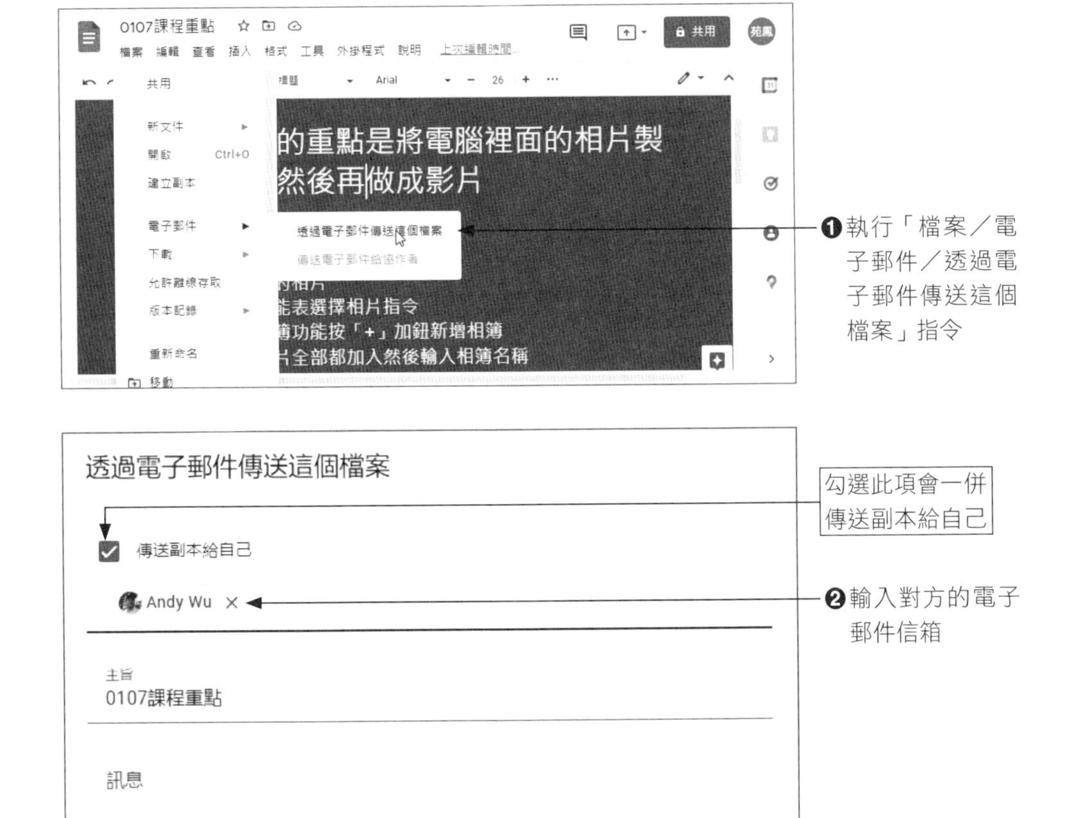

8-2-6 文件列印

文件想要列印出來，方便放在桌面參考，可以執行「檔案／列印」指令使進入如下的列印設定畫面，確認畫面效果及列印的份數，即可按下「列印」鈕列印文件。

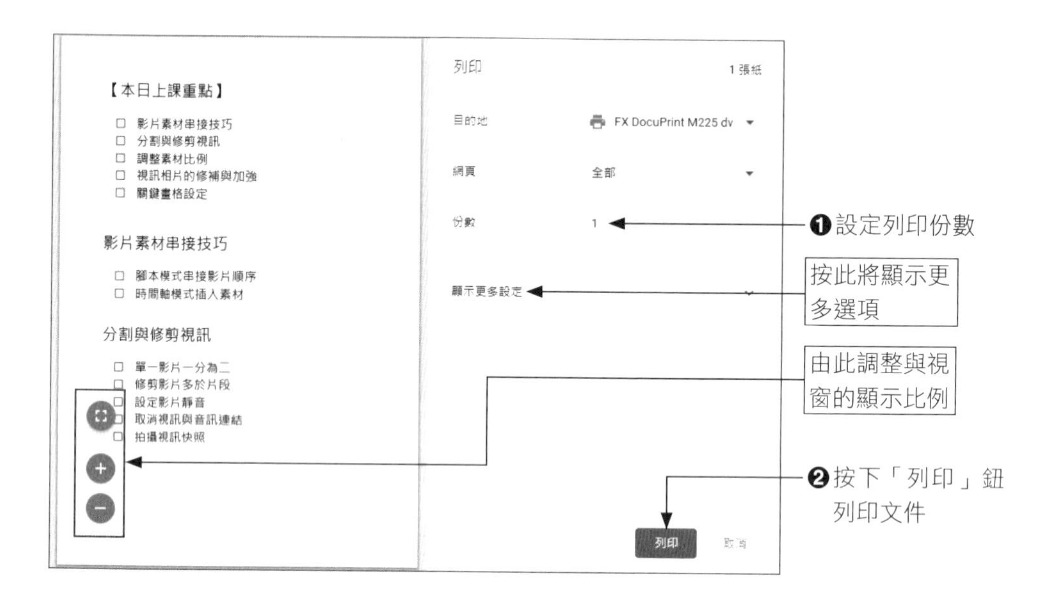

如果需要變更縮放比例、紙張大小、邊界值、或雙面列印，讓文件內容可以擠入一張紙中，可按下「顯示更多設定」進行設定。

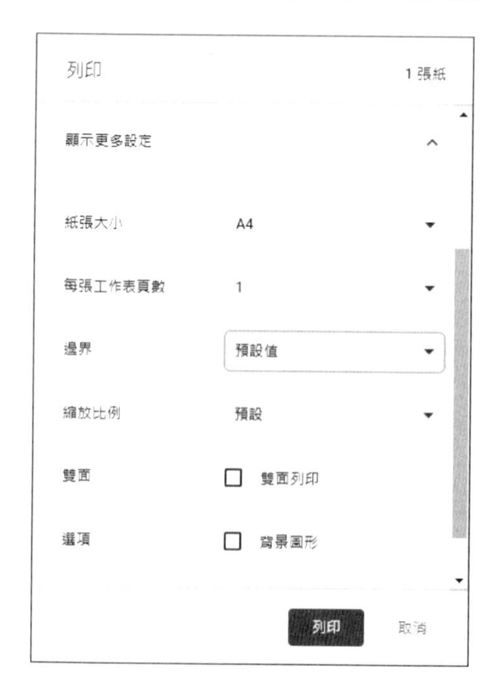

09

CHAPTER

文件中的物件使用技巧

在前面的章節中，我們針對文件對於老師在教學方面做說明，讓老師可以快速編寫文字、簡明的分享文件畫面、與學生共用文件或傳送文件…等，接下來這個章節則是針對物件的插入做說明，包含圖片、表格、繪圖等應用技巧，讓各位將文件功能發揮得更淋漓盡致，輕鬆活用各項功能在課堂的教學上。

9-1 插入圖片素材

圖文並茂的文件是最能夠讓人賞心悅目的，要從「Google 文件」的應用程式中插入圖片，各位有如下六種方式，只要從「插入」功能表中執行「圖片」指令，就可以看到這幾種插入方式。

上傳電腦中的圖片
搜尋網路
雲端硬碟
相簿
使用網址上傳
相機

9-1-1 上傳電腦中的圖片

要使用的圖片如果是存放在電腦上，執行「插入／圖片／上傳電腦中的圖片」指令後，只要在「開啟」的視窗中選取圖片縮圖，按下「開啟」鈕即可插入至 Google 文件中。

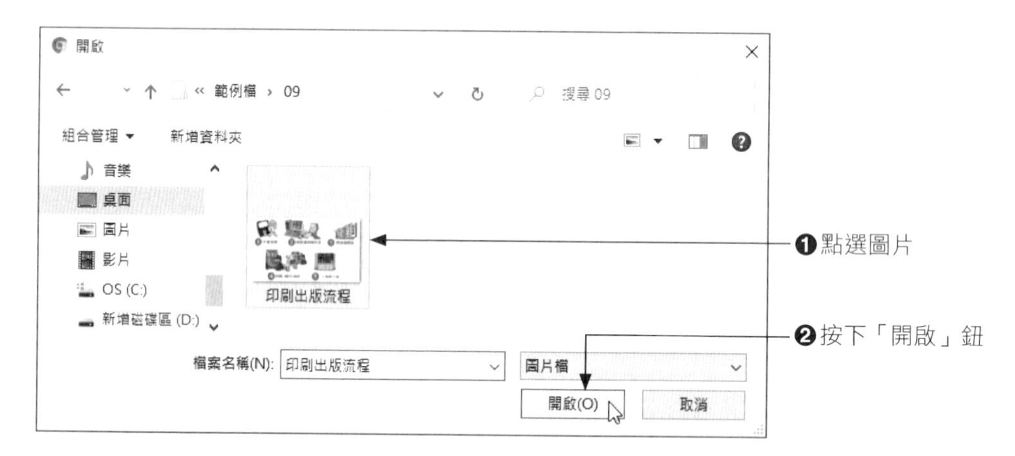

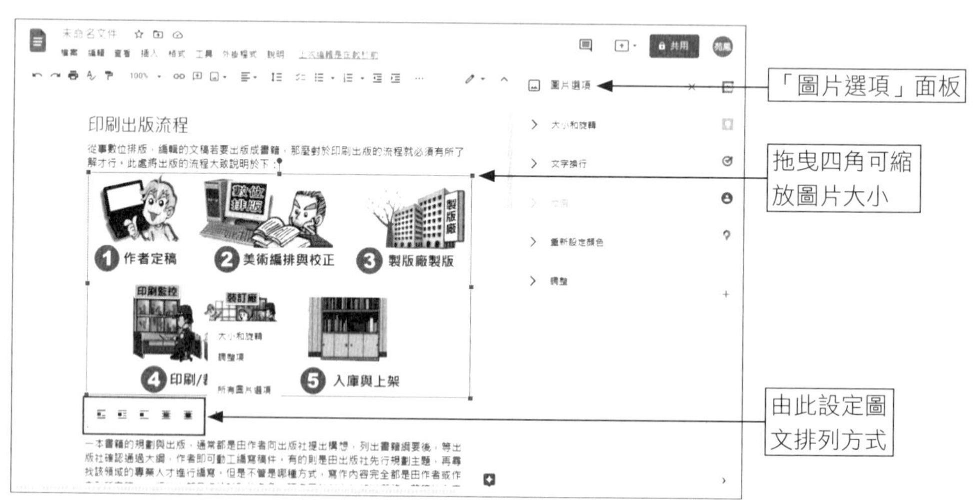

圖片插入後，只要圖片被選取的狀態下，即可進行縮放大小，或是設定圖片與文字的關係。另外，按下圖片工具列右側的 ⋮ 鈕並下選擇「所有圖片選項」的指令，將會在右側顯示「圖片選項」面板，提供各位做大小、旋轉、文字換行、重新設定顏色、透明度／亮度／對比等調整。

9-1-2 搜尋網路圖片

如果你沒有現成的圖片可以使用，那麼就到網路上去進行搜尋吧！執行「插入／圖片／搜尋網路」指令會在 Google 文件右側顯示「搜尋 Google 圖片」的窗格，輸入你想搜尋的關鍵文字，當 Google 圖片列出搜尋的結果後，只要點選想要的圖片，在由窗格下方按下「插入」鈕即可插入插圖。

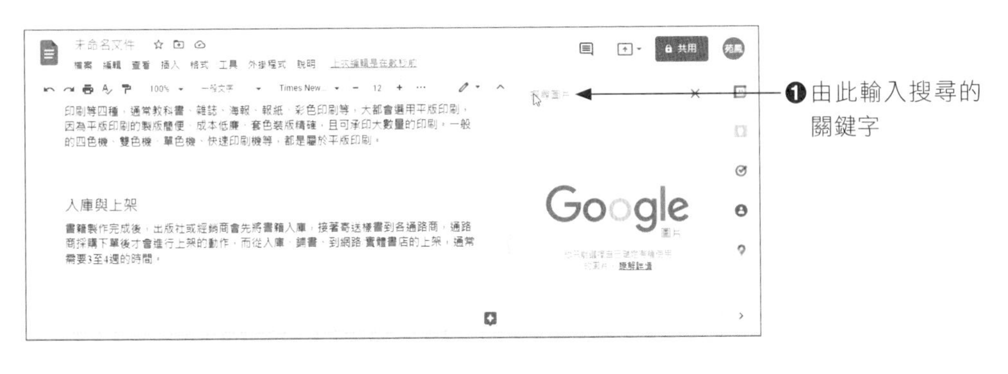

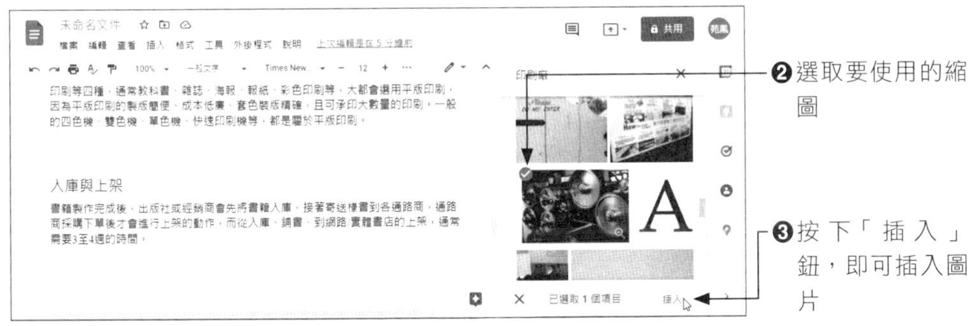

9-1-3 從雲端硬碟或相簿插入圖片

如果你有使用雲端硬碟的習慣，也可以直接從 Google 雲端硬碟進行插入。執行「插入／圖片／雲端硬碟」指令，文件右側立即顯示你的雲端硬碟，請從資料夾或檔案中找到要使用的圖片進行插入。

同樣的，執行「插入／圖片／相簿」指令則是顯示你的 Google 相簿，讓你從相簿中插入圖片。

9-1-4 使用網址上傳圖片

執行「插入／圖片／使用網址上傳」指令，則是提供欄位讓用戶將圖片所在網址貼入欄位中。此種方式必須確認自己是否擁有圖片的合法使用權，或者在文件裡要適當地標示出圖片來源位置。

插入圖片

貼上圖片網址...

你只能選擇自己確定有權使用的圖片。

取消

9-2 插入表格

編輯文件時，表格可以將複雜的資訊自由組裝在一起，讓文件看起來更整齊美觀。在 Google 文件中，「表格」功能可增減欄列、對齊、插入圖片或文字、表格中插入表格、或是表格／儲存格的網底樣式等設定都是一應俱全。

9-2-1 文件中插入表格

Google 文件中要插入表格，從「插入」功能表中執行「表格」指令，就可以使用滑鼠來拖曳出所要的欄列數，如此一來表格就會顯現在文件上。現在我們準備插入 1 欄 2 列的表格。

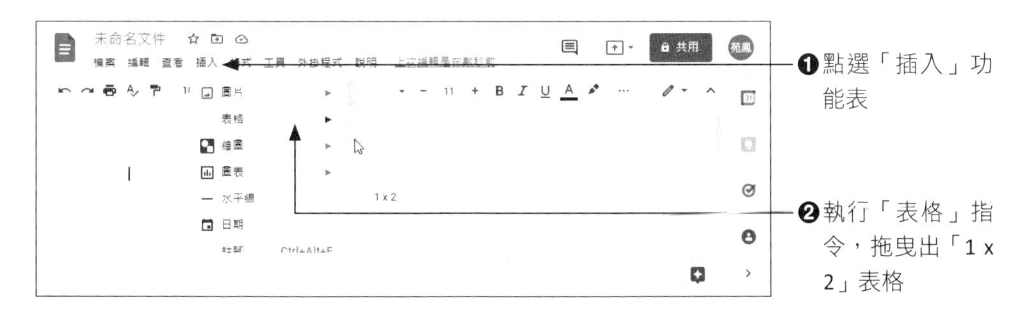

9-2-2 儲存格插入技巧

表格內可以進行文字編輯，只要先將插入點移至表格內的儲存格，即可輸入文字。按下「Tab」鍵會移到右方或下一個儲存格，如果是在表格最後的一個儲存格時，按下「Tab」鍵會自動新增一列的儲存格。

除了加入文字，也可以插入美美的圖片，只要將滑鼠移到欲插入圖片的儲存格中，然後由「插入」功能表中選擇「圖片」指令，即可選取要插入的圖片，而插入的圖片可以透過四角的控制鈕來調整圖片的尺寸比例。你也可以在表格中放入另一個表格，使變成巢狀式表格，如下圖所示。

9-2-3 儲存格的增加／刪減

在繪製表格的過程中，萬一需要增加欄 / 列的數目，或是有多餘的欄 / 列想要刪除，可以透過「格式」功能表來選擇要執行的「表格」指令。

9-2-4 設定表格屬性

表格中的文字格式設定，事實上和一般文字的格式設定完全相同，都是透過「格式」工具列或是「格式」功能表來處理。另外還可以利用「表格屬性」的指令來對儲存格底色或是表格框線做設定。執行「格式／表格／表格屬性」指令會在右側看到「表格屬性」面板，裡面包含列、欄、對齊、顏色等屬性，按點箭頭鈕就可以看到下方的屬性設定項。

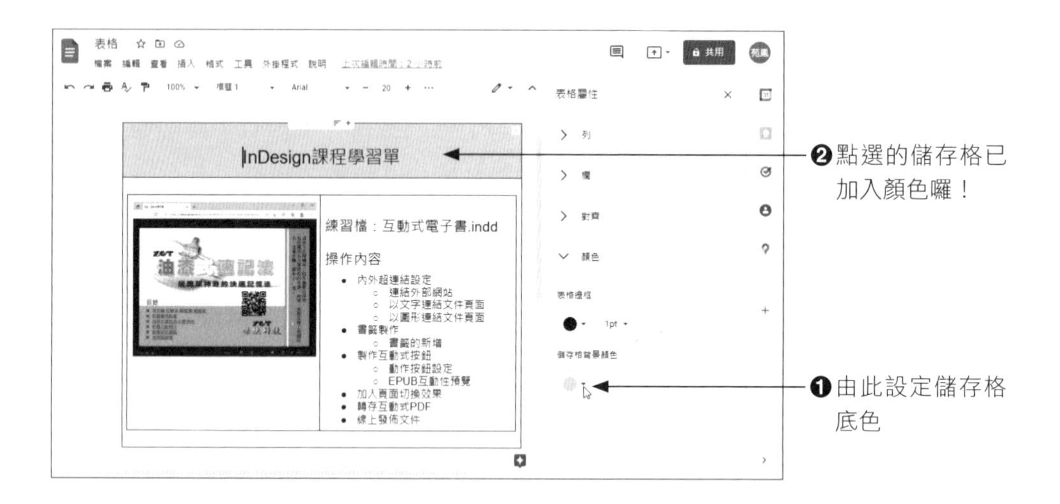

9-3 插入繪圖

Google 文件也可以插入繪製的圖案，執行「插入／繪圖／新增」指令，它會開啟「繪圖」視窗，讓使用者利用各種的「線條」工具或「圖案」工具來繪製圖形，也可以利用「文字方塊」來插入文字，甚至是直接插入圖片。

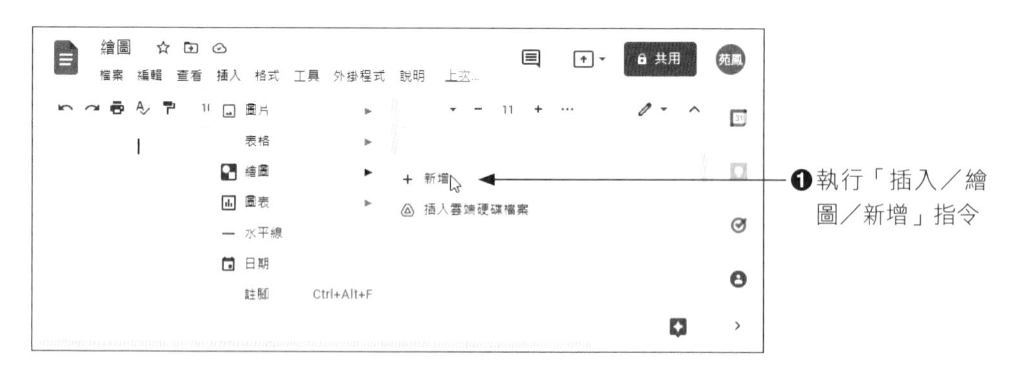

❷顯示繪圖視窗與相關的工具

9-3-1 插入圖案與文字

首先我們利用「圖案」工具來繪製基本造型。「圖案」工具包含了「圖案」、「箭頭」、「圖說」、「方程式」等類別，功能鈕和 Word 軟體相同，所以選定要使用的工具鈕，就可以在頁面上畫出圖形。

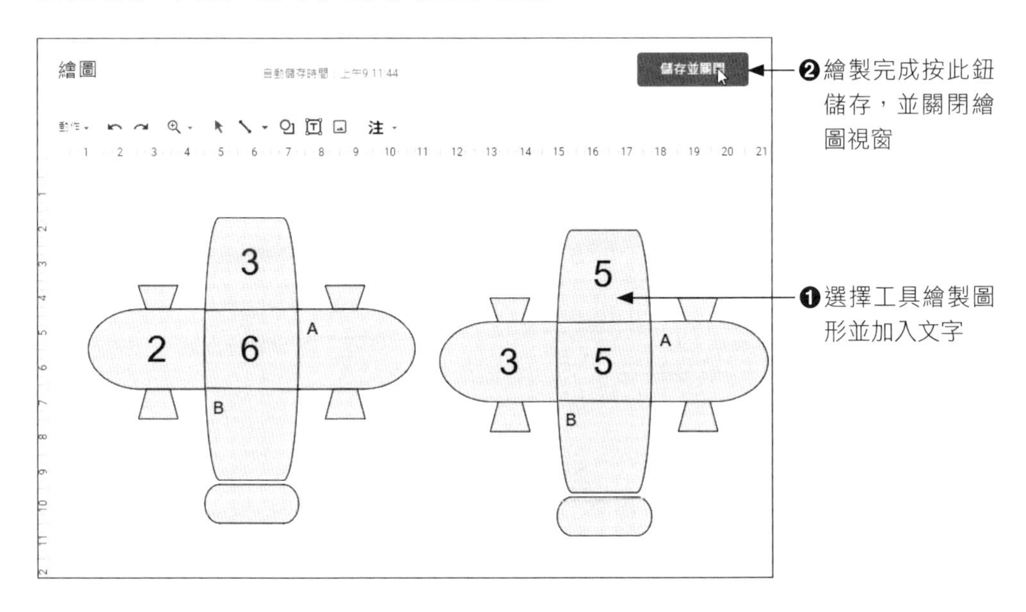

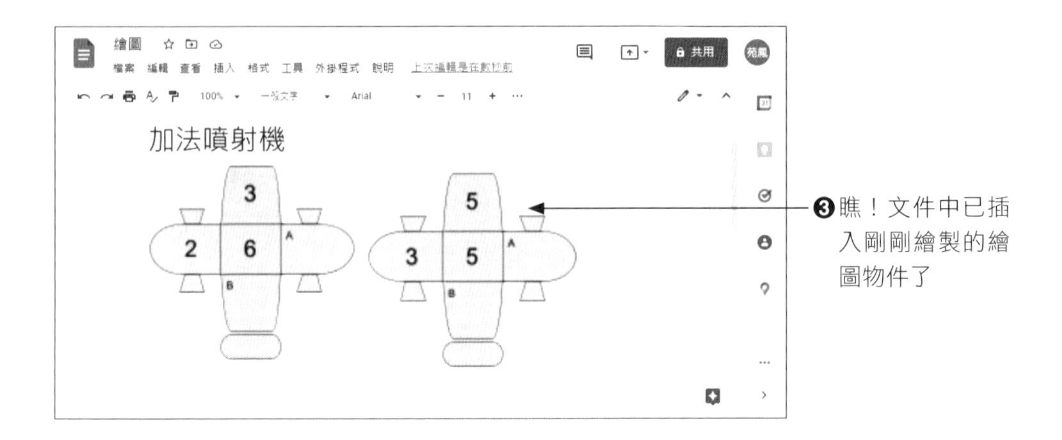

9-3-2 複製與編修繪圖

在繪製圖形後，相同的圖案可在文件中執行「複製」與「貼上」指令使之複製物件，屆時點選繪圖物件左下角的「編輯」鈕即可修改圖案。如下圖所示：

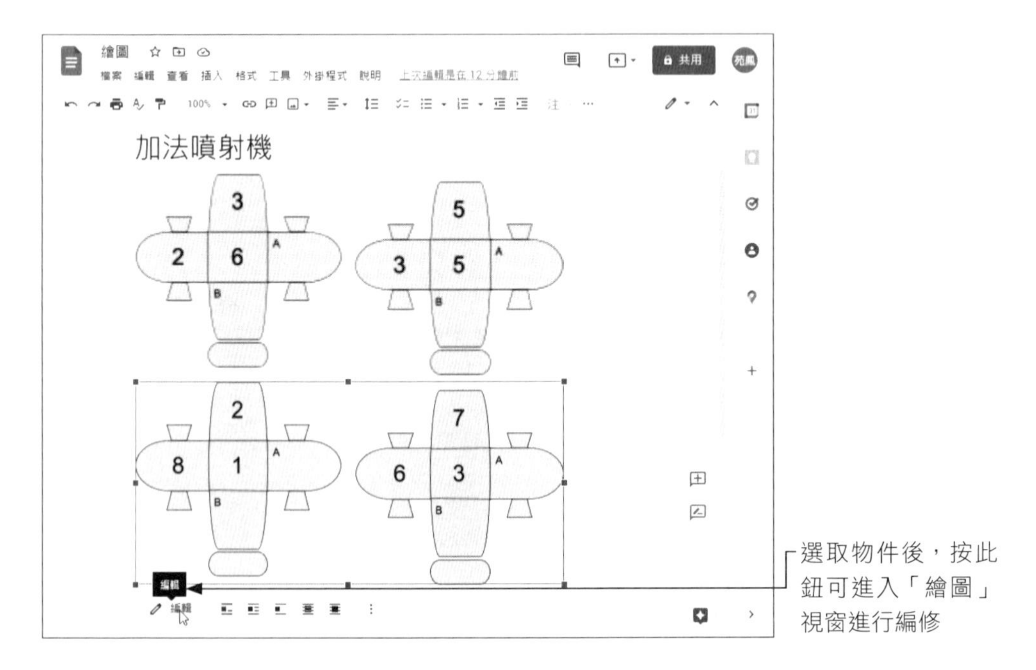

9-3-3 文字藝術的應用

在插入「繪圖」時，各位還可以在視窗裡利用「動作」功能表中的「文字藝術」功能來加入具有藝術效果的文字，此功能可以縮放文字、旋轉傾斜文字、變更顏色，讓文字變得更出色，視覺效果更搶眼。使用技巧如下：

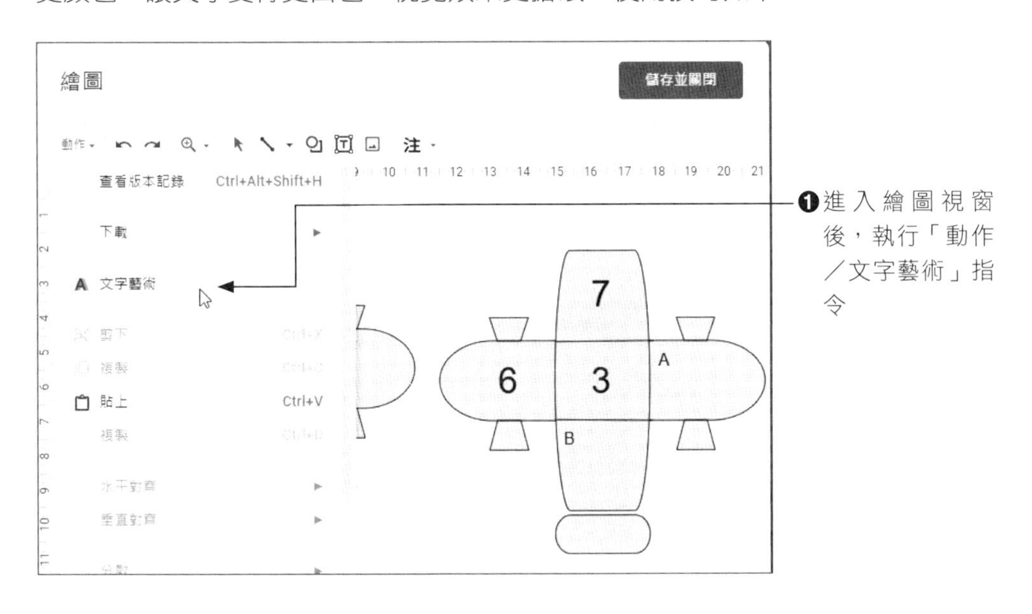

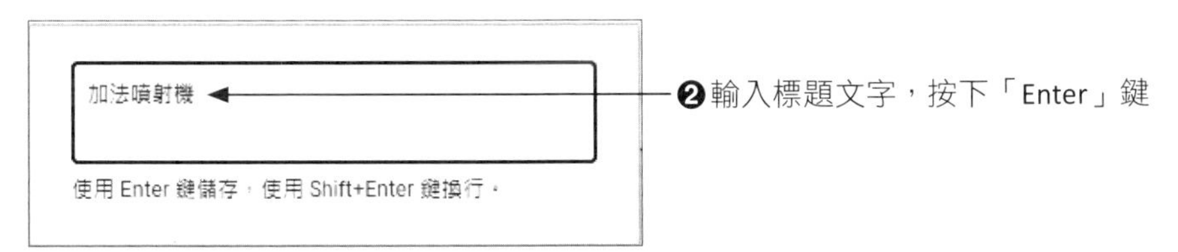

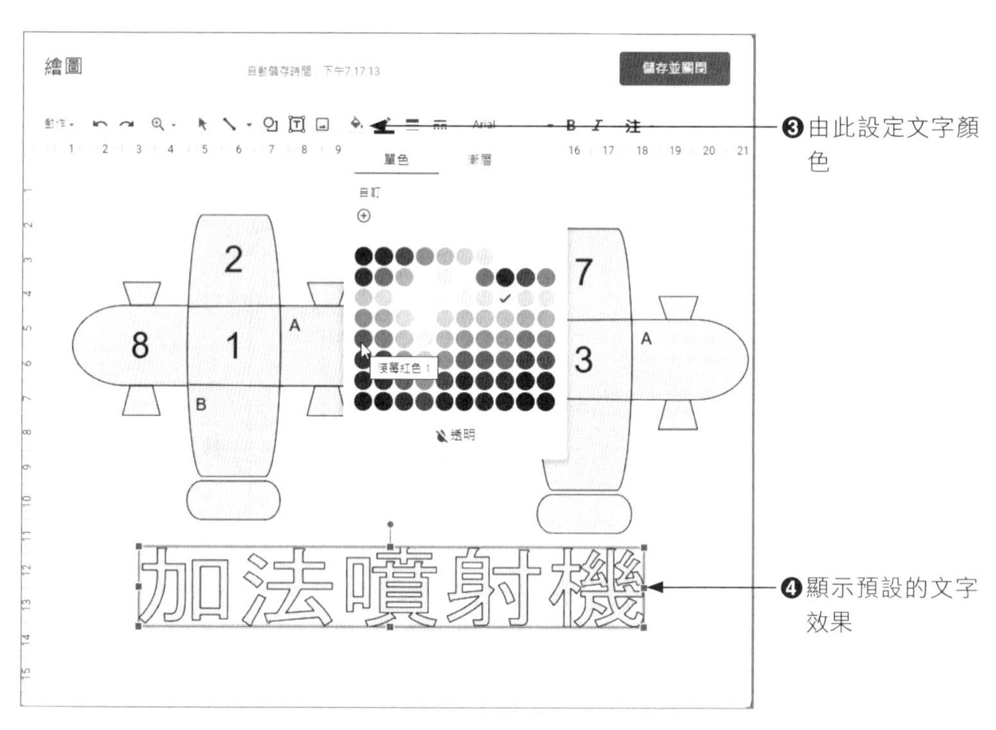
繪圖
儲存並關閉
單色
漸層
自訂
透明
淺莓紅色 1
2
7
8
1
3
A
B
加法噴射機
❸由此設定文字顏色
❹顯示預設的文字效果

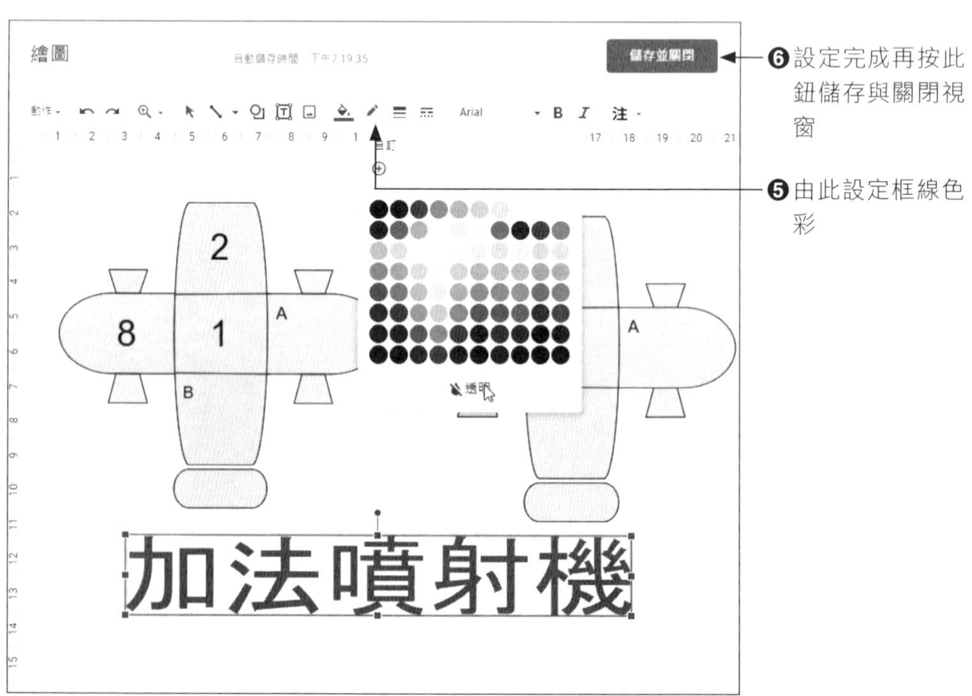
繪圖
儲存並關閉
Arial
透明
2
8
1
A
B
加法噴射機
❻設定完成再按此鈕儲存與關閉視窗
❺由此設定框線色彩

9-4 取得更多的文件外掛程式

「Google 文件」可以在線上直接編輯很多的文件，如果也能像 Office 內建的範本一樣，輕鬆取得現成的範本來進行套用修改，那麼可以省卻很多編輯時間。這樣的心願事實上 Google 也幫各位想到了，只要取得外掛程式，超多類型的範本也能任君選擇。

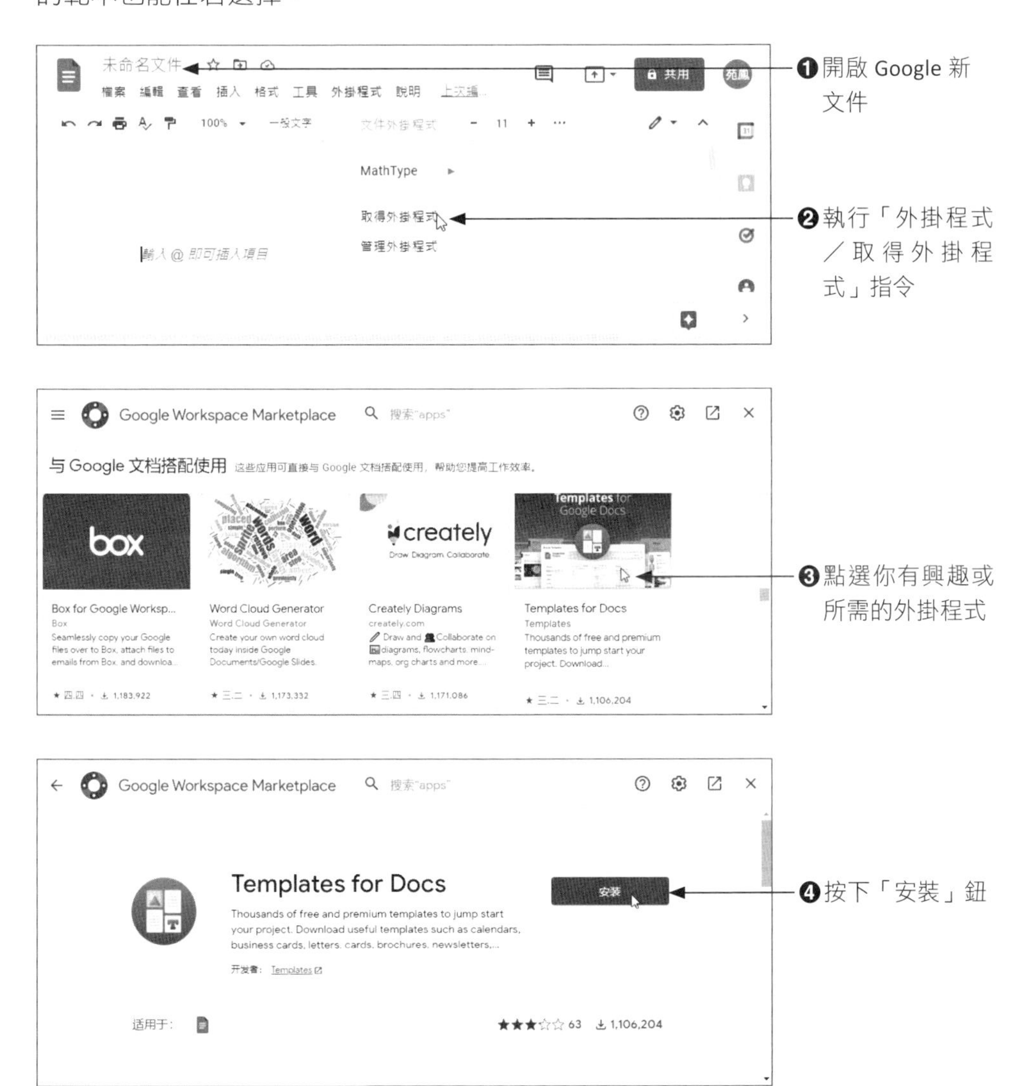

按下「繼續」鈕後接著選定你的帳號，「允許」外掛程式可以存取你的 Google 帳戶，這樣就可以看到已安裝完成的畫面，按下「完成」鈕後，從各種的範本中取得想要的文件內容。

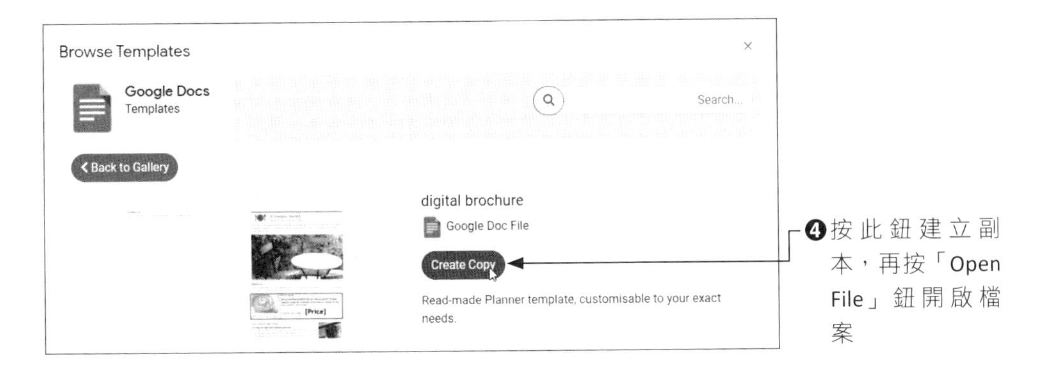

❹按此鈕建立副本，再按「Open File」鈕開啟檔案

範本文件開啟後，各位只要點選文字再替換成自己所需的內容即可，同樣地，圖片部分只要點選後按右鍵執行「取代圖片」指令，即可替換成電腦中的圖片、相簿、相機、網路插圖、雲端硬碟中的圖片，節省許多編輯的時間。

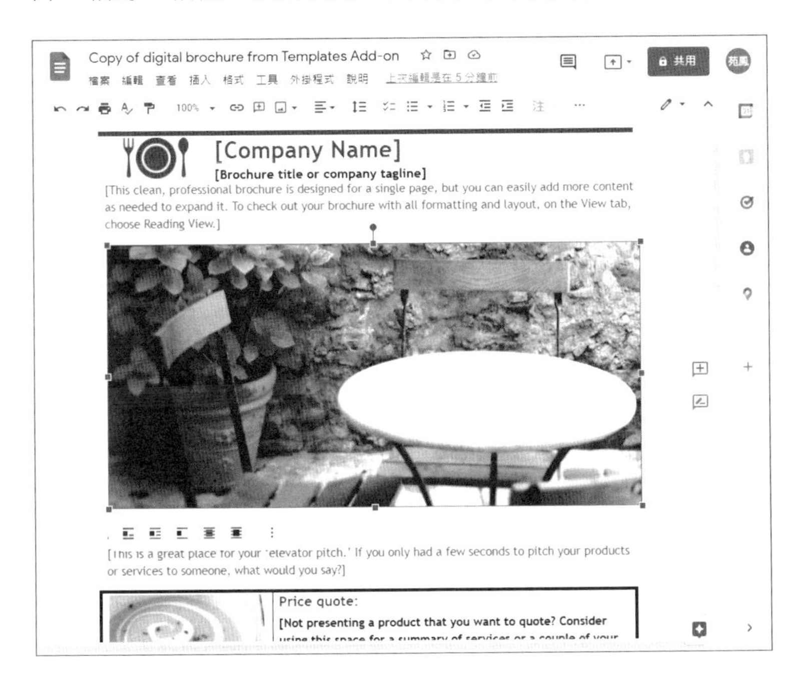

Note

Google 簡報應用 第 4 篇

前　言

在雲端進行教學，除了使用 Google 文件進行文書的處理外，Google 簡報則是提供簡報的編輯。利用 Google 簡報來製作簡報，不但不需要花錢去購買簡報軟體，而且儲存檔案也不需要硬碟，只要連上網路就能在網路上讀取檔案、進行編修，或作簡報播放，還可以跟其他人一起共用檔案，相當的方便，所以這一篇要跟各位介紹 Google 簡報的使用技巧。

學習大綱

10

CHAPTER

Google 簡報的教與學

要使用 Google 簡報來進行教學並不困難，因為它的操作方式和微軟的 PowerPoint 軟體雷同，只不過是透過雲端來編輯簡報而已，老師只要會從瀏覽器上開啟 Google 的「簡報」應用程式，就可以進行教材的準備。這個章節我們將針對老師比較會用到的功能做說明，即使應用軟體不熟悉的老師也可以輕鬆上手，加快簡報教學的速度。

10-1 Google 簡報基礎操作

當各位開啟 Google Chrome 瀏覽器後，由視窗右上角按下「Google 應用程式」⠿ 鈕，就可以看到「簡報」的圖示，點選該圖示即可啟動該應用程式。

10-1-1 管理你的簡報

進入簡報主畫面後，各位可以看到許多的簡報縮圖，這是你曾經開啟或編輯過的簡報，簡報除了顯示縮圖與名稱外，還會顯示你開啟的時間。另外，你可以透過圖示鈕來區分出哪些是 PowerPoint 簡報檔，哪些是 Google 簡報。

對於曾經編輯過或開啟過的簡報，按下簡報縮圖右下角的 ⋮ 鈕，可進行重新命名、移除、或是離線存取等動作，方便各位管理你的簡報檔案。

10-1-2 建立 Google 新簡報

在「簡報」首頁畫面的右下角按下 + 鈕會進入「未命名簡報」，各位只要在左上角的「未命名簡報」處輸入名稱，就會自動儲存簡報內容。

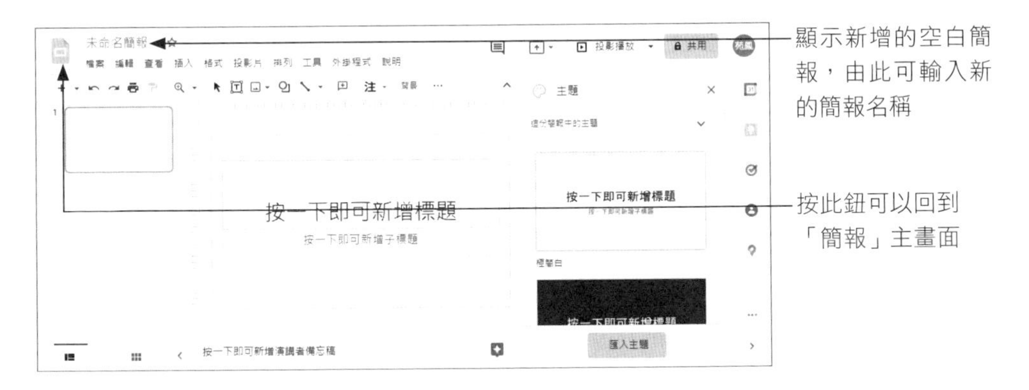

如果視窗中已有編輯的文件，想要重新建立一個新文件，可從「檔案」功能表下拉選擇「新文件」指令，再從副選項中選擇「簡報」指令即可。

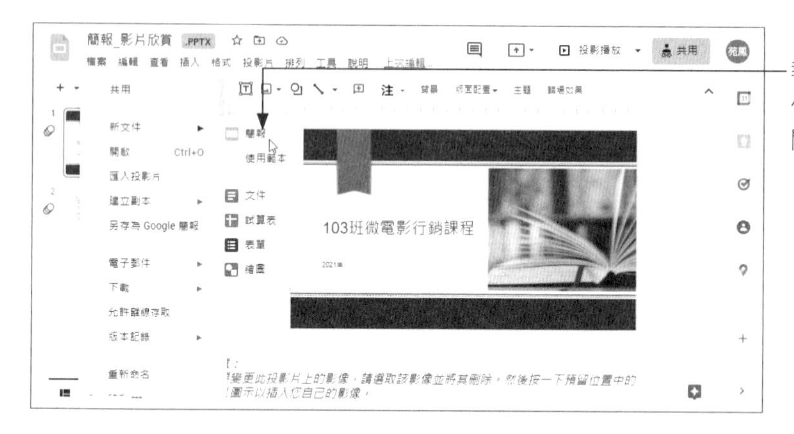

執行「檔案／新文件／簡報」指令可開啟空白的簡報

10-1-3 開啟現有的 PowerPoint 簡報

假如以往的教學簡報是在 PowerPoint 軟體中製作，你也可以直接將 PPT 簡報開啟，執行「檔案／開啟」指令後可從雲端硬碟開啟檔案，如果簡報檔在你的電腦中，可利用「上傳」功能將簡報開啟。方式如下：

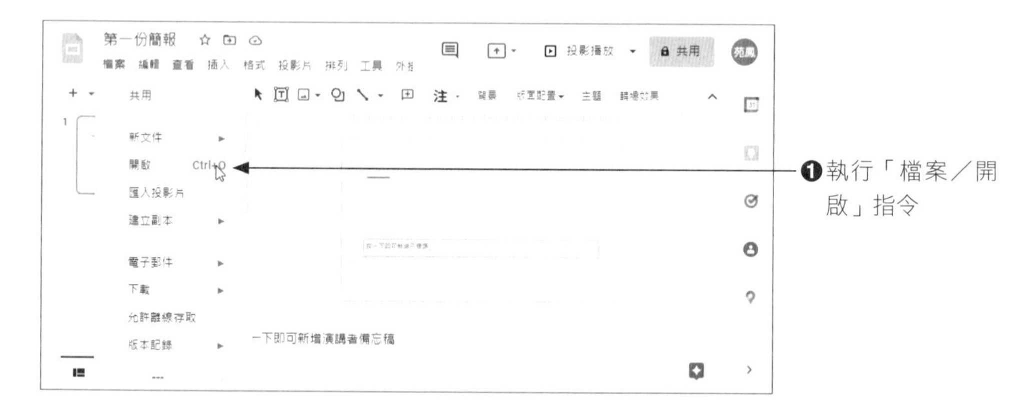

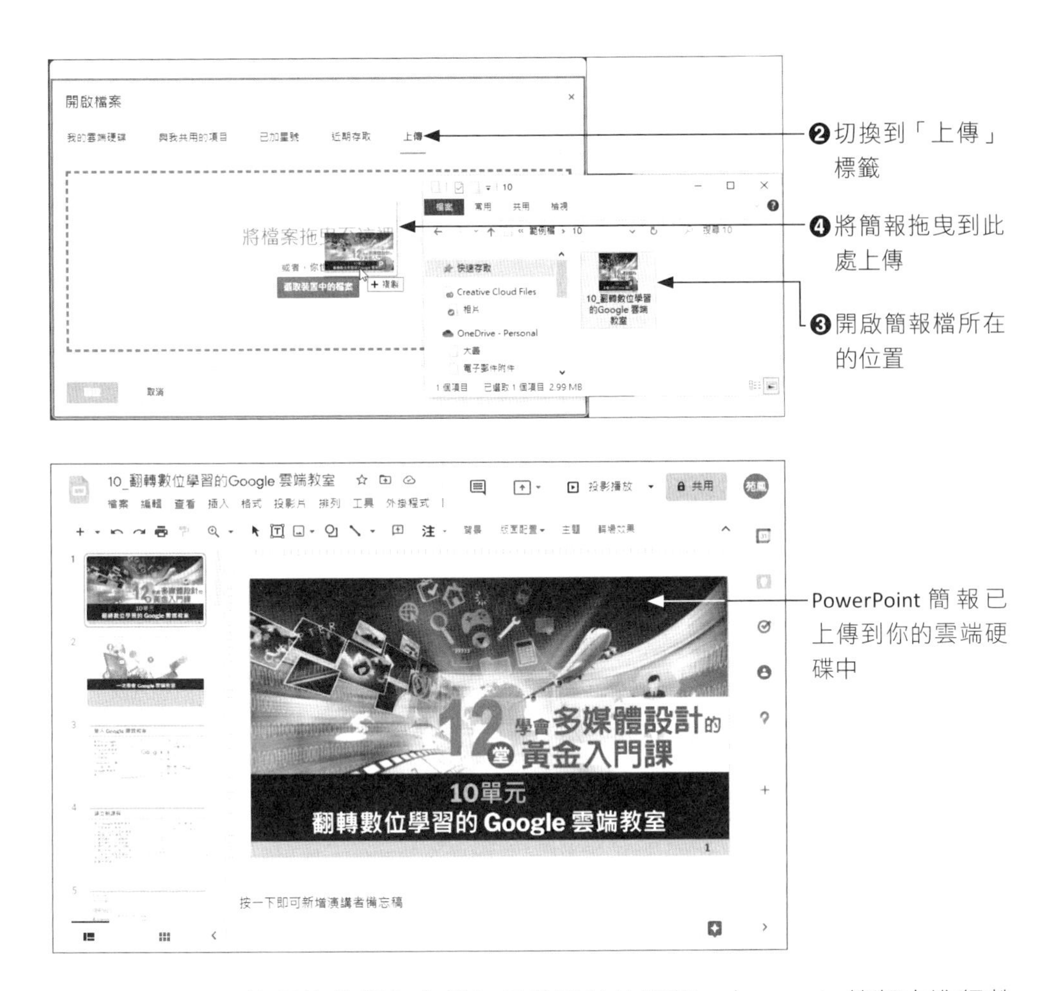

PowerPoint 簡報的教學內容假如只是單純的簡報，在 Google 簡報中進行教學時是沒有問題的，如果你在 PowerPoint 中加入許多的動畫或特效，而這些效果是 Google 簡報中所沒有的功能，那麼它會在視窗上方顯示黃底黑字的警示，按於該警示可查看詳細的資料。

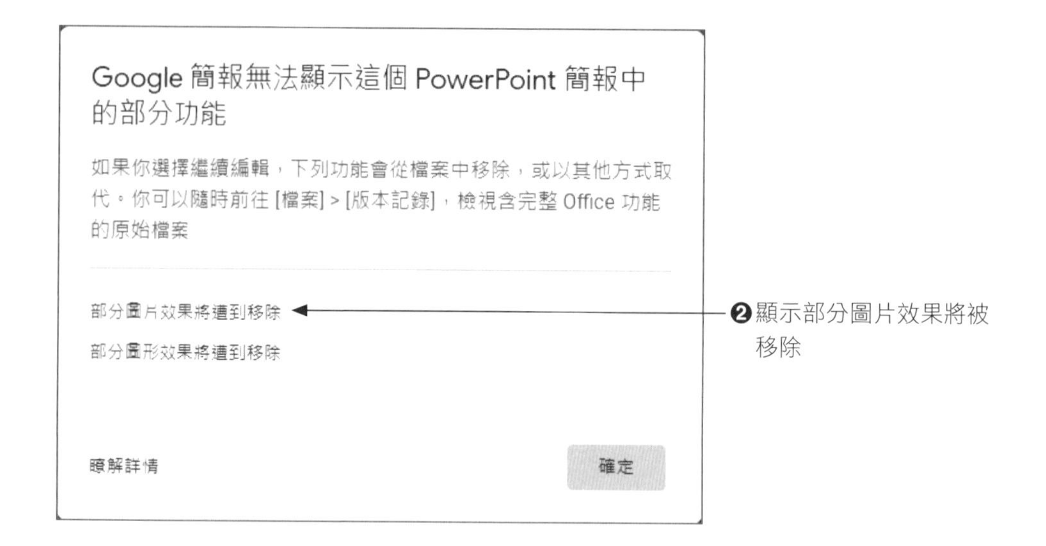

10-1-4 語音輸入演講備忘稿

在「Google 簡報」中如果需要加入備忘稿的資料，可以選用語音輸入的方式，這樣就不用一個字一個字慢慢輸入，節省許多時間。使用前請先將麥克風插至電腦上，接著點選簡報下方的「演講者備忘稿」窗格，即可選用「工具／使用語音輸入演講者備忘稿」指令。

10-2 簡報教學技巧

利用 Google 簡報，老師可以將製作好的簡報內容放映出來，這樣上課時就不用辛苦的寫板書，而且教材規劃完成，只要製作一次就可以給多個班級使用，數位教材對老師來講可說是一舉數得，越教就越輕鬆。此處我們介紹幾個功能，讓老師可以輕鬆用簡報來進行教學。

10-2-1 從目前投影片開始播放簡報

在開啟簡報檔後，按下右上角的 ⊡ 鈕，會從目前的投影片開始播放。

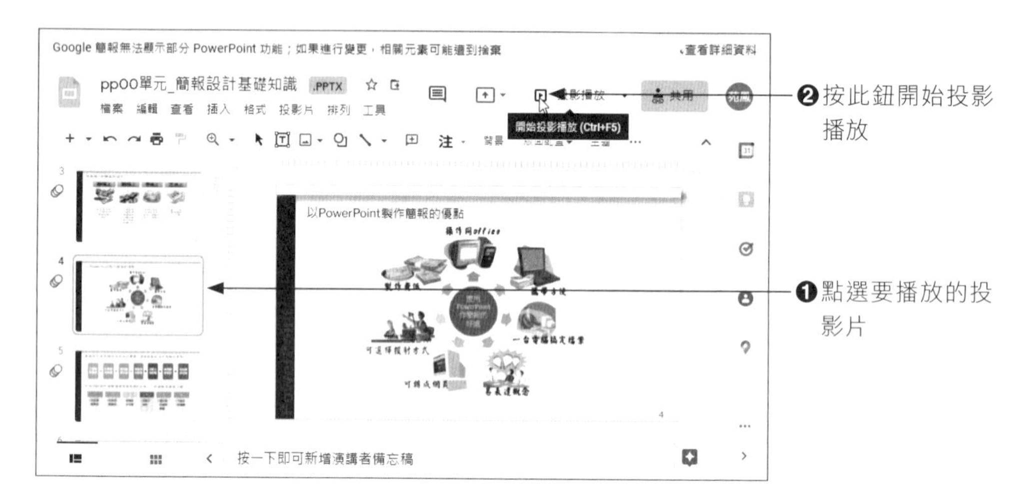

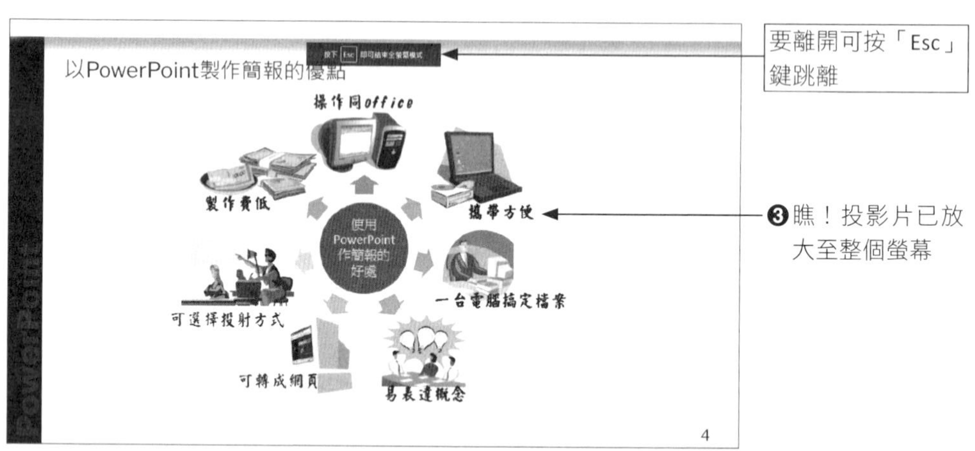

10-2-2 從頭開始進行簡報

想要從頭開始進行簡報的播放，可由「投影播放」後方按下拉鈕，再下拉選擇「從頭開始」指令。

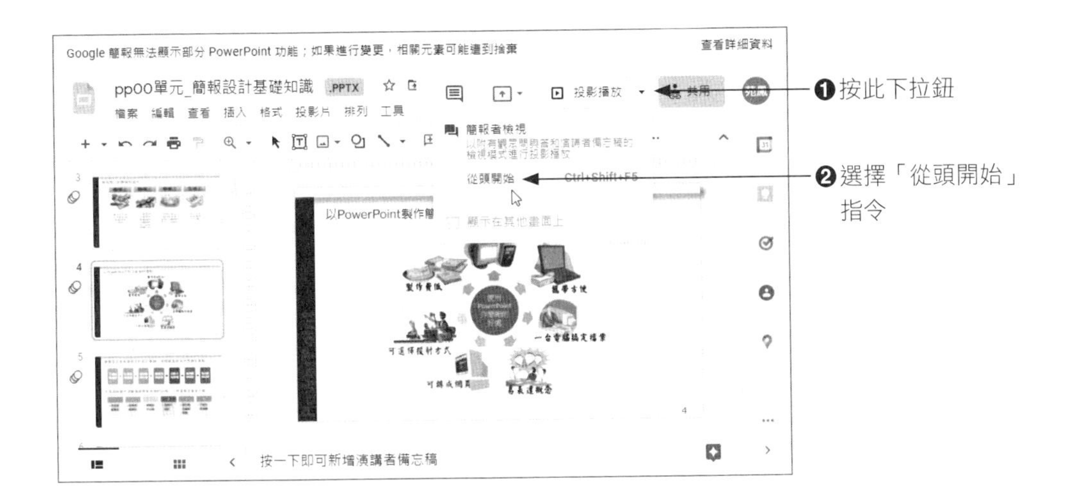

10-2-3 在會議中分享簡報畫面

在會議進行時，老師除了從 Google Meet 中選擇以「分頁」方式分享螢幕畫面外，也可以在會議進行中從 Google「簡報」右上方按下 ⬆ ▾ 鈕來分享畫面。

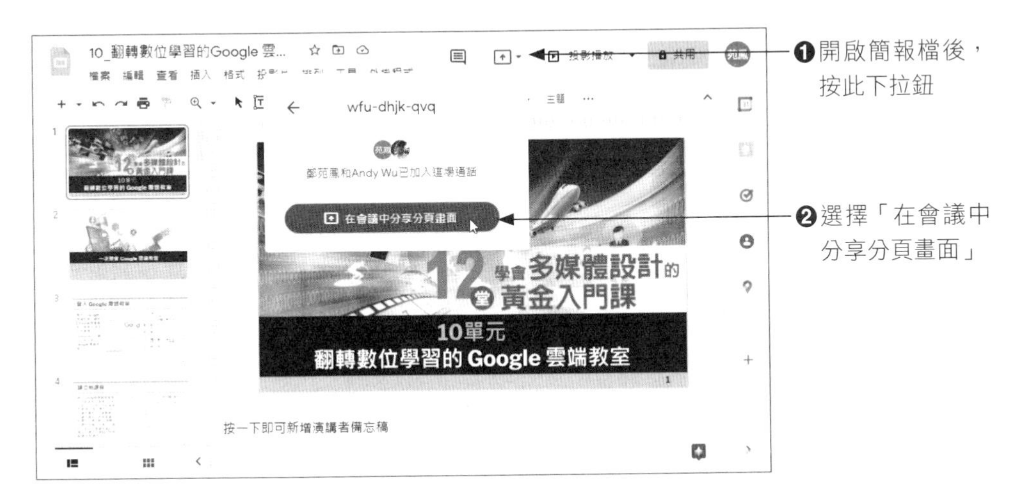

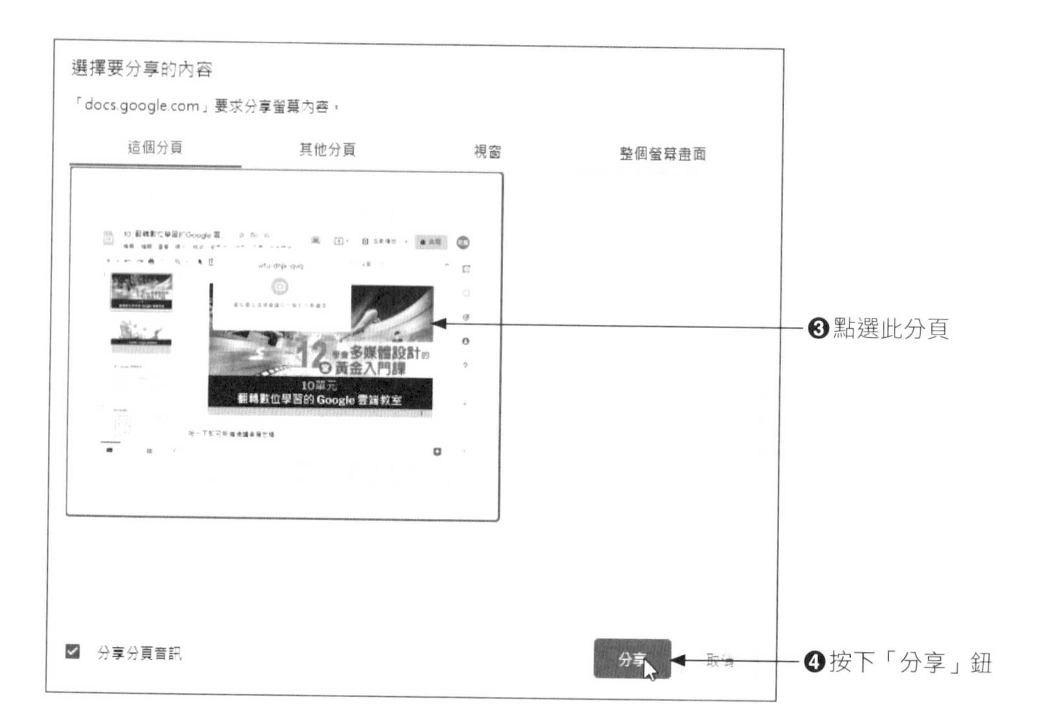

按下「分享」鈕後，你和學生的 Google Meet 就會看到分享的畫面，這時候在 Google 簡報上按下「投影播放」鈕並下拉選擇「從頭開始」鈕，就可以進行簡報的教學。

10-2-4 會議中停止簡報共用

進行簡報教學時，老師只要專注在簡報畫面進行講解即可，你也可以將兩個分頁並列，從 Google Meet 視窗查看分享頁面的效果，也可以查看學生狀況與學生進行即時通訊。等完成簡報教學時，在 Google Meet 或 Google 簡報上方都可以按下「停止共用」鈕停止簡報的分享。

10-2-5 開啟雷射筆進行講解

進行簡報教學時，如果想針對重點處進行說明，可在左下角按下「開啟選項選單」⋮ 鈕，再選擇「開啟雷射筆」指令，這樣再移動滑鼠就會看到火紅的線條跟著移動。如果覺得這樣切換很麻煩，可快按「L」鍵來開啟或隱藏雷射筆的功能。如下圖所示：

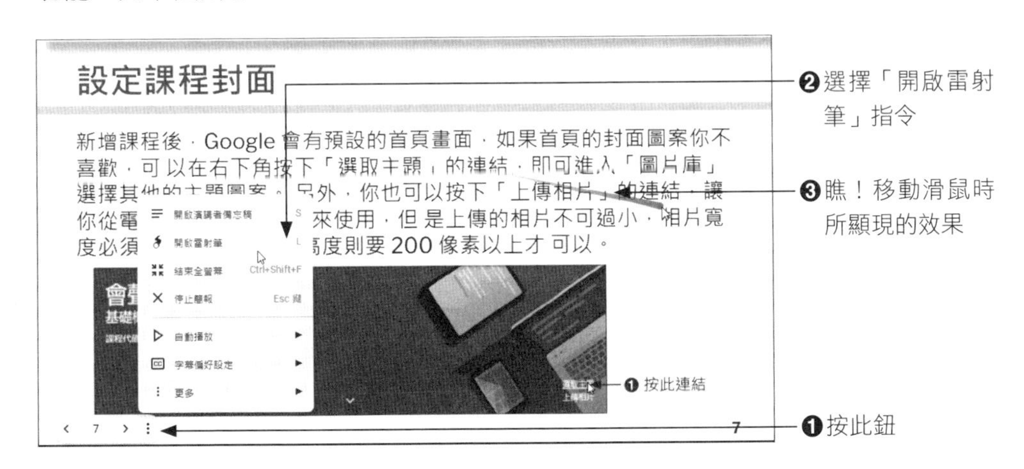

10-2-6 以「簡報者檢視」模式進行教學

在進行簡報播放時，各位還可以選擇以「簡報者檢視」的模式來進行教學，這種方式會在老師的電腦上顯示演講者備忘稿，方便老師知道此投影片要介紹的內容，同時可看到前／後張投影片的縮圖。

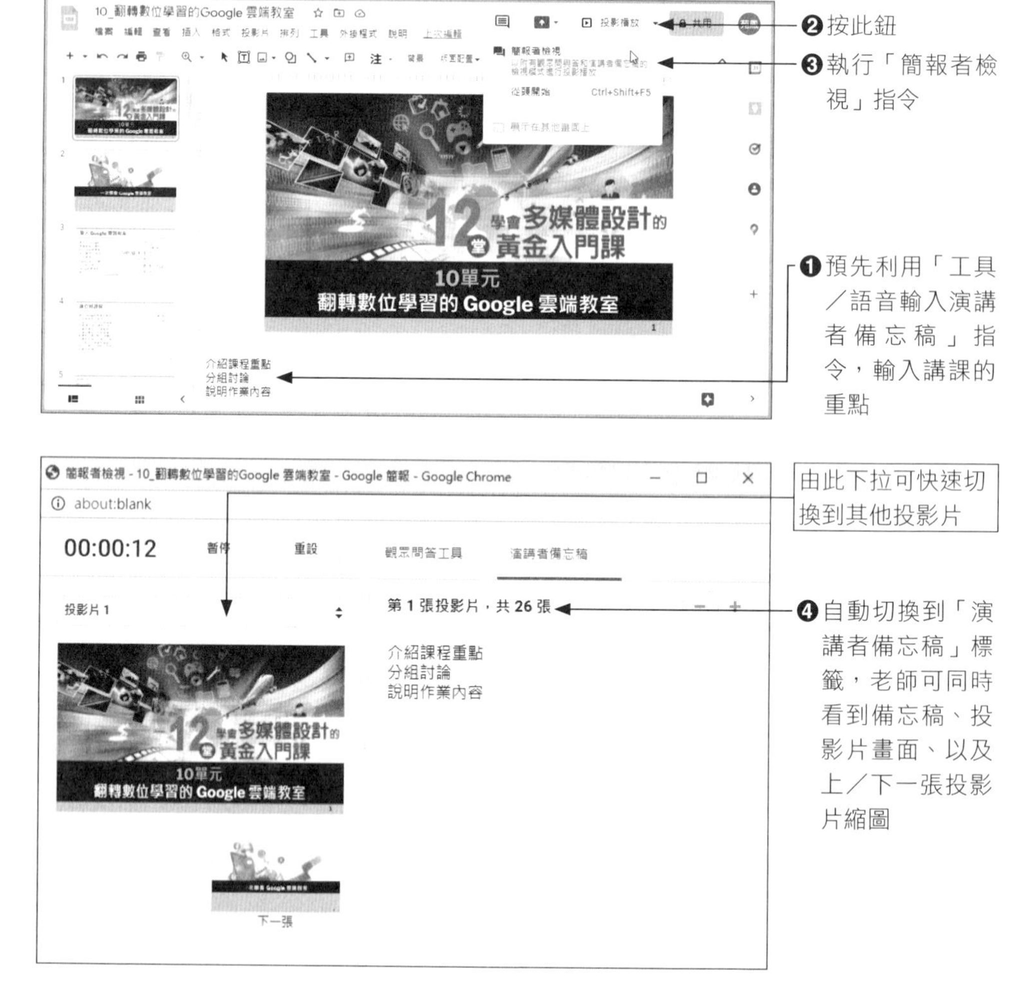

至於在學生端的螢幕畫面只會看到該張投影片的內容，並不會顯示備忘稿的文字喔！

學生端所看到的簡報畫面

10-2-7 自動循環播放簡報

對於簡報內容講解完成後，老師也可以利用「自動循環播放簡報」的功能，來讓學生進行複習，對於語言教學或是跟記憶有關的課程，可以利用此功能來加強學生的印象。

請在簡報播放時，由左下角按下「開啟選項選單」⋮ 鈕，再選擇「自動播放」指令，接著在副選項中選定時間長度，勾選底端的「循環播放」，再選擇「播放」指令，這樣就可以開始自動播放簡報，如果要跳離自動播放，可按下「Esc」鍵。

10-2-8 下載簡報內容給學生

製作的教學簡報如果有少部分內容需要給學生作參考，老師可以指定投影片的位置，利用「檔案／下載」指令，再選擇 JPEG 圖片或 PNG 圖片的格式先下載圖片，屆時再傳檔案給學生即可。

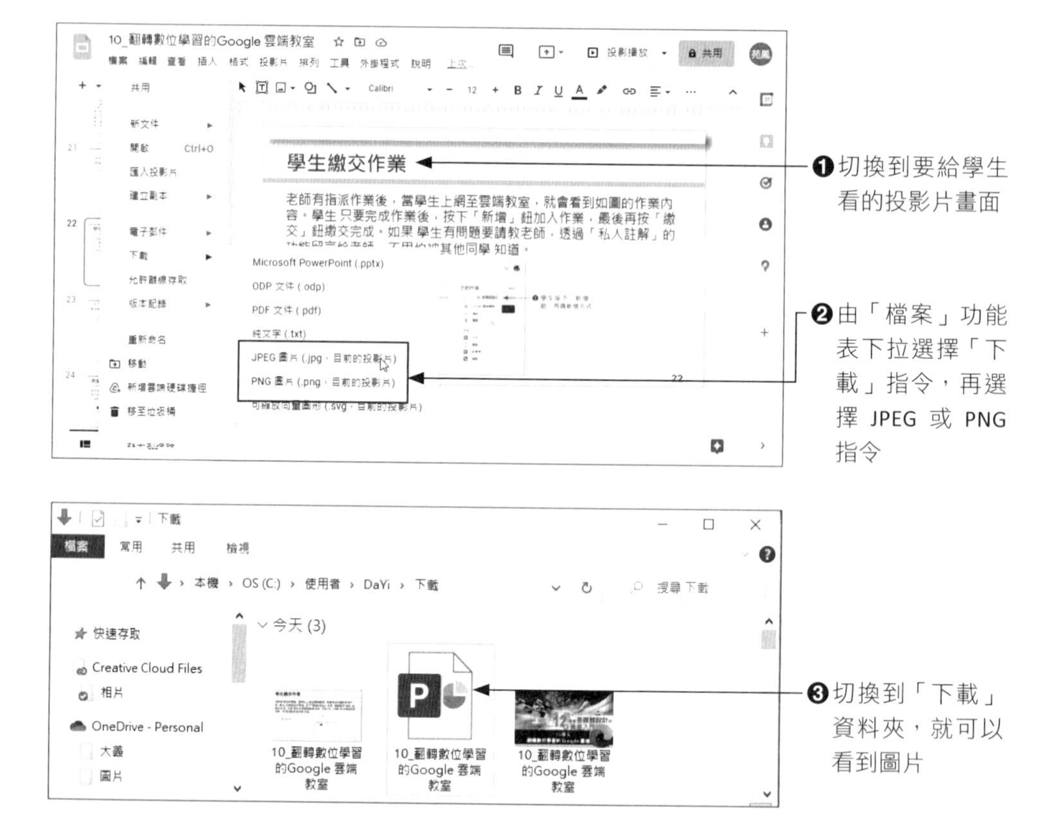

如果整個簡報內容都要給學生複習，也可以選擇「檔案／下載／ PDF 文件」指令或「檔案／下載／ Microsoft PowerPoint」指令先將檔案下載下來。選擇 PDF 文件格式，則任何平台都可以看到與老師完全相同的內容，不會因為電腦中沒有該字體而顯示錯誤，對於老師的教材也有保護的作用，避免他人將教材挪作他用。

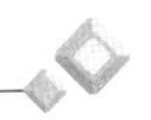

10-2-9 為簡報建立副本

除了利用「檔案／下載」功能，將目前投影片或整個簡報內容給學生學習外，如果只有特定的章節內容要給學生學習，也可以選擇「建立副本／選取的投影片」指令來建立副本。

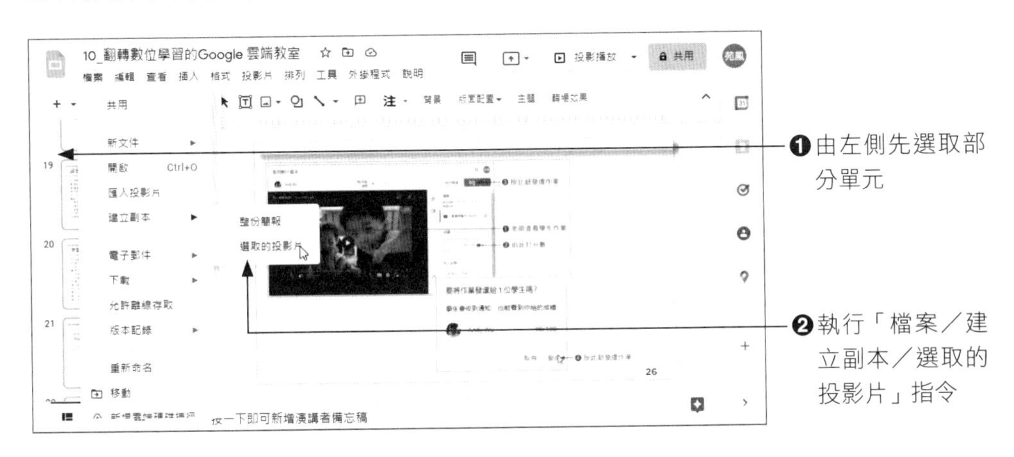

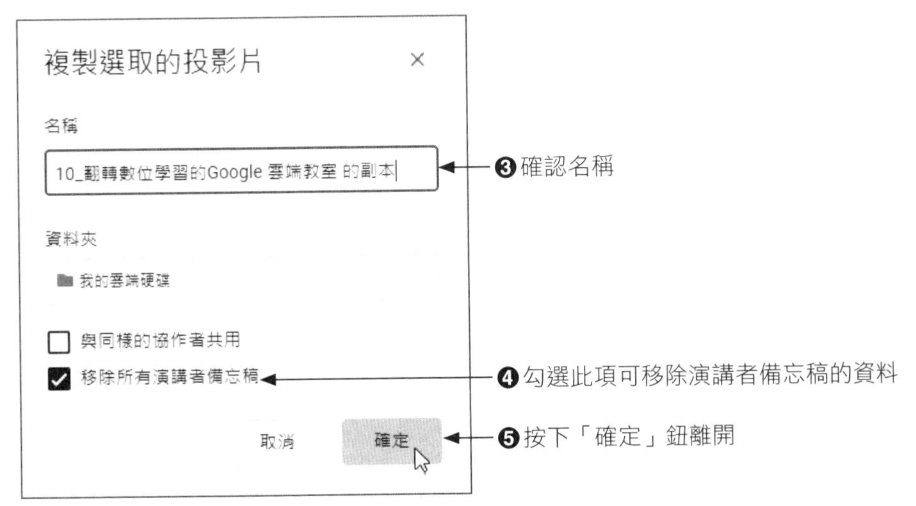

10-2-10 共用簡報

簡報要與他人共用，可以按下右上角的 共用 鈕，你可以直接輸入共用者的電子郵件，另外也可以複製連結的網址，再將連結網址貼給你的學生即可。在複製連結時，最好設定「知道連結的使用者」都為「檢視者」，如此一來才不會每每收到他人要求許可的通知喔！

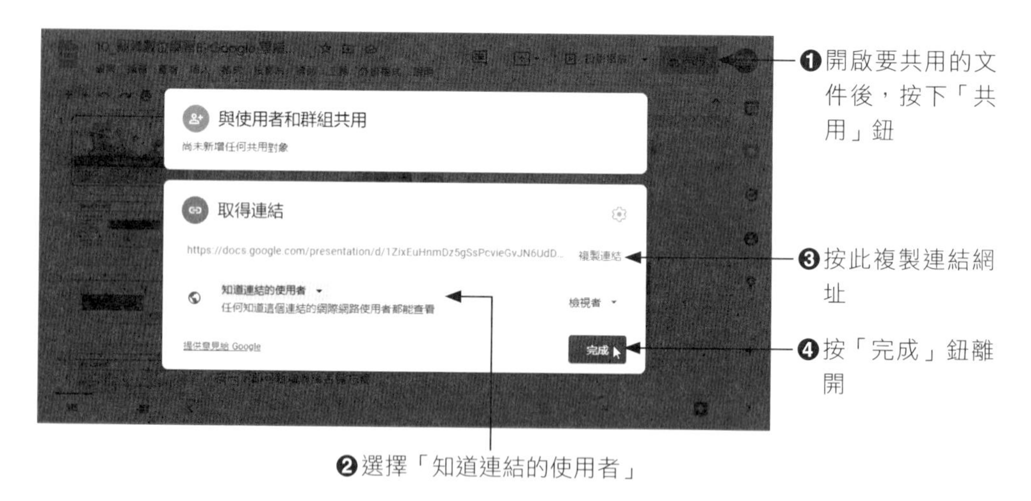

將此連結網址貼到 Google Meet 的「即時通訊」之中，或是班級的 LINE 群組當中，這樣就他人就可以與你共用這個簡報檔。

有關簡報的教與學就介紹到這裡，下一章的內容將介紹 Google 簡報中常用的功能，讓老師製作簡報無負擔。

11 CHAPTER 主題式簡報輕鬆做

在這個章節中，我們將針對 Google 簡報常用的製作技巧做說明，讓各位可以快速套用主題範本、插入圖文、匯入 PowerPoint 投影片、設定轉場切換、加入物件動畫效果、插入影片等功能，讓各位在製作課程內容時得心應手。

11-1 動手做 Google 簡報

首先我們針對主題範本的使用與版面配置作介紹，讓各位輕鬆擁有美美的視覺效果與版面配置。

11-1-1 快速套用／變更主題範本

各位在新增空白簡報後，可以根據此次的簡報主題來選擇適合的主題背景。請由右側的「主題」窗格選擇要套用的範本，即可看到效果。你也可以上傳喜歡的範本主題，按下「匯入主題」鈕可由「上傳」標籤將檔案匯入。

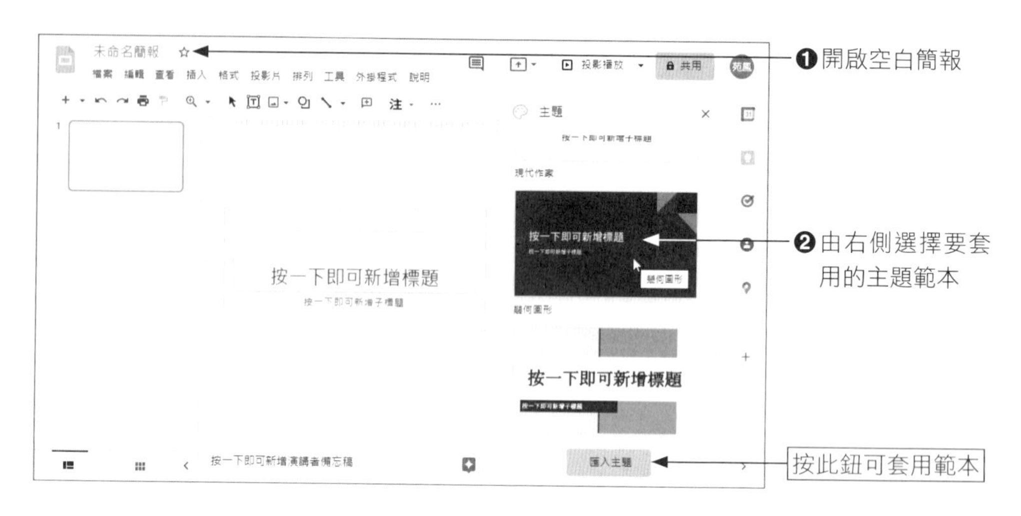

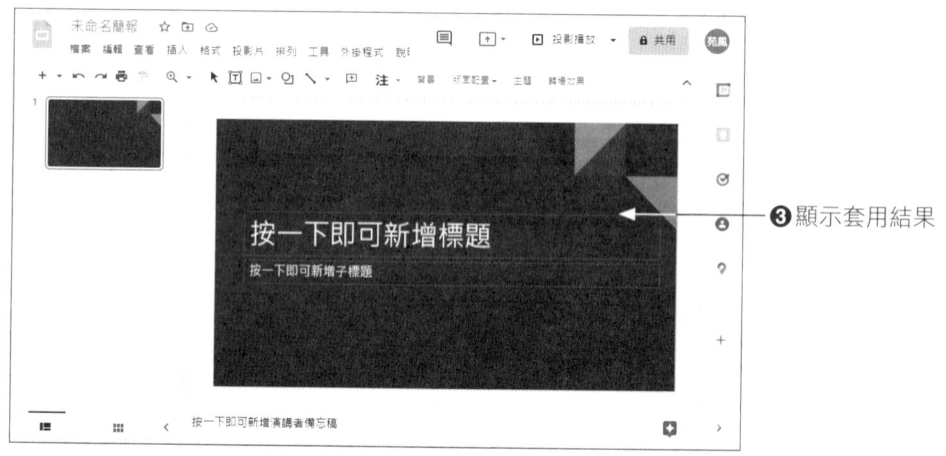

在套用主題範本後，如果右側的「主題」窗格已被關閉，想要重新選擇新的主題範本，可執行「投影片／變更主題」指令，就可以再次顯現「主題」窗格來進行重選。

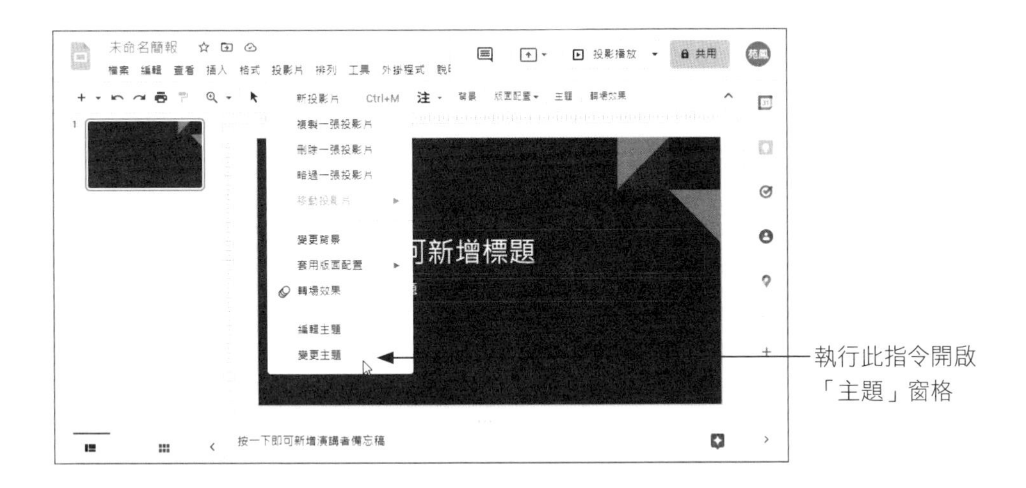

11-1-2 新增／變更投影片版面配置

選定主題範本後，可以開始編輯投影片內容。只要在現有的文字框中輸入標題、副標題即可，若要新增投影片與配置，可從左上角的「+」鈕下拉進行新增和選擇所需的版面配置。

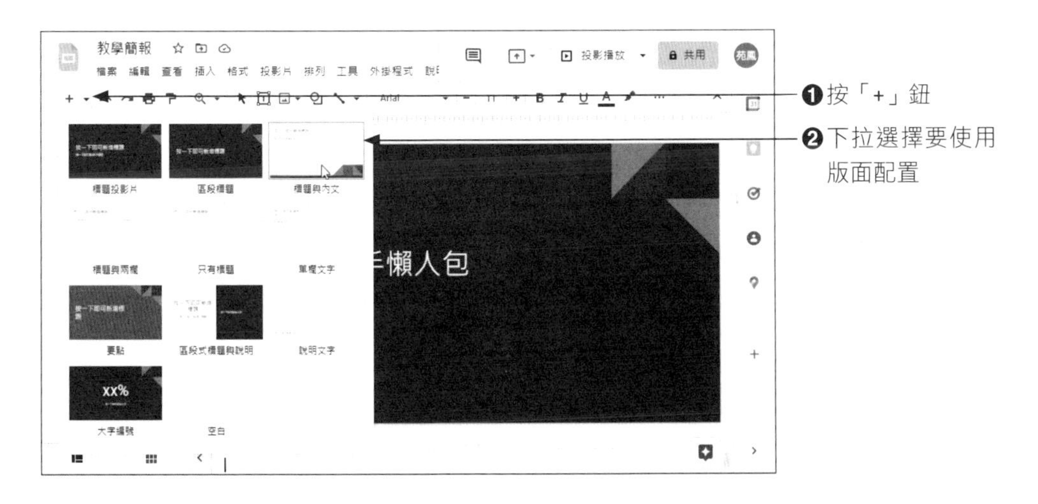

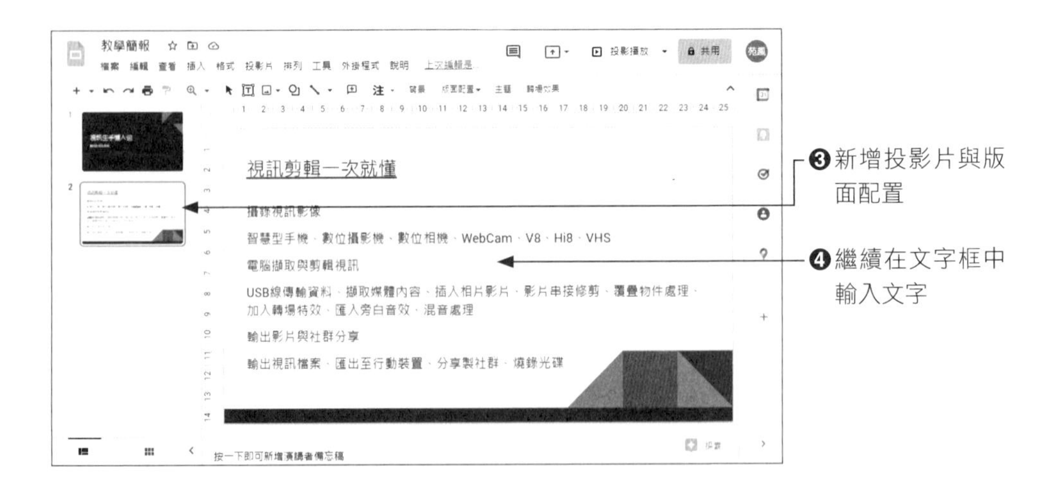

版面配置如果需要進行變更，可以執行「投影片／套用版面配置」指令，再從縮圖中選擇所需的配置。

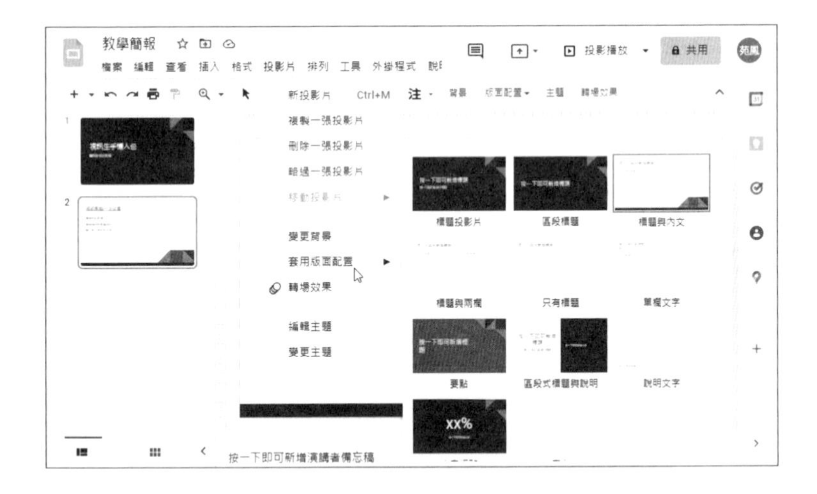

11-1-3 變更文字格式

想要讓教學內容有大小階層的變化，文字有主從關係，或是想設定文字格式，可以從「格式」功能表下拉選擇「文字」、「對齊與縮排」、「行距及段落間距」、「項目符號和編號」等副選項來進行調整。

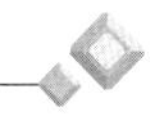

教學簡報
檔案 編輯 查看 插入 格式 投影片 排列 工具 外掛程式 說明
文字
對齊與縮排
行距及段落間距
項目符號和編號

另外，你也可以直接在其工具列上進行選擇，舉凡文字大小、格式、色彩、縮排、行距、對齊等都可以設定。

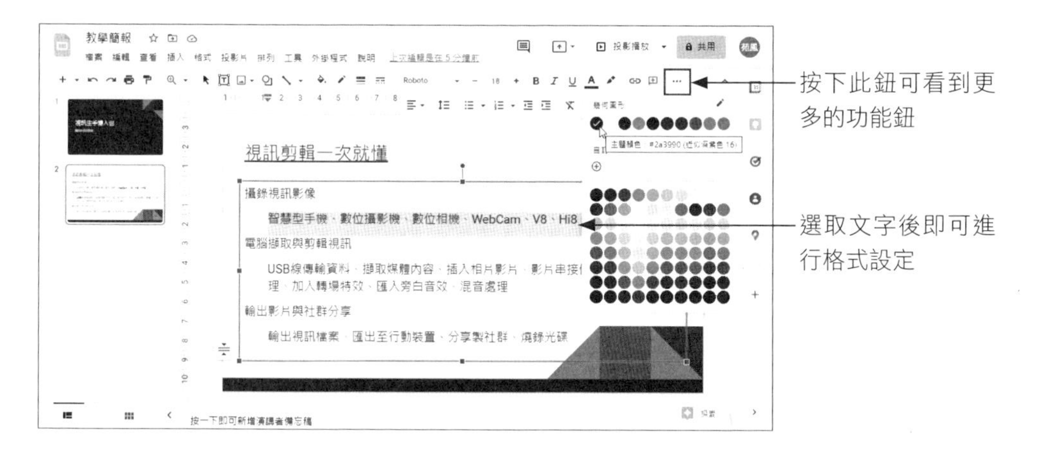

11-1-4 插入各類型物件及文字藝術

在 Google 簡報中，使用者可以插入圖片、表格、影片、文字框、圖表…等各類型的物件來增加簡報的豐富性。要插入各類型的物件，只要由「插入」功能表中選擇要插入的項目即可辦到。

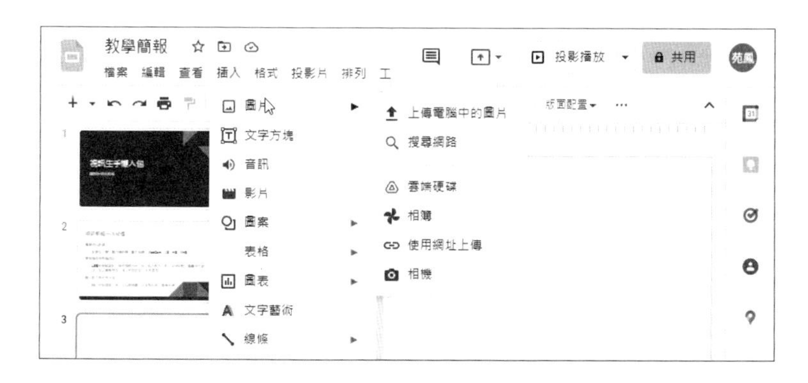

簡報中要插入圖片，可選擇上傳電腦中的圖片、搜尋網路、雲端硬碟、相簿、相機，或是使用網址上傳。這些插入方式和 Google 文件插入的圖片素材的方式相同，各位可參閱 9-1 節的說明；表格的插入可參閱 9-2 的說明。

另外，簡報中也可以插入具有特色的藝術文字來當作標題，執行「插入／文字藝術」指令，即可在輸入框中輸入文字，而透過工具列可設定文字的色彩、框線、字型…等格式。插入文字藝術的方式如下：

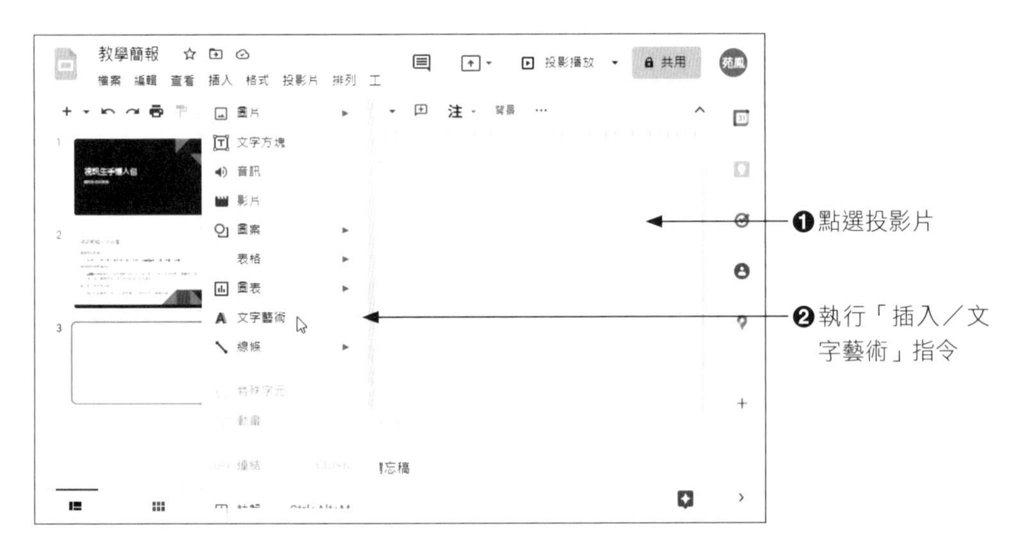

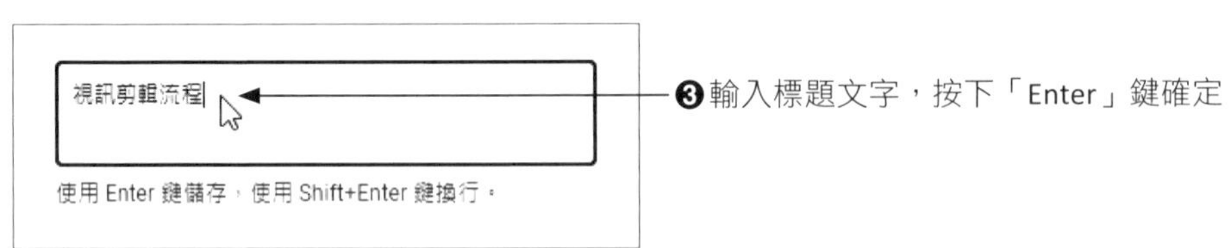

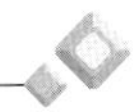

11-1-5 匯入 PowerPoint 投影片

從無到有製作簡報是比較花費時間的，如果你已經有現成的 PowerPoint 簡報，可以考慮直接將簡報匯入至 Google 簡報中使用。執行「檔案／匯入投影片」指令，即可選擇要上傳的投影片。

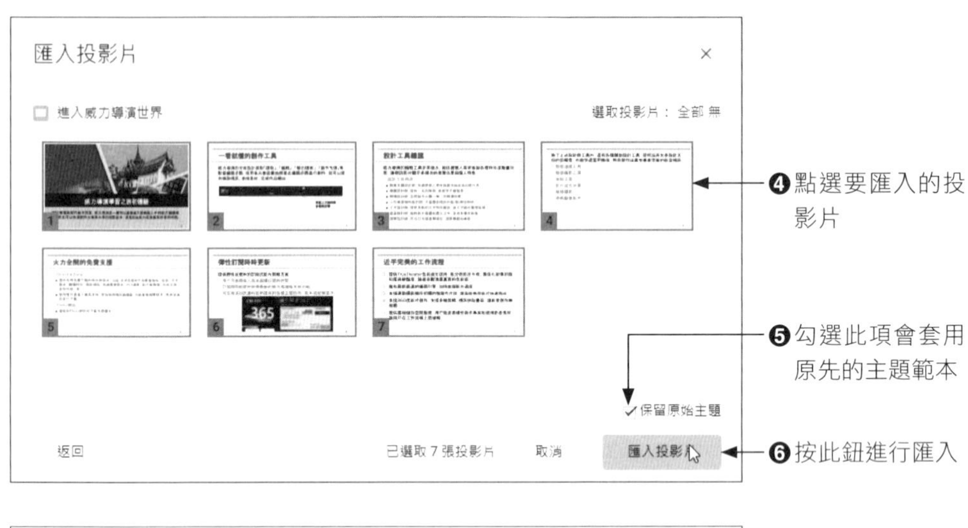

11-2 設定多媒體動態簡報

簡報內容製作完成後，如果播放過程中能夠加入一些動態的效果，這樣可以吸引學生的注意力，所以這裡也會一併作說明。

11-2-1 設定轉場切換

要讓投影片和投影片之間進行切換時，可以顯現動態的轉場效果，可以由「查看」功能表中選擇「動畫」指令，它就會在右側顯示「轉場效果」的窗格。只要點選投影片，再下拉設定轉場效果類型，按下「播放」鈕即可看到變化。

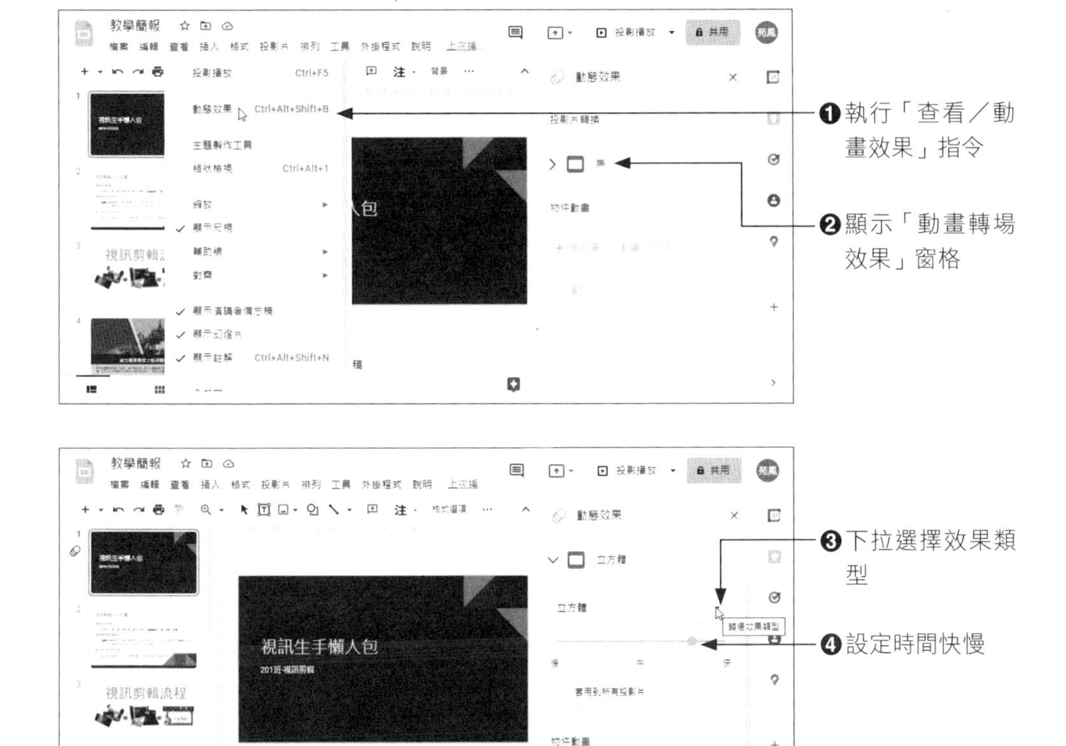

按「播放」鈕觀看效果後，必須按「停止」鈕才能停止預覽。另外，相同的轉場效果如果要套用到整個簡報中，可直接按下「套用到所有投影片」鈕。

11-2-2 加入物件動畫效果

除了投影片與投影片之間的換片效果外，你也可以針對個別的物件，諸如：標題、內文、圖片、表格…等物件進行動畫效果的設定。只要先選定好要進行設定的物件，再從右側窗格中按下「新增動畫」鈕即可進行設定。

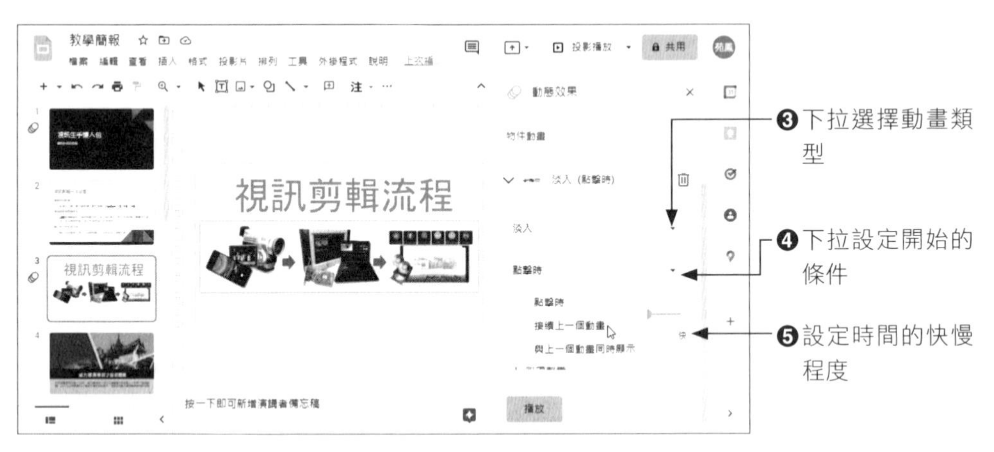

特別注意的是，「開始條件」的選項包含如下三種，這裡簡要說明：

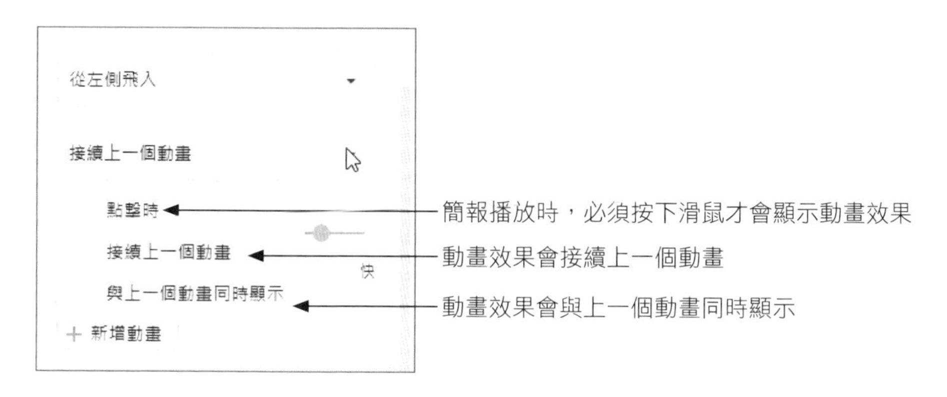

11-2-3 調整動畫先後順序

物件加入動畫效果後，如果需要調整它們的出現的先後順序，只要按住動畫項目然後上下拖曳，就可以變更播放的順序。

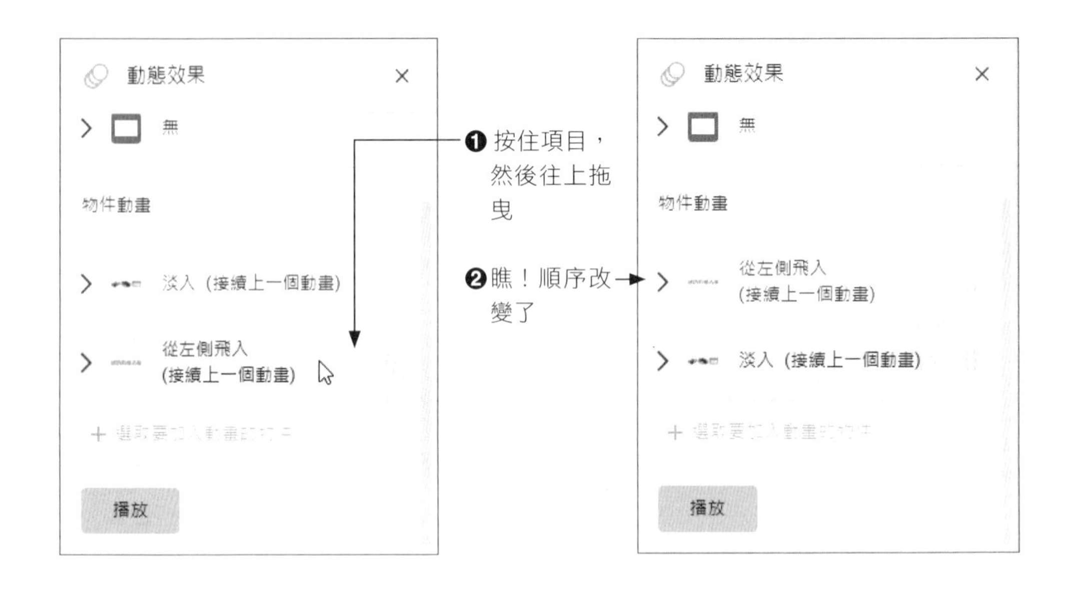

11-2-4 插入與播放影片

進行教學時如果希望有影片輔助說明，可執行「插入／影片」指令來插入 YouTube 影片或是雲端硬碟上的影片。另外，也可直接輸入關鍵字，從 YouTube 網站上搜尋適合的教學影片。

❑ 搜尋 YouTube 影片

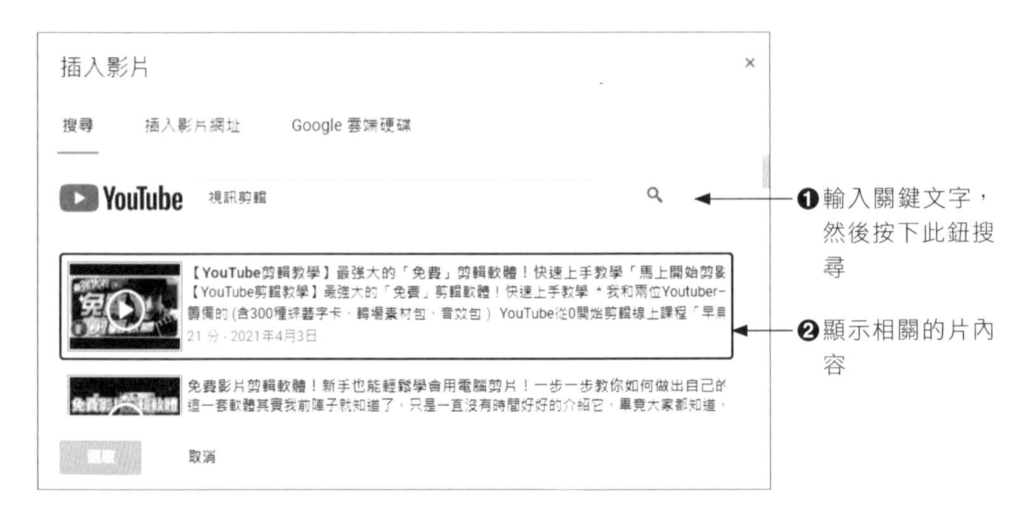

❑ 插入 YouTube 影片網址

❑ 從雲端硬碟插入影片

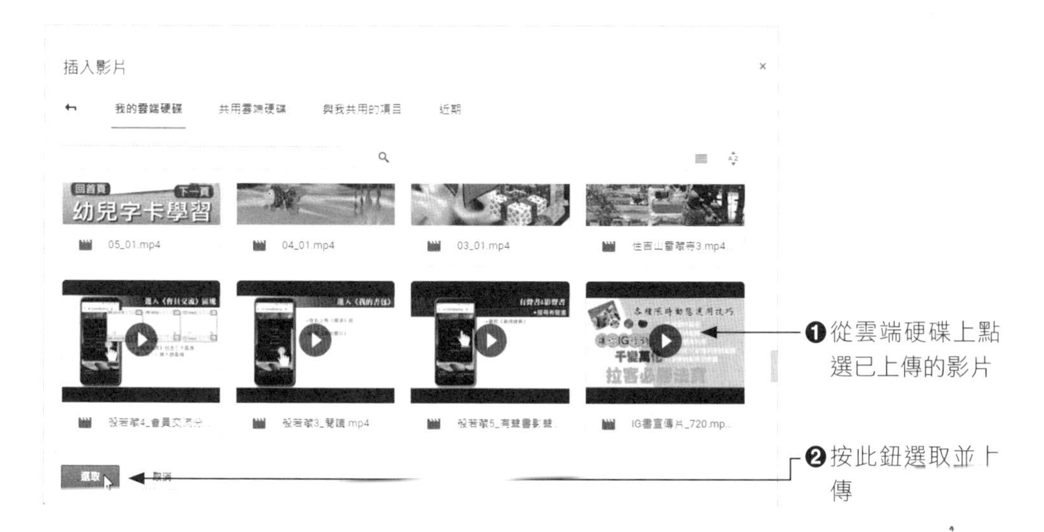

影片插入至投影片後，可從右側的「格式選項」來設定播放的方式，另外還包含大小和旋轉、位置、投影陰影等設定。

影片播放的方式有三種，「播放（點擊）時」和「播放（手動）」是選擇按下影片時再進行播放，「播放（自動）」則是進入該投影片時就會自動播放影片內容。

11-2-5 插入音訊

在上課之前學生都還未到齊時，老師可以在標題投影片上放入美妙的背景音樂，讓學生在上課前有愉悅的心情，進入上課正題後再自動關掉背景音樂，也可以讓整堂課都有好聽的音樂陪伴。要達到這樣的效果，可以先將準備好的音樂上傳到個人的雲端硬碟上，再執行「插入／音訊」指令就可辦到。

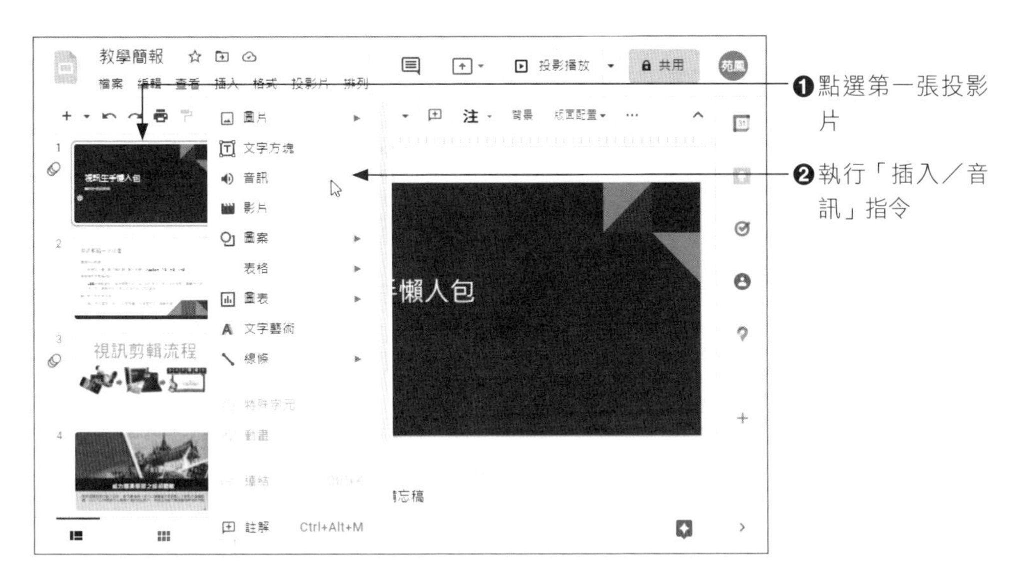
教學簡報
檔案 編輯 查看 插入 格式 投影片 排列
投影播放
共用
圖片
文字方塊
音訊
影片
圖案
表格
圖表
文字藝術
線條
註解 Ctrl+Alt+M
背景
版面配置
視訊剪輯流程
❶點選第一張投影片
❷執行「插入／音訊」指令

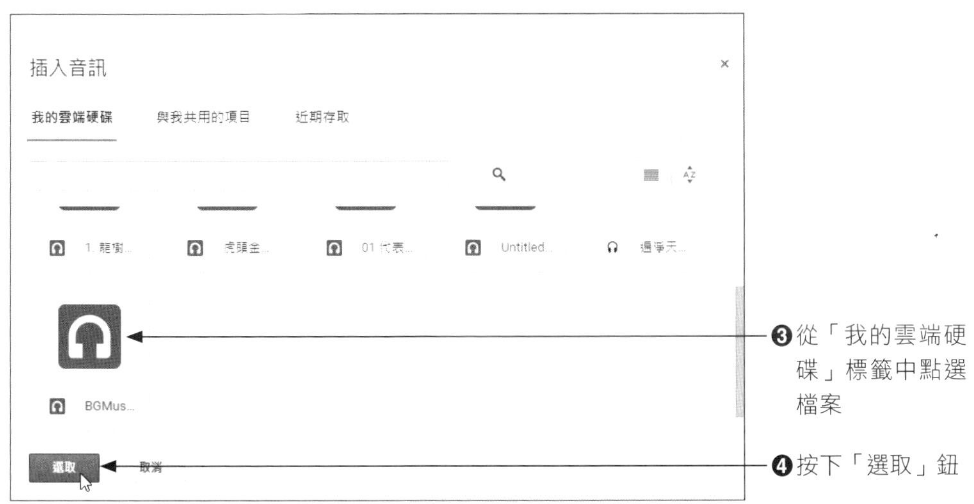
插入音訊
我的雲端硬碟
與我共用的項目
近期存取
Untitled...
BGMus...
選取
取消
❸從「我的雲端硬碟」標籤中點選檔案
❹按下「選取」鈕

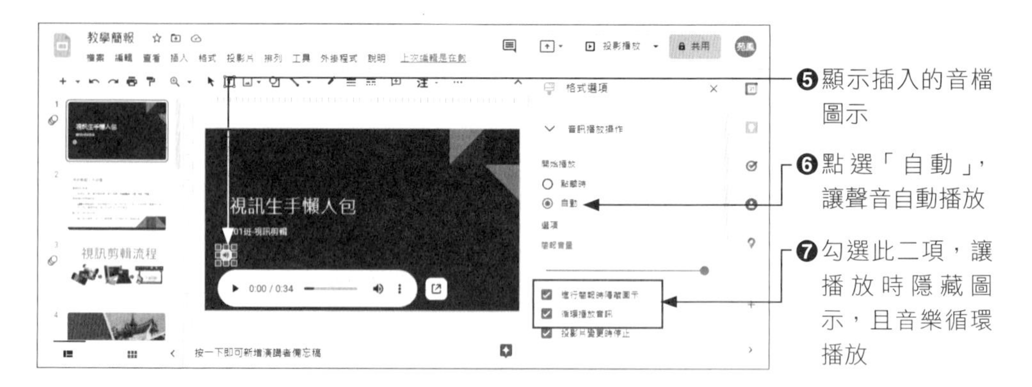

設定完成後，播放簡報時就會自動循環播放背景音樂，直到老師切換到下一張投影片音樂才會停止。如果老師希望整個簡報都要有背景音樂陪襯，只要取消「投影片變更時停止」的選項即可。

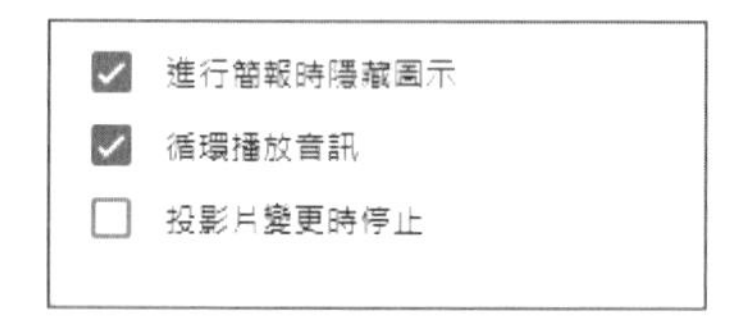

Google 試算表應用

第 5 篇

前　言

「試算表」是一種表格化的計算軟體，能夠以行和列的格式儲存大量資料，幫助使用者進行繁雜的資料計算和統計分析，以製作各種複雜的電子試算表文件。而 Google 試算表是一套免費的雲端運算軟體，使用者可透過瀏覽器檢視、編輯或共同處理試算表資料，而且所有運算及檔案儲存都在雲端的電腦完成。老師使用 Google 的應用程式來進行教學，當然免不了使用 Google 試算表來計算學生成績，因此這一篇將針對試算表的功能來加以說明。

學習大綱

12

CHAPTER

試算表資料的輸入與編輯

利用 Google 建立試算表，不僅可以提供個人進行試算表的應用與編輯，還可以透過「共用」功能提供給他人，只要移動到想要建立連結的工作表，複製網址欄中的網址，然後將連結傳送給具存取權的給檢視者或編輯者即可。此處我們將針對 Google 試算表做說明，讓各位也能輕鬆使用它。

12-1 Google 試算表的基礎

首先針對試算表的建立與基礎編輯做說明，讓各位能夠編修試算表的資料。

12-1-1 建立 Google 試算表

要使用 Google 試算表，請連上 Google 首頁，點選「Google 應用程式」鈕，再從清單中點選「試算表」即可。

接著點選右下角「+」鈕，即可顯示空白的試算表格，並以「未命名的試算表」為預設檔案。

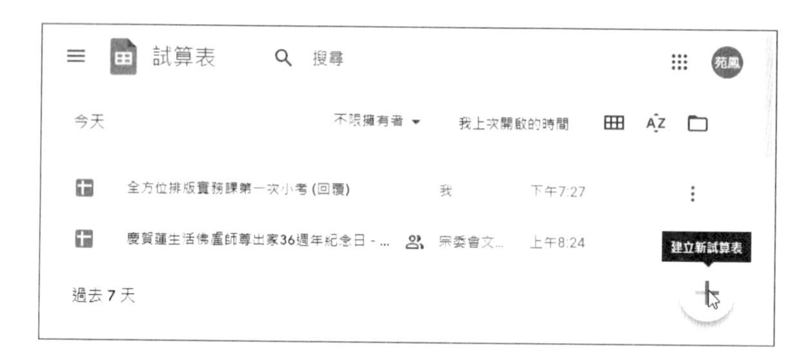

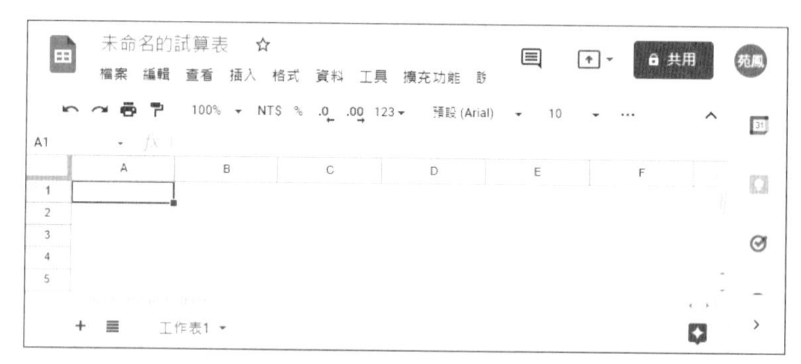

如果想再建立另外一個試算表時，則請執行「檔案／新文件／試算表」指令：

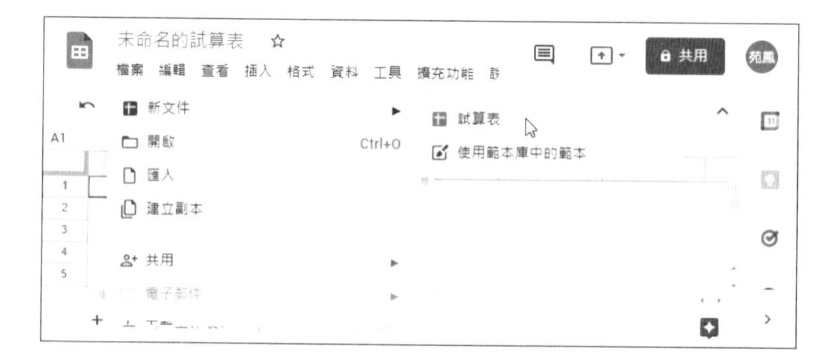

12-1-2 工作環境簡介

當我們建立一份新的 Google 試算表，會自動開啟一個新檔案，稱為「未命名的試算表」，並預設一張名為「工作表 1」的工作表。每張工作表都有一個工作表標籤，位於視窗下方，可用滑鼠點選來進行切換，每張工作表皆是由「直欄」與「橫列」交錯所產生密密麻麻的「儲存格」組成。其工作環境如下圖所示：

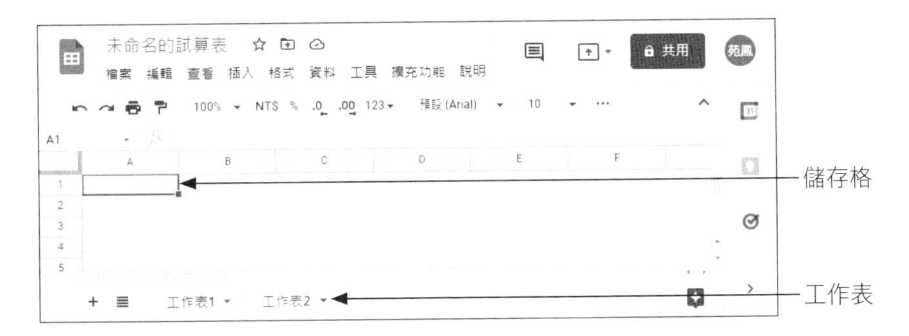

❑ 工作表

工作表是我們操作試算表軟體的工作底稿。工作表標籤位於活頁簿底端，可以滑鼠點選來切換不同的工作表。當我們以滑鼠點選某一個工作表標籤，就會成為「作用工作表」。

❑ 儲存格

最基本的工作對象，在輸入或執行運算時，每個「儲存格」都可視為一個獨立單位。「欄名」是依據英文字母順序命名，「列號」則以數字來排列，欄與列的定位點則稱為「儲存格位址」或「儲存格參照」，例如 B3（第三列 B 欄）、E10（第十列 E 欄）等。

每一個儲存格中的資料，Google 試算表都會賦予一種「資料格式」，不同的「資料格式」在儲存格上會有不同的呈現方式。如果未特別指定，Google 試算表會自行判斷資料內容而給予應有的呈現方式。例如「文字」資料型態，通常以滑鼠選取儲存格，然後輸入中／英文內容即可，其預設為靠左對齊。如果是「數值」資料型態，則預設為靠右對齊。如果未特別指定，系統會自行判斷資料內容屬於何種資料格式，而給予應有的呈現方式。

12-1-3 儲存格輸入與編輯

建立新的 Google 試算表後會自動開啟一張無標題的「工作表 1」，各位可在標題欄上輸入文件標題。如果要在儲存格中開始輸入資料，必須先以滑鼠點選儲存格使其成為「作用儲存格」，然後直接使用鍵盤輸入資料即可。

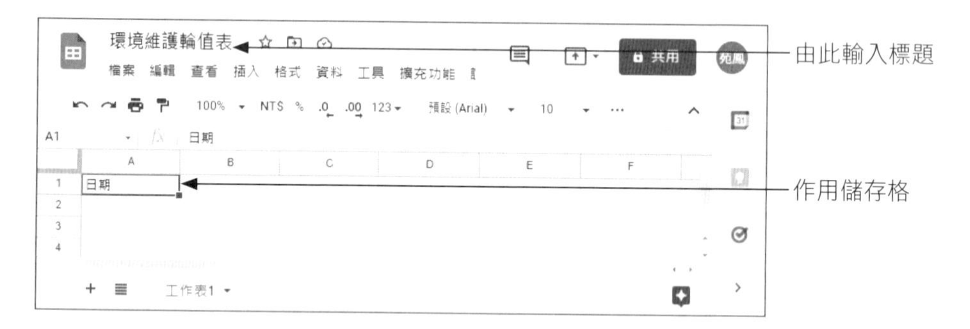

要移動儲存格的位置，可透過「Enter」鍵往下移動一格，「Tab」鍵往右移動一格，或是透過方向鍵來移動到上下左右各一格的位置。

工作表名稱顯示於試算表底端，可以滑鼠點選來切換不同的工作表。當我們以滑鼠點選某一個工作表標籤，就會成為「作用工作表」。如果整個儲存格內容需要修改，只要重新選取要修改的儲存格，直接輸入新資料，按下「Enter」鍵就可以取代原來內容。

12-1-4 插入與刪除

各位可以視自己的需要在插入功能表插入欄或列，例如向左插入 1 欄或向右插入 1 欄：

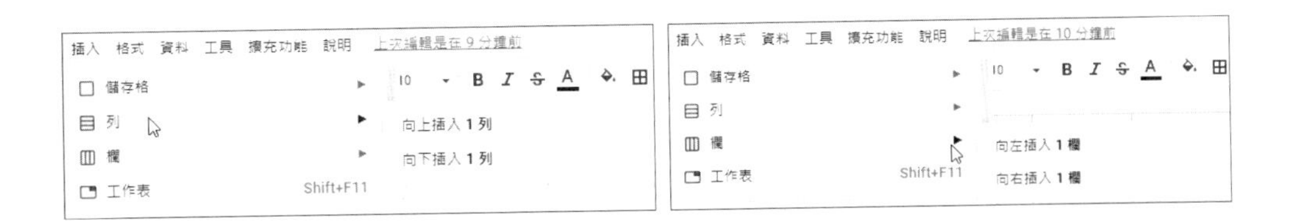

12-1-5 欄寬與列高

要變「欄」或「列」的大小，可以直接在該欄或該列按下滑鼠右鍵，並執行快顯功能中和大小調整相關的指令，就可以修改欄寬或列高。如下所示：

- 點選整列後，按右鍵執行「調整列的大小」

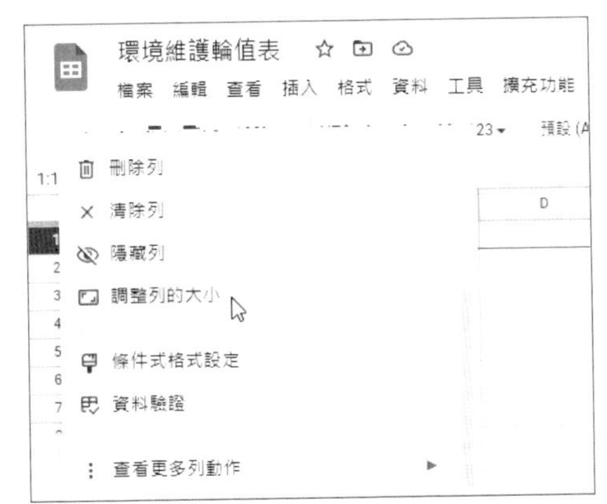

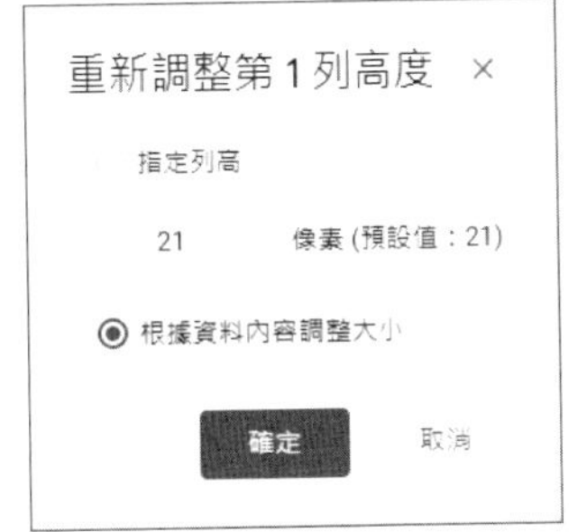

- 點選整欄後，按右鍵執行「調整欄的大小」

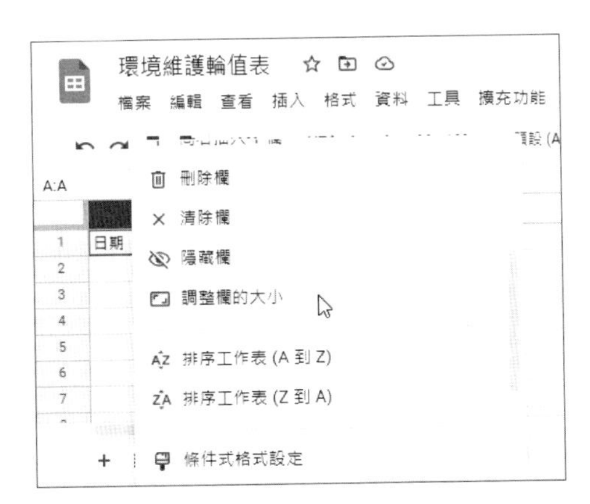

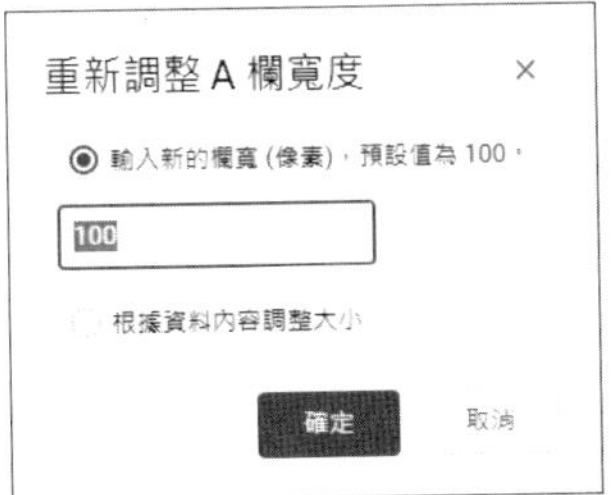

12-1-6 工作表基本操作

當我們以滑鼠點選某一個工作表標籤，它會成為「作用工作表」。使用者可以重新命名工作表達到管理工作表的目的。

❑ 工作表重新命名

變更工作表的方法是選取欲重新命名的工作表標籤，按滑鼠左鍵，執行「重新命名」指令。

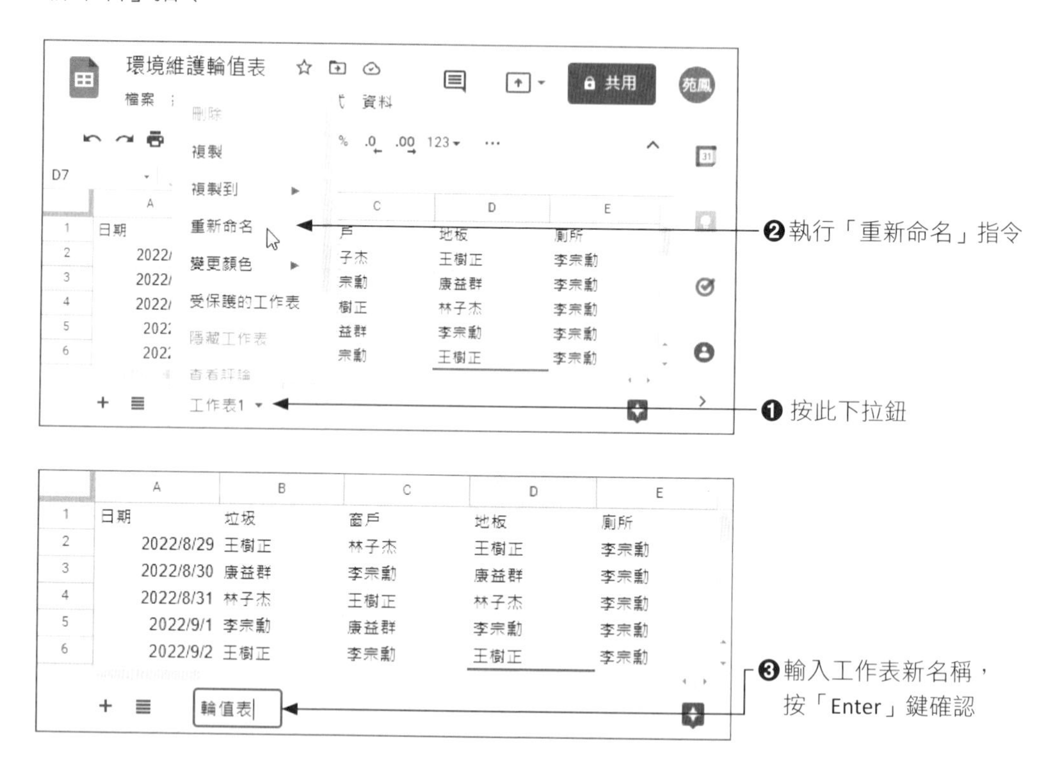

❑ 新增工作表

如果需要新增工作表，最快的方法是在工作表下方按下「+」鈕。

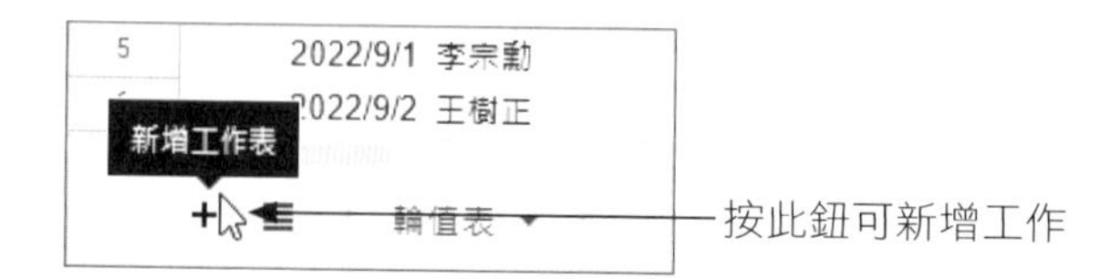

❑ 刪除工作表

如果要刪除工作表，只要在工作表標籤按一下滑鼠左鍵，執行功能表中的「刪除」指令。

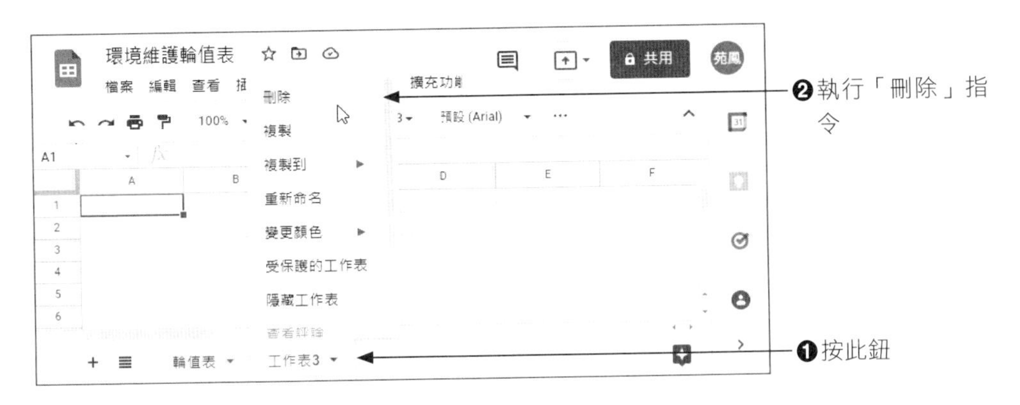

❑ 快速檢視工作表

如果您的一份文件中有許多個工作表，您還可以透過工作表右下方新增加的一個清單來迅速檢視所有的工作表。例如，各位可以試著依上述新增工作表的作法，新增兩張工作表，名稱分別為「研發部」、「業務部」，依下圖所指示的位置，就可以檢視所有工作表。

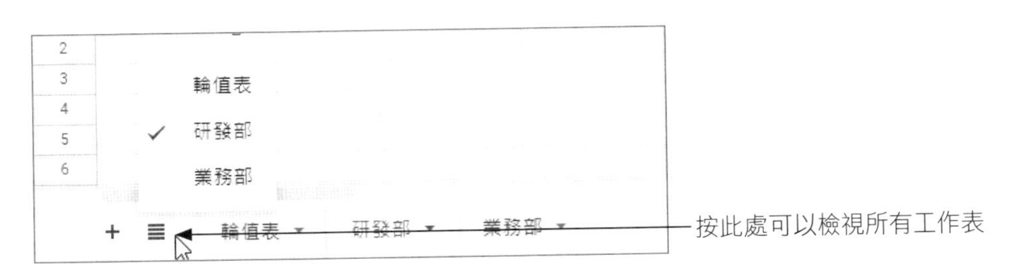

❑ 複製工作表

Google 試算表提供兩種複製工作表的方式，其中「複製」指令可以直接在同一個檔案產生工作表的副本；而「複製到」則可以將工作表複製到指定的試算表檔案。

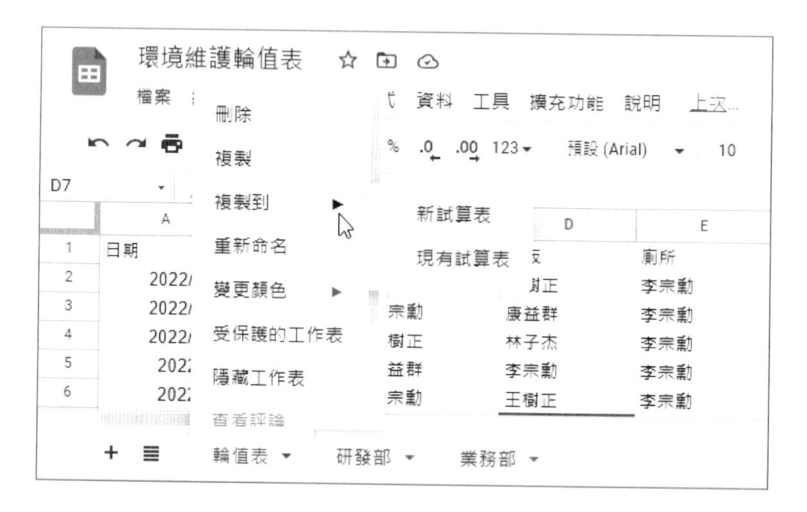

❑ 移動工作表

如果要移動工作表的位置，只要按下工作表標籤，在功能表清單中選擇「向右移」、「向左移」指令，就可以移動工作表位置，如下圖所示：

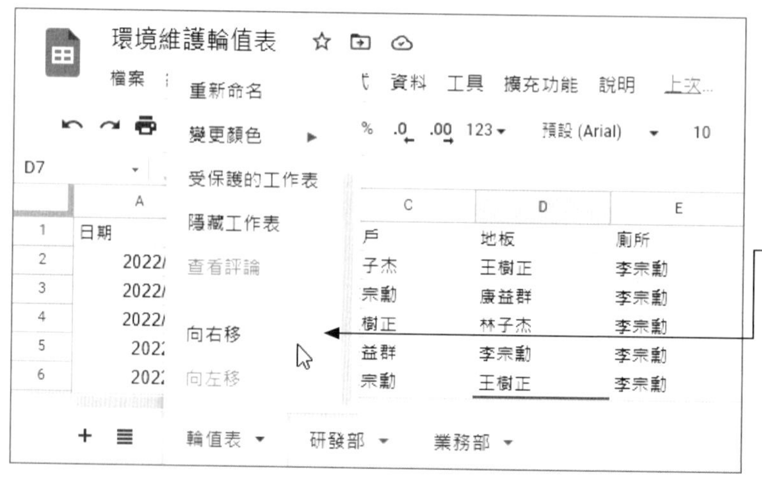

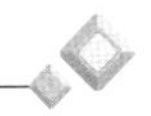

12-2 美化試算表外觀

當你將試算表格的資料輸入完成後，為了讓資料更清楚易識，你可以將表格美化，像是設定文字格式、儲存格色彩、加入表格標題、插入圖片等，都能讓試算表格看起來不單調又美觀。

12-2-1 儲存格格式化

Google 試算表提供了儲存格格式化的功能，不論使用者想要對儲存格進行字體大小、文字格式、文字顏色、儲存格背景色彩、邊框、對齊等，都可以透過「格式工具列」進行設定。

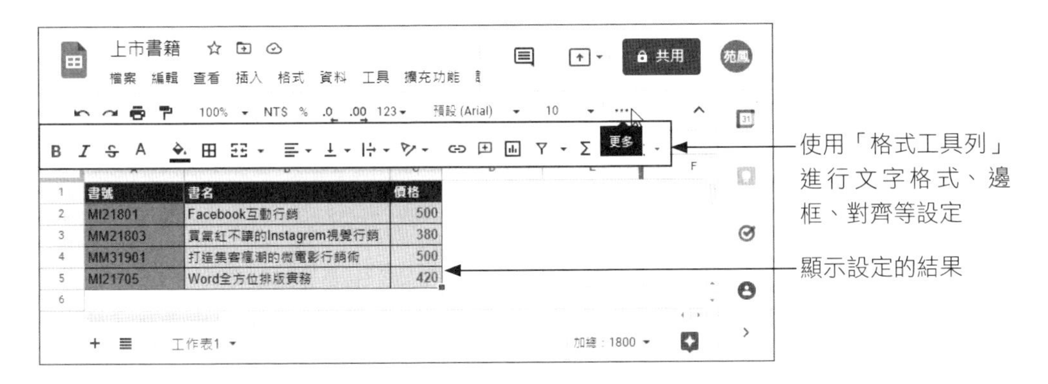

12-2-2 插入標題列

在試算表上方插入標題列可以讓表格內容更清晰。我們可以在第一列上方插入一列，再重新調整列高，列高的調整可以滑鼠拖曳的方式，或是輸入特定的數值。在此示範設定方式，同時學習儲存格的合併和垂直對齊設定。

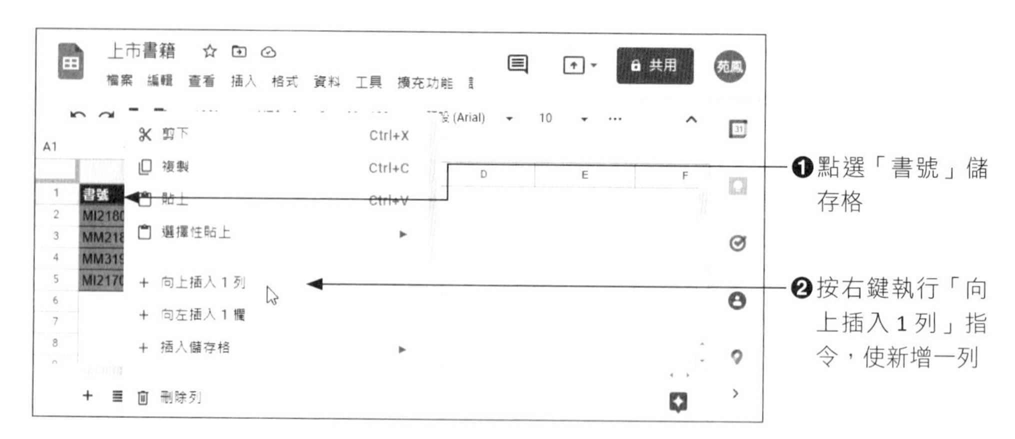
上市書籍
檔案 編輯 查看 插入 格式 資料 工具 擴充功能
共用
剪下 Ctrl+X
複製 Ctrl+C
貼上 Ctrl+V
選擇性貼上
向上插入 1 列
向左插入 1 欄
插入儲存格
刪除列
書號
❶點選「書號」儲存格
❷按右鍵執行「向上插入 1 列」指令，使新增一列

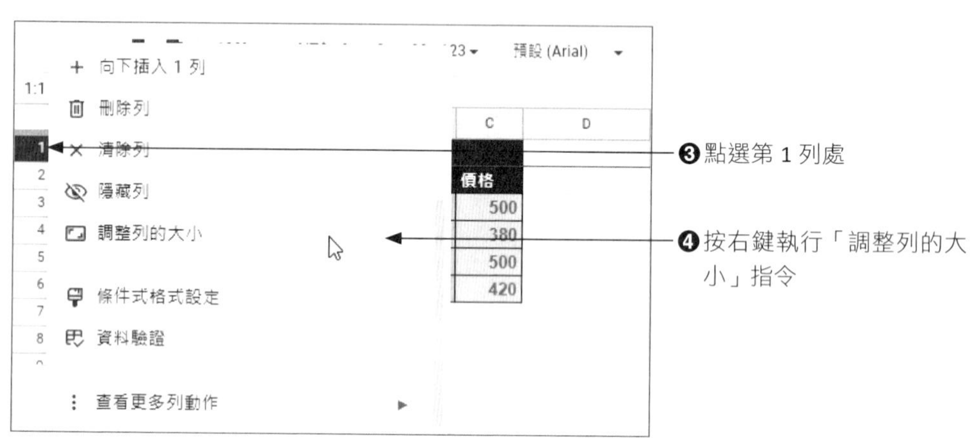
向下插入 1 列
刪除列
清除列
隱藏列
調整列的大小
條件式格式設定
資料驗證
查看更多列動作
價格
500
380
500
420
❸點選第 1 列處
❹按右鍵執行「調整列的大小」指令

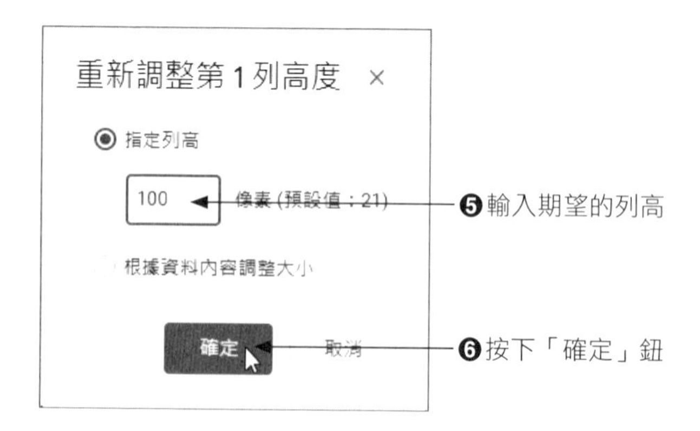
重新調整第 1 列高度
指定列高
100
像素 (預設值：21)
根據資料內容調整大小
確定
取消
❺輸入期望的列高
❻按下「確定」鈕

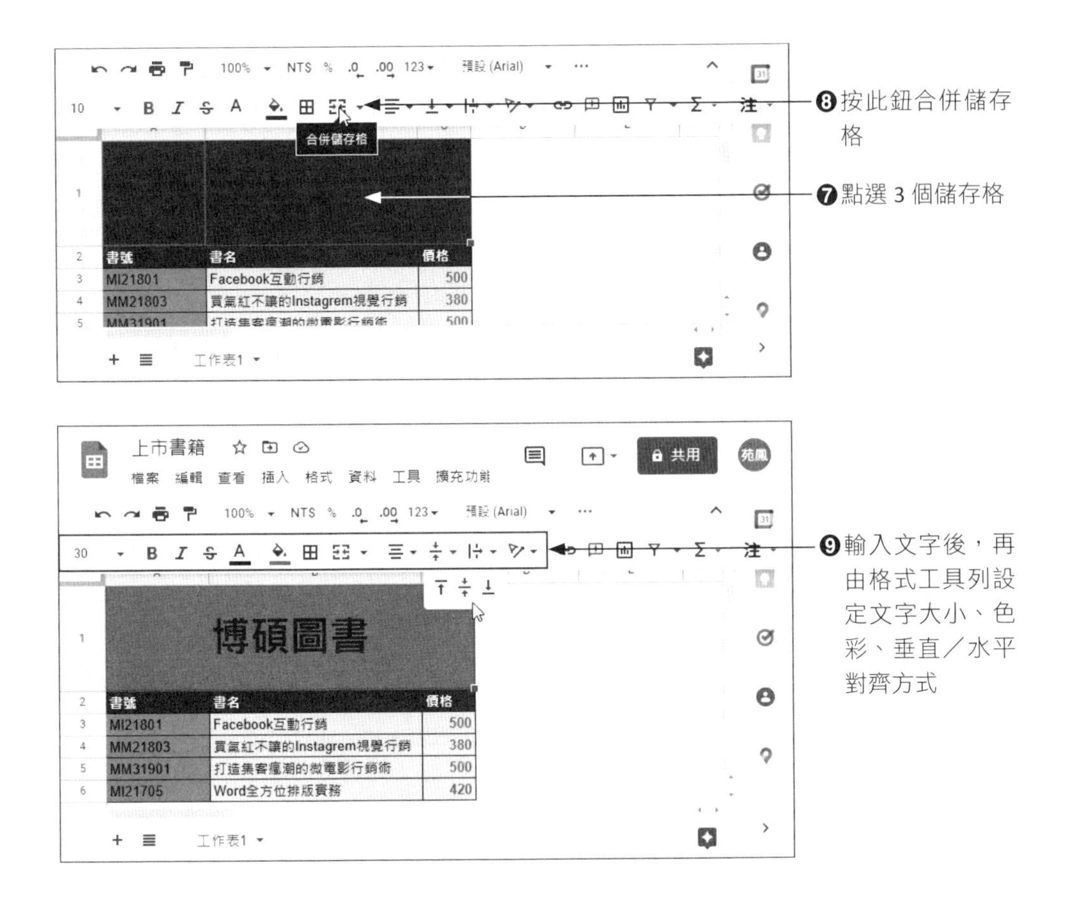

12-2-3 插入美美圖片

試算表中也可以和 Google 文件一樣選擇插入圖片。選定儲存格後，執行「插入／圖片」指令可以選擇將圖片插入儲存格內，或是在儲存格上方插入圖片，而插入的圖片可以選擇「上傳」、「相機」、「使用網址上傳」、「相片」、「Google 雲端硬碟」、「Google 圖片搜尋」等插入方式。

圖片插入後，可透過四角的控制點來縮放圖片，也可以設定圖片擺放的位置。

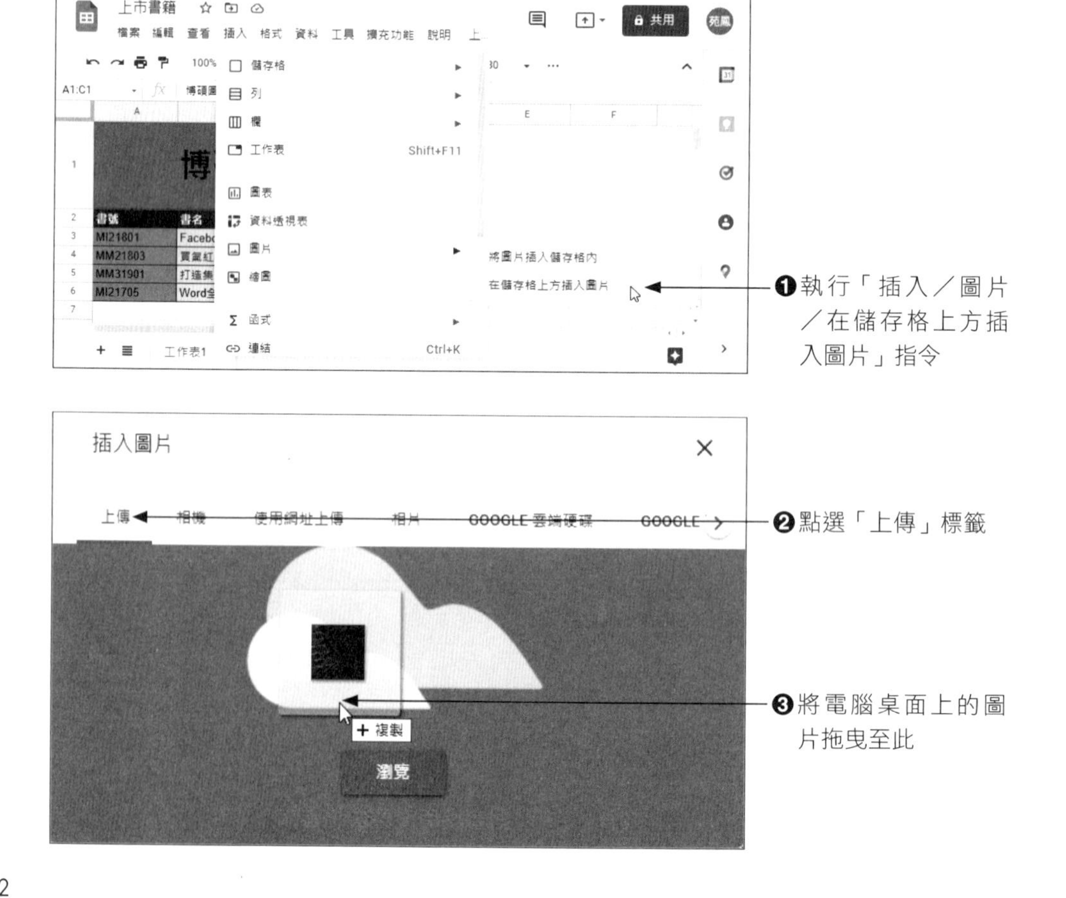

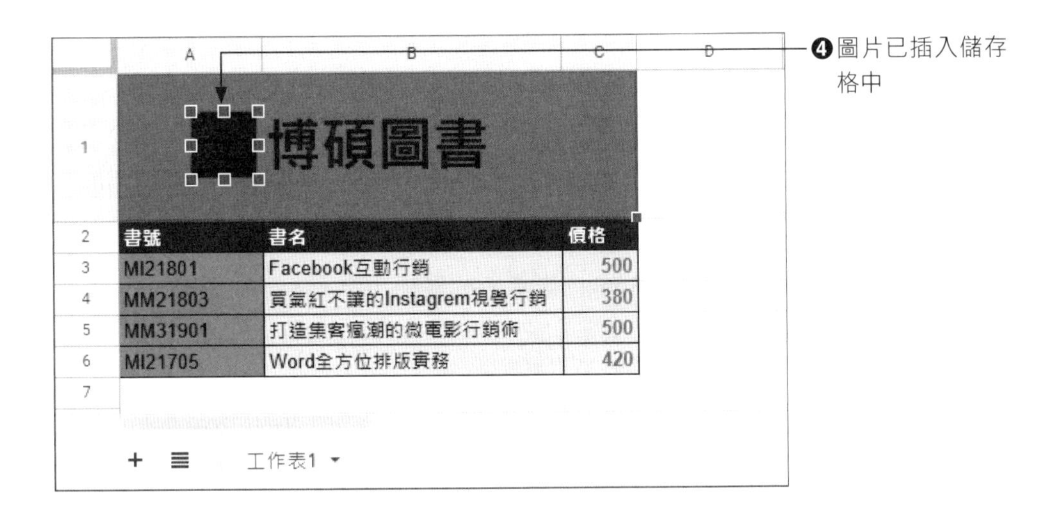

12-3 檔案管理

在建立工作表後，當然要儲存起這個檔案，讓下次要製作相同的表格時，只要開啟此檔案並加以修改即可。

12-3-1 自動儲存

由於編輯 Google 試算表檔案會自動儲存檔案，當要查看所編輯的檔案是否已儲存成功，可以按下 ☁ 鈕，如果出現「所有變更都已儲存到雲端硬碟」表示該檔案已儲存成功。

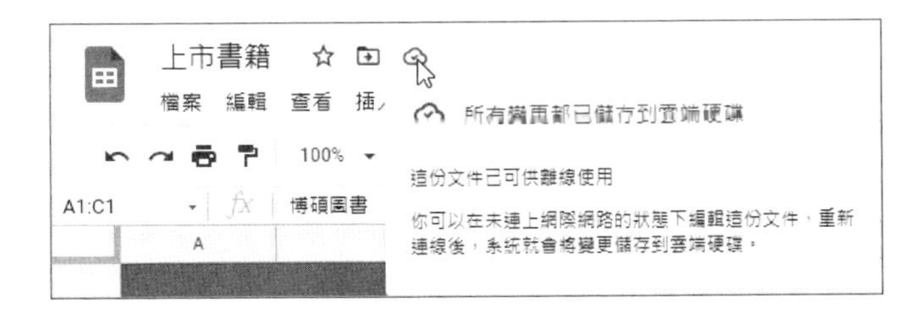

12-3-2 離線編輯

離線編輯是一種允許 Google 文件在沒有網路連線的情況下仍然可以進行文件編輯的工作，接著我們就來示範如何讓 Google 試算表具備離線編輯的功能，首先必須先確認 Chrome 瀏覽器是否已開啟「Google 文件離線版」，下一步再到 Google 試算表的主選單中開啟 Google 試算表的離線功能。

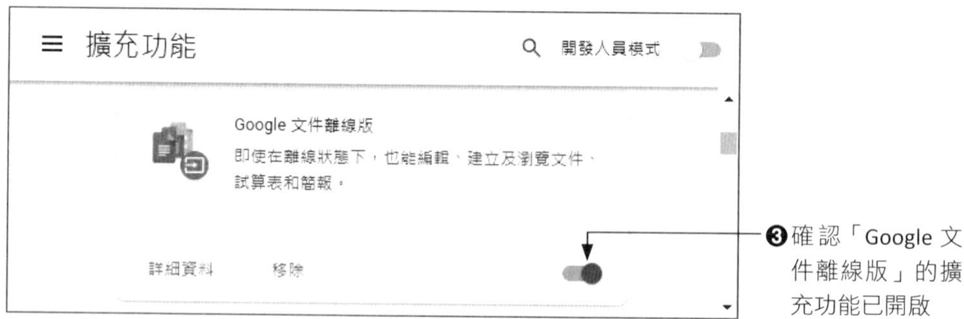

回到 Google 試算表的首頁後，接著我們進行以下的設定：

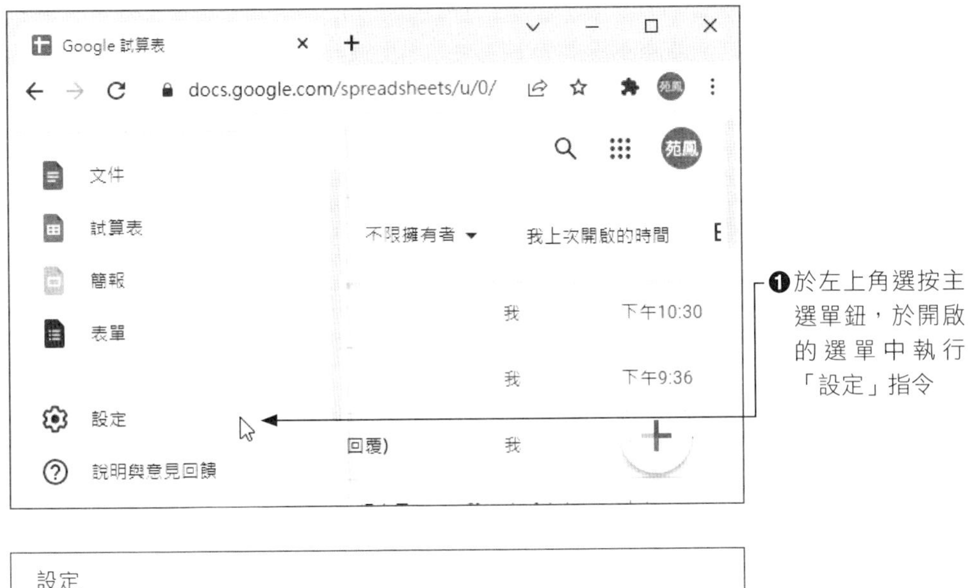

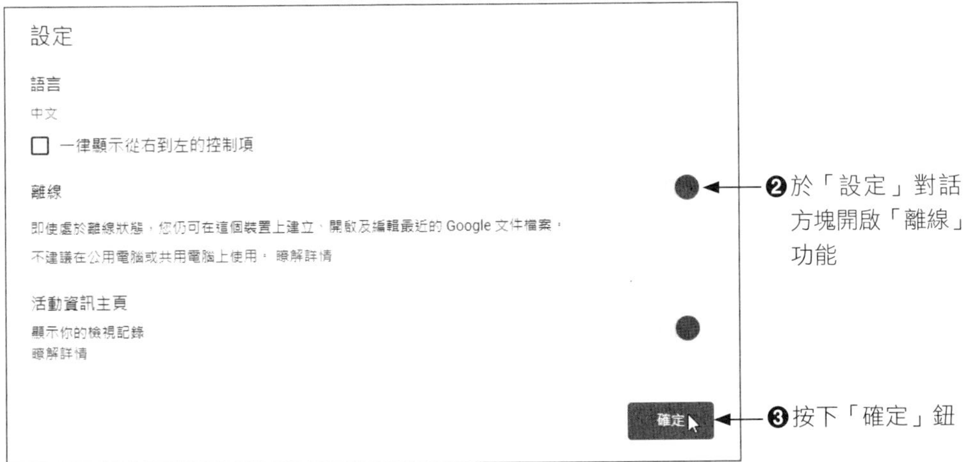

當我們完成離線編輯的設定之後，如果 Google 試算表在編輯的過程中，突然發生網路斷線，這種情況下，正在編輯的 Google 試算表文件就會顯示「離線作業」：

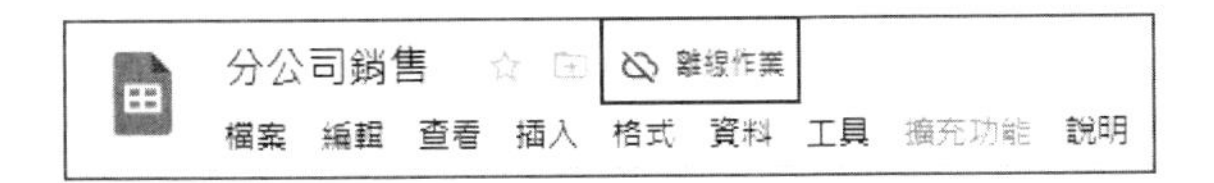

即使在這種情況下，仍然可以進行該試算表的編輯工作，並在編輯的過程中，可以在畫面上方看到「已儲存到這部裝置」，這個意思就是指已將該試算表所變更的內容儲存到本機端的電腦硬碟之中，不過要能順利儲存這個離線編輯的檔案，必須要先確認本機端的電腦有足夠的硬碟空間。

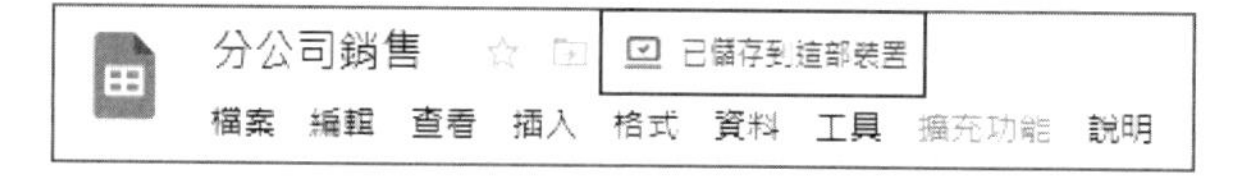

一旦下次有機會使用 Chrome 瀏覽器重新連上網路，就會自動將儲存在本機端硬碟所編修的 Google 試算表上傳到各位專屬帳號的雲端硬碟中。

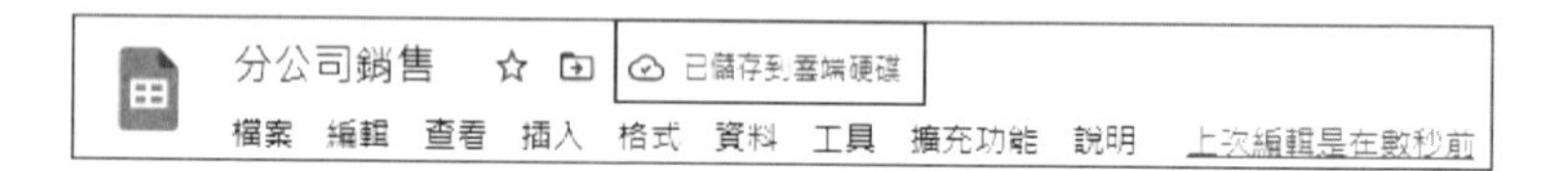

12-3-3 建立副本

如果你要將 Google 試算表內容，在本機端電腦建立副本，可以執行「檔案／建立副本」指令，接著輸入新建的副本名稱，按下「確定」鈕即可。

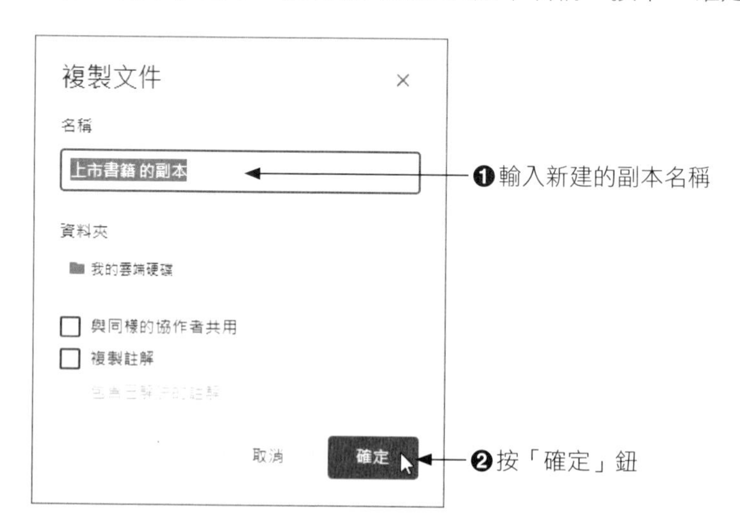

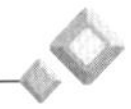

12-3-4 開始舊檔

要開啟已儲存的試算表，可以執行「檔案／開啟」指令，選定要開啟的試算表，按下該開啟檔名的超連結，就可以將該試算表加以開啟。

如果要上傳電腦中的檔案，請在「開啟檔案」視窗切換到「上傳」標籤，並於下圖中按下「選取裝置中的檔案」，再選定所要上傳的檔案，接著按「開啟舊檔」鈕即可。

開啟檔案
我的雲端硬碟　與我共用的項目　已加星號　近期存取　上傳
將檔案拖曳至這裡
或者，你也可以...
選取裝置中的檔案
開啟　取消

12-3-5 工作表列印

建立好檔案之後，最主要的就是把檔案給列印出來，首先確定印表機是否開啟且與電腦連結。如果您需要文件的書面版本，可以執行「檔案／列印」指令，此時會出現一個「列印設定」的對話方塊，可以讓你設定列印「範圍」、「紙張大小」、「頁面方向」、「縮放比例」、「邊界」、「格式設定」、「頁首和頁尾」等，如下圖所示：

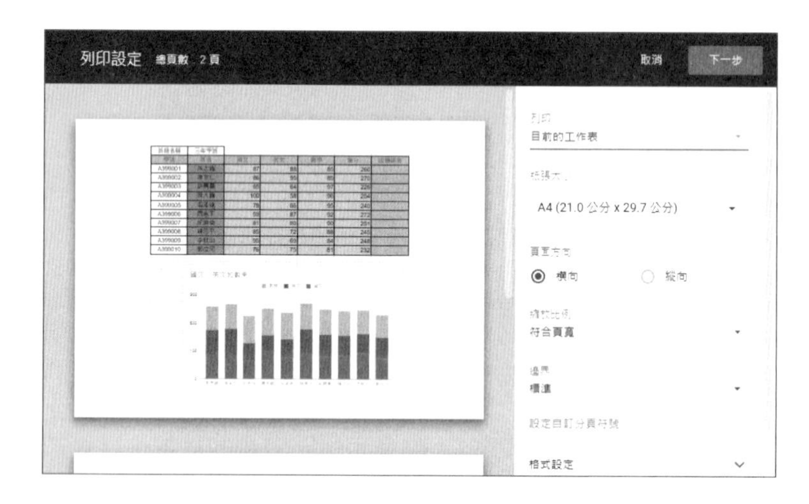

其中範圍設定有「目前的工作表」和「所選的儲存格」二種，至於「頁面方向」則有「橫向」及「縱向」(建議使用)兩種選項。

13 CHAPTER 公式與函式的應用

多數使用試算表的原因，除了因為它可以記錄很多的資料、快速查詢、篩選資料外，最大的特點是因為它可以進行公式或函式的計算，因此這一章節就來探討公式的使用技巧。

13-1 認識公式與函式

Google 試算表中的計算模式是使用儲存格參照來進行，同時要以「=」來做為計算的開頭。例如：各位在「F3」的儲存格中輸入「=C3+D3+B4+E3」後再按下「Enter」鍵，Excel 就會自動將各個儲存格之中的資料讀取進行加總計算。

Google 試算表在運算時也是遵守「先乘除、後加減」的運算法則，若要讓加減優先運算時可以使用括號來進行。

13-1-1 公式的形式

在 Google 試算表中，我們可利用公式來進行數據的運算，Google 試算表的公式形式可以分為以下三種：

公式形式	功能說明	範例說明
數學公式	這種公式是由數學運算子、數值及儲存格位址組成。	=C1*C2/D1*0.5
文字連結公式	公式中要加上文字，必須以兩個雙引號（"）將文字括起來，而文字中的內容互相連結，則使用（&）符號。	=" 平均分數 "&A1
比較公式	是由儲存格位址、數值或公式兩相比較的結果。	=D1>=SUM(A1:A2)

公式型態中最簡單的一種，主要是使用「＋」、「－」、「×」、「÷」、「%」、「^」（次方）算術運算所求出來的值。比較公式，也是公式型態的一種，主要由儲存格位址、數值或公式兩相比較的結果，通常為「TRUE」真值或「FALSE」假值的邏輯值，常見比較算式符號有「＝」、「＜」、「＞」、「＜＝」、「＞＝」、「＜＞」。

13-1-2 函式的輸入

函式型態也算是公式的一種，但函式可以大幅簡化輸入工作。Google 試算表預先將複雜的計算式定義成為函式，並給予適當引數，使用者只要依照指定步驟進行計算即可。

編輯函式先要以「=」開頭，每一個函式都包含了函式名稱、小括號以及引數三個部份。函式名稱多為函式功能的英文縮寫，如 SUM（加總）、MAX（最大值）、MIN（最小值）…等，在小括號內則是該函式會使用到的引數，引數可以是參照位址、儲存範圍、文字、數值、其他函式等。

```
= 函式名稱（引數 1, 引數 2…, 引數 N）
```

- **函式名稱：**Google 試算表預先定義好的公式名稱，多為函式功能的英文縮寫，如 SUM（加總）、MAX（最大值）、MIN（最小值）…等。

- **小括號**：在小括號內則是該函式會使用到的引數。雖然有些函式並不需要引數，不過小括號還是不可以省略。
- **引數**：要傳入函式中進行運算的內容，可以是參照位址、儲存範圍、文字、數值、其他函式等。不過這些引數必須是合乎函式語法的有效值才能正確計算。

以加總計算來說，各位必須將每個要計算的儲存格都輸入才能得到正確的答案，如果使用 Google 試算表所提供的 SUM() 函式來進行，其語法為 SUM（儲存格範圍）。所以只要在「B10」儲存格中輸入「=SUM（B2:B9）」之後再按下 Enter 鍵就可以求得加總結果了。其中（B2:B9）就是代表由 B2 儲存格到 B9 儲存格的意思。

現有的 Google 試算表中的常見的函式類別：日期、文字、工程、篩選器、財務、Google、資料庫、邏輯、陣列、資訊、查詢、數學、運算子、統計、網頁等。在 Google 試算表，如果要將公式新增到試算表中，請依照下列指示執行：

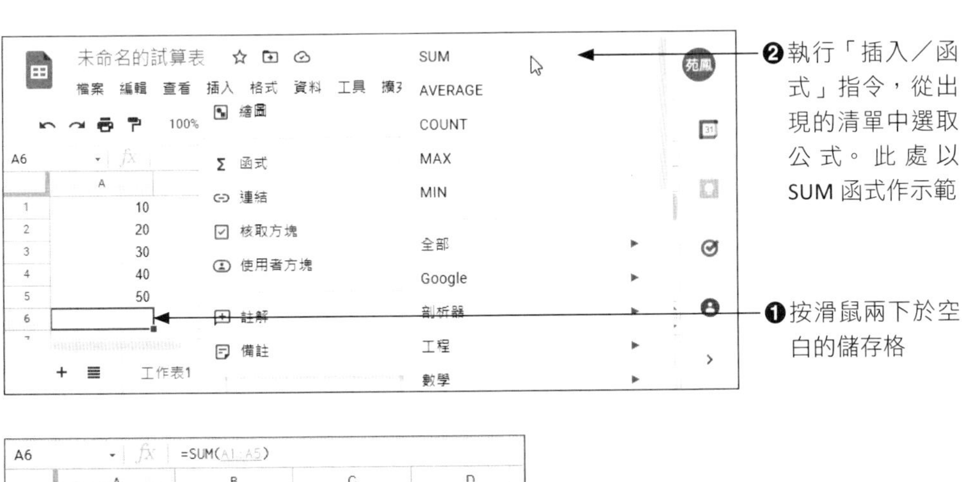

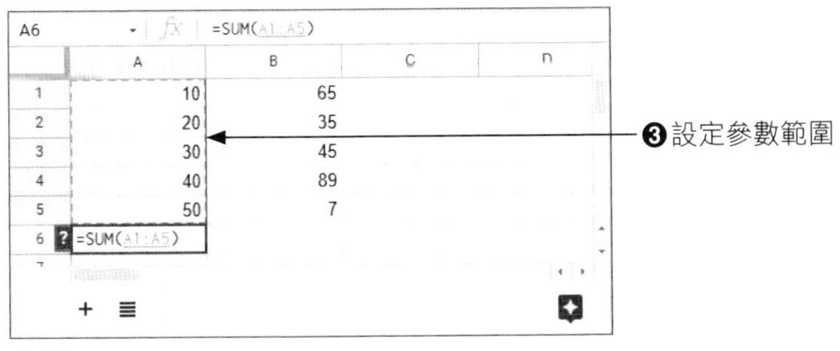

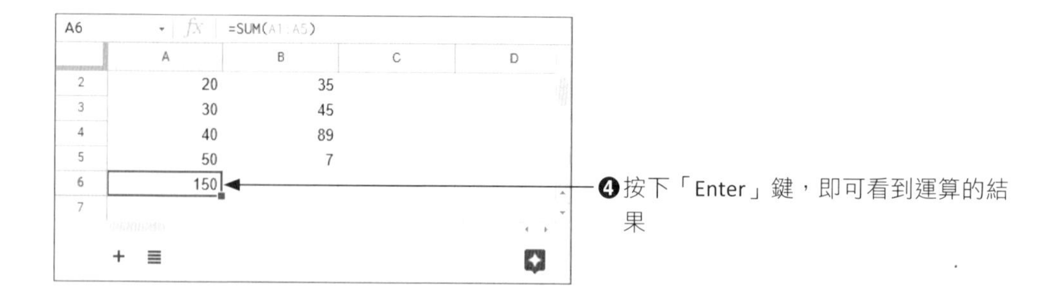

13-1-3 函式的複製

公式複製與相對參照可以使用於多數且相同計算式或函式的計算。以上面的加總為例，在「A6」儲存格所輸入的 SUM() 函式是對應到（A1 到 A5）儲存格範圍，而「B6」儲存格則是對應到（B1 到 B5）的儲存格範圍，各位可以看出其函式的內容都是有規則性的。

所以此時只要在「A6」儲存格中輸入「=SUM（A1:A5）」之後，當我們進行公式複製時，Google 試算表就會自動調整函式中對應的儲存格範圍並且進行計算。此種方式就是「公式複製」，而其儲存格所對應的方式就是「相對參照」。

當使用者將資料輸入至工作表後，Google 試算表作用儲存格下方有一個小方點稱為「填滿控點」，透過這個小方點可以讓我們省去很多資料輸入時間。它的功用是輸入資料時可發揮複製到其他相鄰儲存格的功能。公式（或函式）也可以利用填滿控點功能，將公式（或函式）填滿到所選取的儲存格。

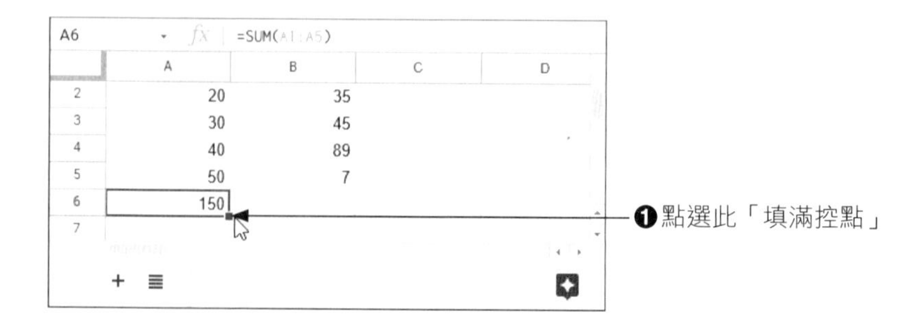

❶點選此「填滿控點」

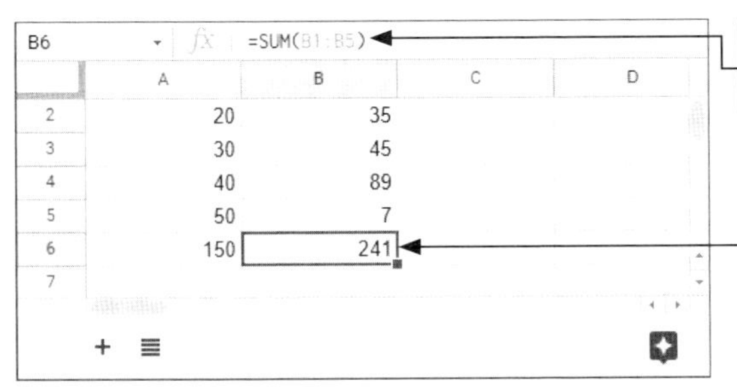

13-1-4 常見的函式

接下來我們列出一些常用函式語法、分類、函式說明及運算實例供各位參考，請看下表的說明：

函式語法	類型	函式說明	運算實例
SUM（數字 _1, 數字 _2, ... 數字 _30）	數學	加總：將儲存格範圍內的所有數字相加。 數字 _1、數字 _2、… 數字 _30 是最多 30 個要計算總和的引數。您也可以使用儲存格參照輸入範圍。	=SUM(A1:B3)， 將 A1 到 B3 儲存格範圍進行加總
AVERAGE（數字 _1, 數字 _2, ... 數字 _30）	統計	平均值：計算所引數範圍內的平均值。數字 _1、數字 _2、…數字 _30 是數值或範圍。	AVERAGE(B2:D3)，計算 B2、C2、D2、B3、C3、D3 的平均值。
MAX（數字 _1, 數字 _2, ... 數字 _30）	統計	最大值：求取指定範圍中的最大值。數字 _1、數字 _2、…數字 _30 是數值或範圍。	MAX(A2:B3)，求 A2 到 B3 範圍內的最大值。
MIN（數字 _1, 數字 _2, ... 數字 _30）	統計	最小值：求取指定範圍中的最小值。數字 _1、數字 _2、…數字 _30 是數值或範圍。	MIN(A5:B8)，求 A5 到 B8 範圍內的最小。

函式語法	類型	函式說明	運算實例
COUNT（數字 _1, 數字 _2, ... 數字 _30）	統計	計算指定範圍內，含有數值資料的個數。數字 _1、數字 _2、… 數字 _30 是數值或範圍。	COUNT(A1:C3)，計算 A1:C3 儲存格範圍內數值資料的個數。
COUNTIF（範圍 , 條件）	數學	COUNTIF() 函式功能主要是用來計算指定範圍內符合指定條件的儲存格數值。「範圍」是指計算指定條件儲存格的範圍，「條件」此為比較條件，可為數值、文字或是儲存格。若直接點選儲存格則表示選取範圍中的資料必須與儲存格吻合；若為數值或文字則必須加上雙引號來區別	=COUNTIF(A1: A10, ">5") 以上第二欄中的數值大於 5 的儲存格數目。

13-2 成績計算表

這個小節我們將針對加總 SUM、平均 AVERAGE、公式（或函式）填滿、RANK 函式設定名次等功能作說明。

13-2-1 計算學生總成績

在了解 SUM() 函式後，接下來將以範例來說明如何以自動加總計算學生總成績。

❷在此插入 SUM 函式
❶選 H2 儲存格，並輸入「=」號
❸確定為正確計算範圍後，按下「Enter」鍵
❹自動填入內容
❺如果接受建議的內容，則按下「Ctrl」+「Enter」鍵或按下此鈕自動輸入內容

學號	姓名	視覺傳達	英文會話	網頁設計	色彩學	產品設計	總分	總平均
910001	王楨珍	98	95	86	80	88	447	
910002	郭佳琳	80	90	82	83	82	417	
910003	葉千瑜	86	91	86	80	93	436	
910004	郭佳華	89	93	89	87	96	454	
910005	彭天慈	90	78	90	78	90	426	
910006	曾雅琪	87	83	88	77	80	415	
910007	王貞琇	80	70	90	93	96	429	
910008	陳光輝	90	78	92	85	95	440	
910009	林子杰	78	80	95	80	92	425	
910010	李宗勳	60	58	83	40	70	311	
910011	蔡昌洲	77	88	81	76	89	411	
910012	何福謀	72	89	84	90	67	402	

工作表1　探索

❻總分計算工作已經完成

13-2-2 學生成績平均分數

計算出學生的總成績之後，接下來就來看看如何計算成績的平均分數。此處將先說明計算平均成績的 AVERAGE() 函式，然後再以實例講解。以下為 AVERAGE() 函式說明。

❑ AVERAGE() 函式

語法：AVERAGE（Number1:Number2）

說明：函式中 Number1 及 Number2 引數代表來源資料的範圍，Excel 會自動計算總共有幾個數值，在加總之後再除以計算出來的數值單位。

使用 AVERAGE() 函式與使用 SUM() 函式的方法雷同，只要先選取好儲存格，再插入 AVERAGE 函式即可。以下將延續上一節範例來說明。

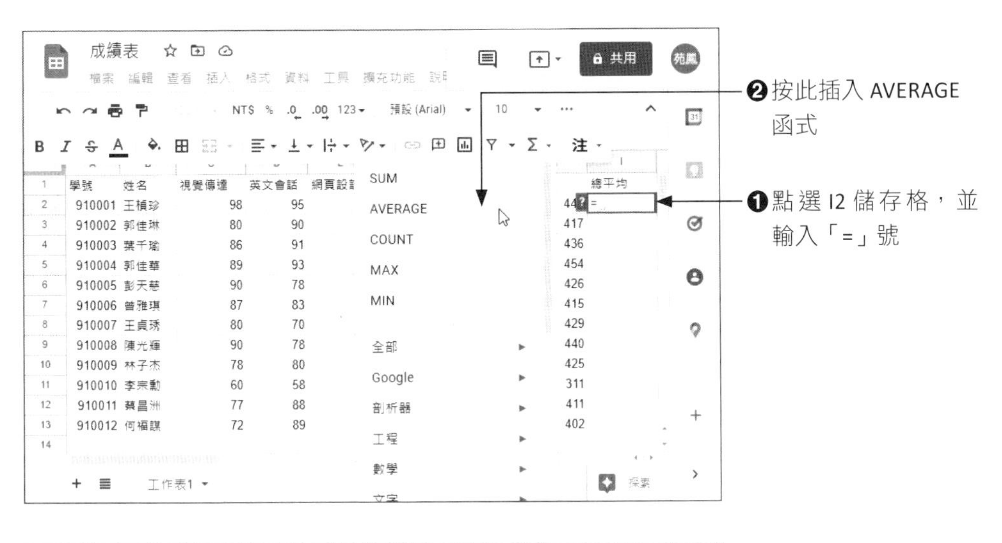

❷按此插入 AVERAGE 函式
❶點選 I2 儲存格，並輸入「=」號
SUM
AVERAGE
COUNT
MAX
MIN

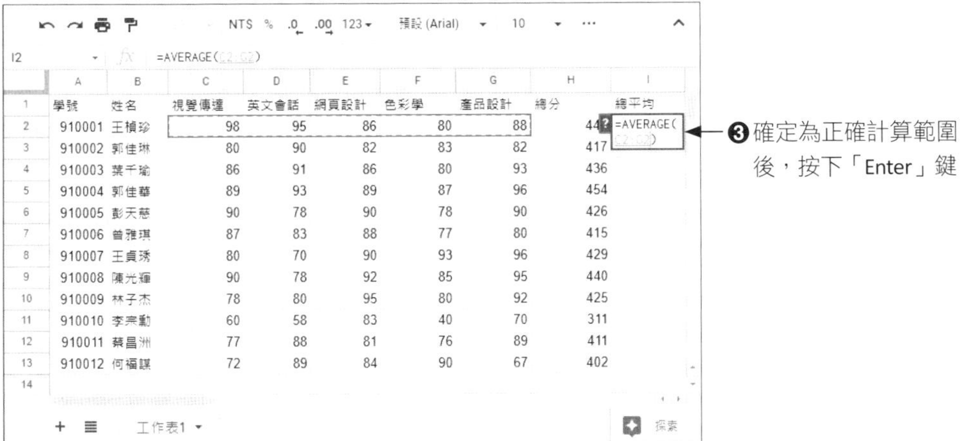

=AVERAGE(C2:G2)
❸確定為正確計算範圍後，按下「Enter」鍵

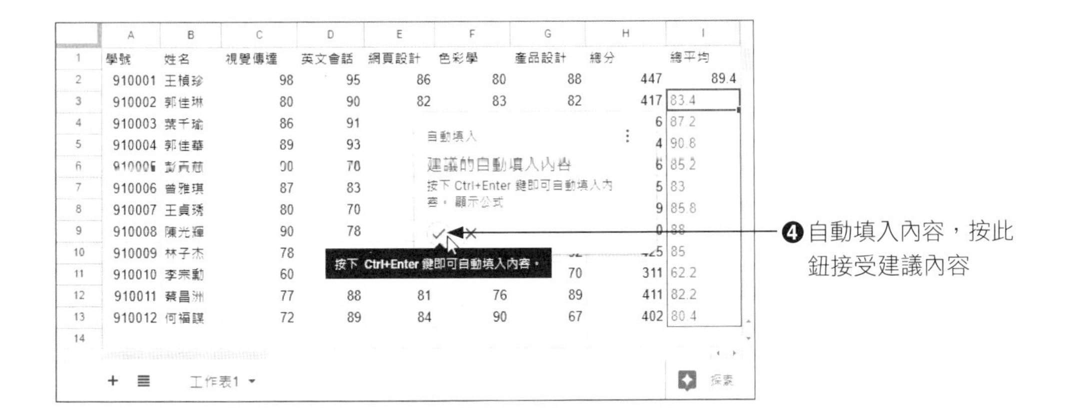

自動填入
建議的自動填入內容
按下 Ctrl+Enter 鍵即可自動填入內容，顯示公式
按下 Ctrl+Enter 鍵即可自動填入內容。
❹自動填入內容，按此鈕接受建議內容

	A	B	C	D	E	F	G	H	I
1	學號	姓名	視覺傳達	英文會話	網頁設計	色彩學	產品設計	總分	總平均
2	910001	王楨珍	98	95	86	80	88	447	89.4
3	910002	郭佳琳	80	90	82	83	82	417	83.4
4	910003	葉千瑜	86	91	86	80	93	436	87.2
5	910004	郭佳華	89	93	89	87	96	454	90.8
6	910005	彭天慈	90	78	90	78	90	426	85.2
7	910006	曾雅琪	87	83	88	77	80	415	83
8	910007	王貞琇	80	70	90	93	96	429	85.8
9	910008	陳光輝	90	78	92	85	95	440	88
10	910009	林子杰	78	80	95	80	92	425	85
11	910010	李宗勳	60	58	83	40	70	311	62.2
12	910011	蔡昌洲	77	88	81	76	89	411	82.2
13	910012	何福謀	72	89	84	90	67	402	80.4
14									

工作表1　探索

❺總平均的計算工作已完成

知道了總成績與平均分數之後，接下來將瞭解學生名次的排列順序。在排列學生成績的順序時，可以運用 RANK() 函式來進行成績名次的排序。我們以實例來做說明。

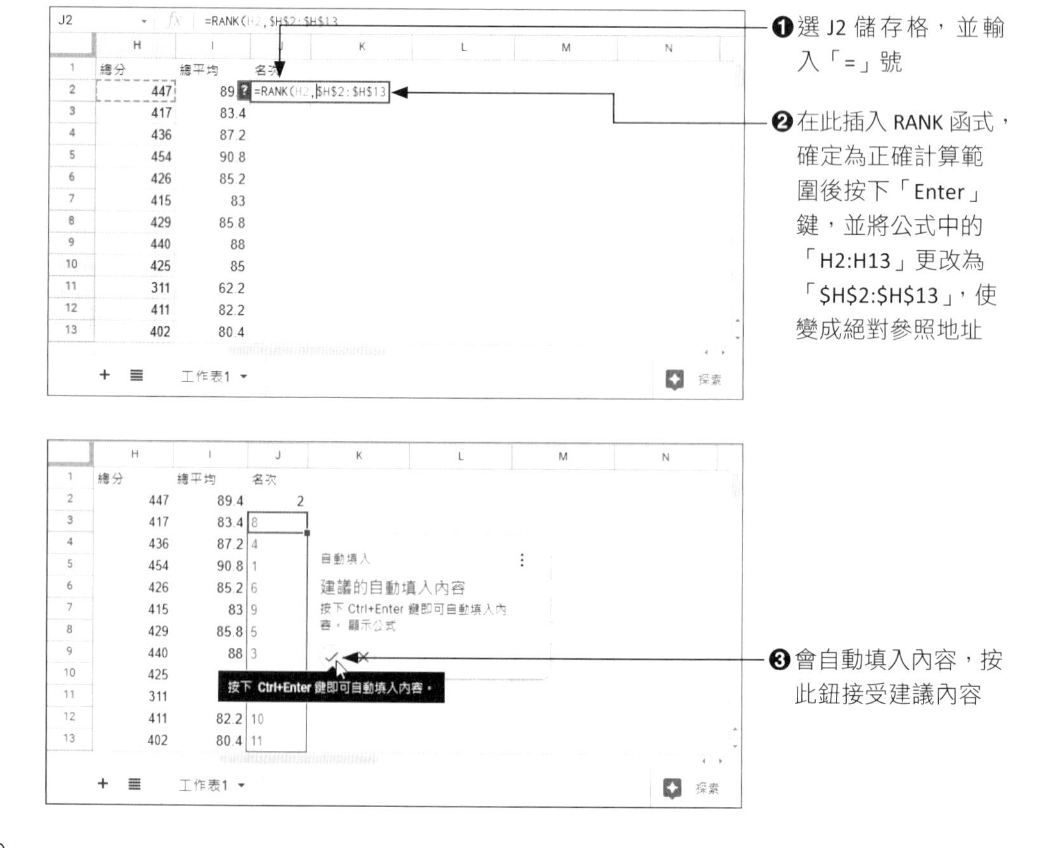

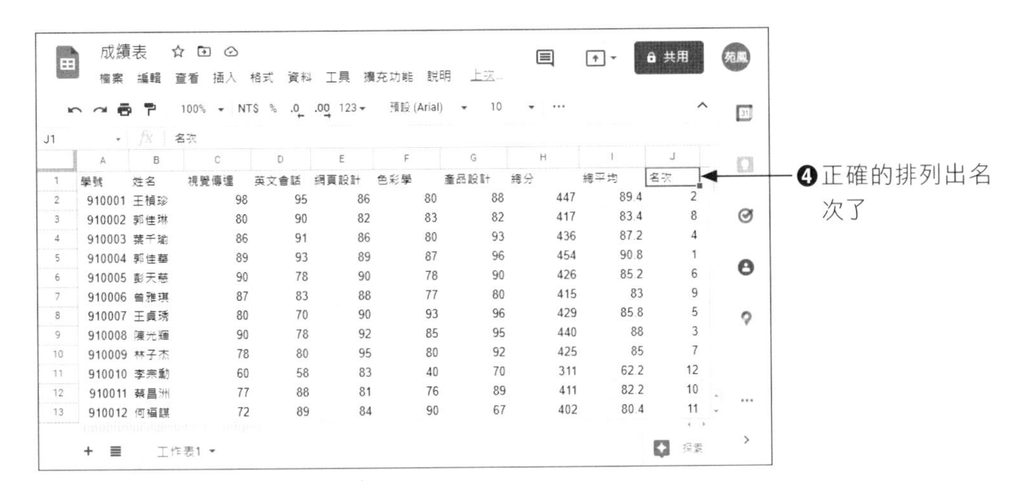

學號	姓名	視覺傳達	英文會話	網頁設計	色彩學	產品設計	總分	總平均	名次
910001	王楨珍	98	95	86	80	88	447	89.4	2
910002	郭佳琳	80	90	82	83	82	417	83.4	8
910003	葉千瑜	86	91	86	80	93	436	87.2	4
910004	郭佳華	89	93	89	87	96	454	90.8	1
910005	彭天慈	90	78	90	78	90	426	85.2	6
910006	曾雅琪	87	83	88	77	80	415	83	9
910007	王貞琇	80	70	90	93	96	429	85.8	5
910008	陳光輝	90	78	92	85	95	440	88	3
910009	林子杰	78	80	95	80	92	425	85	7
910010	李宗勳	60	58	83	40	70	311	62.2	12
910011	蔡昌洲	77	88	81	76	89	411	82.2	10
910012	何福謀	72	89	84	90	67	402	80.4	11

很簡單吧！不費吹灰之力就已經把學生成績計算表的名次給排列出來了！

13-3 成績查詢表

當老師建立好所有學生成績統計表後，為了方便查詢不同學生的成績，需要建立一個成績查詢表，讓老師只要輸入學生學號後，就可直接查詢到此學生的成績資料。在此查詢表中需要運用到 VLOOKUP() 函式，因此在建立查詢表前，先來認識 VLOOKUP() 函式。

13-3-1 VLOOKUP() 函式說明

VLOOKUP() 函式是用來找出指定「資料範圍」的最左欄中符合「特定值」的資料，然後依據「索引值」傳回第幾個欄位的值。

❑ VLOOKUP() 函式

語法：VLOOKUP(lookup_value,Table_array,Col_index_num,Range_lookup)

說明：以下表格為 VLOOKUP() 函式中的引數說明：

引數名稱	說明
Lookup_value	搜尋資料的條件依據
Table_array	搜尋資料範圍
Col_index_num	指定傳回範圍中符合條件的那一欄
Range_lookup	此為邏輯值，如果設為 True 或省略，則會找出部分符合的值；如果設為 False，則會找出全符合的值

看完 VLOOKUP() 函式的說明後可能還是覺得一頭霧水。別擔心，以下將舉例讓各位瞭解。

函式舉例：以下為各式車的價格

	A	B	C
1	001	賓士	200 萬
2	002	BMW	190 萬
3	003	馬自達	80 萬
4	004	裕隆	60 萬

如果設定的 VLOOKUP() 函式為：

VLOOKUP(004,A1:C4,2,0)

由左至右的 4 個參數意義如下：

- 在最左欄尋找 "004"
- 代表搜尋範圍
- 傳回第 2 欄資料
- 表示需找到完全符合的條件

所以此 VLOOKUP() 函式會傳回「裕隆」二字。

13-3-2 建立成績查詢表

接著我們可以新增一張工作表名為「成績查詢表」，請自行輸入如下的工作表內容，接著就可以開始輸入各儲存格的公式，如下表所示：

C4 儲存格公式	=VLOOKUP($B$1, 成績表 !$A$1:$J$13,2,0)
C5 儲存格公式	=VLOOKUP($B$1, 成績表 !$A$1:$J$13,3,0)
C6 儲存格公式	=VLOOKUP($B$1, 成績表 !$A$1:$J$13,4,0)
C7 儲存格公式	=VLOOKUP($B$1, 成績表 !$A$1:$J$13,5,0)
C8 儲存格公式	=VLOOKUP($B$1, 成績表 !$A$1:$J$13,6,0)
C9 儲存格公式	=VLOOKUP($B$1, 成績表 !$A$1:$J$13,7,0)
E4 儲存格公式	=VLOOKUP($B$1, 成績表 !$A$1:$J$13,8,0)
E5 儲存格公式	=VLOOKUP($B$1, 成績表 !$A$1:$J$13,9,0)
E6 儲存格公式	=VLOOKUP($B$1, 成績表 !$A$1:$J$13,10,0)

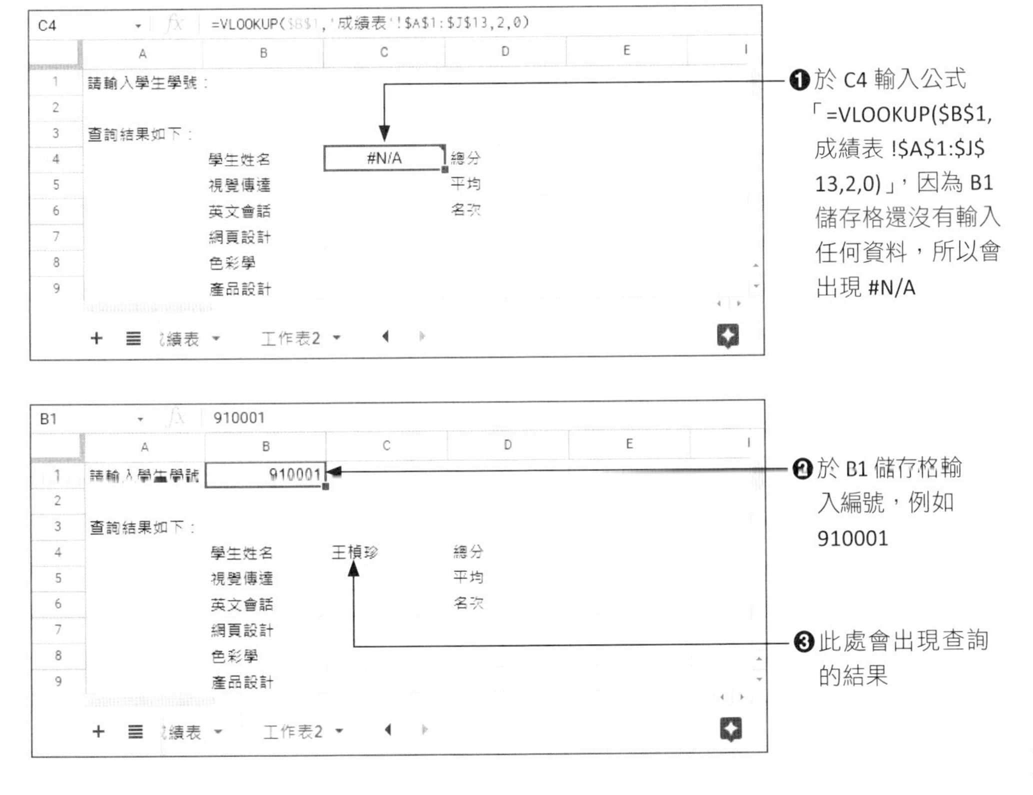

接下來只要對照項目名稱，依序將 VLOOKUP() 函式中的「Col_index_num」引數值依照參照欄位位置改為 3、4、5 等即可。

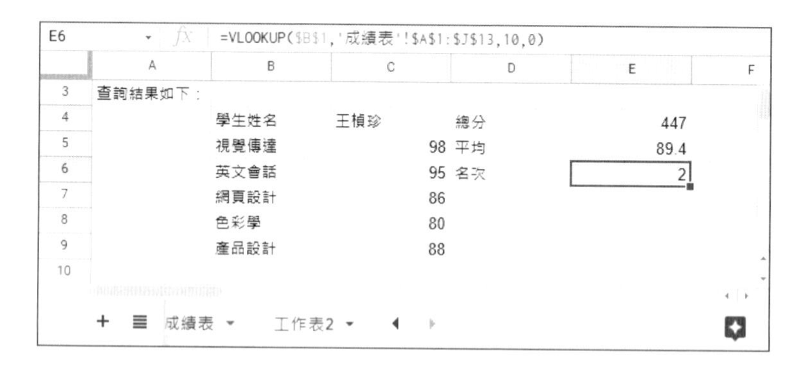

13-4 計算合格與不合格人數

為了提供成績查詢更多的資料，接下來將在員工成績查詢工作表中加入合格與不合格的人數，讓查詢者瞭解與其他人的差距。在計算合格與不合格人數中，必須運用到 COUNTIF() 函式，所以首先將講解 COUNTIF() 函式的使用方法。

13-4-1 COUNTIF() 函式說明

COUNTIF() 函式功能主要是用來計算指定範圍內符合指定條件的儲存格數值。

❑ COUNTIF() 函式

- 語法：COUNTIF (range,criteria)
- 說明：以下表格為函式中的引數說明：

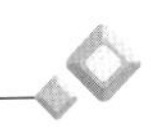

引數名稱	說明
Range	計算指定條件儲存格的範圍
Criteria	此為比較條件，可為數值、文字或是儲存格。如果直接點選儲存格則表示選取範圍中的資料必須與儲存格吻合；如果為數值或文字則必須加上雙引號來區別

13-4-2 顯示成績合格與不合格人數

瞭解 COUNTIF() 函式之後，接下來就以實例來說明。

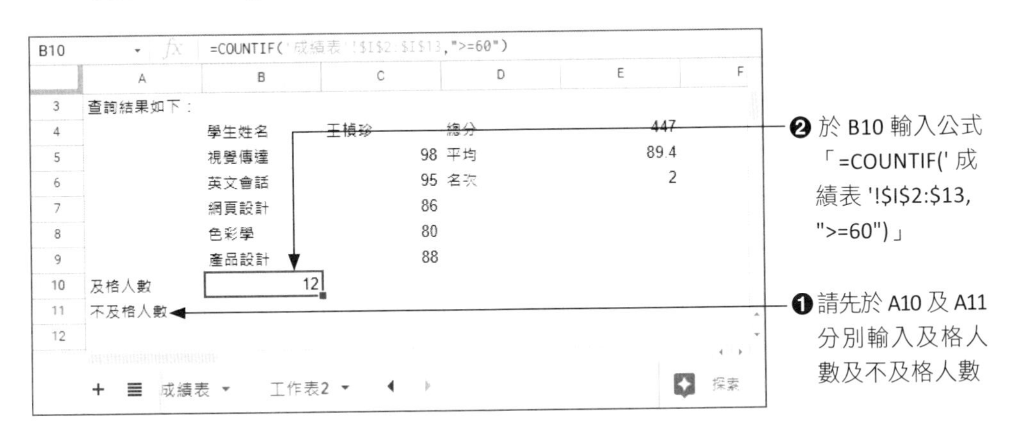

輸入完公式後，就可以在 B12 儲存格出現合格人數。至於不合格人數的作法與上述步驟雷同，只要在步驟 6 將引數 Criteria 欄位中的值改為「"<60"」，即可。其成果如下圖：

B11 =COUNTIF('成績表'!$I$2:$I$13,"<60")

	A	B	C	D	E
3	查詢結果如下：				
4		學生姓名	王楨珍	總分	447
5		視覺傳達	98	平均	89.4
6		英文會話	95	名次	2
7		網頁設計	86		
8		色彩學	80		
9		產品設計	88		
10	及格人數	12			
11	不及格人數	0			
12					

成績表　工作表2　探索

Note

Google 表單應用 第 6 篇

前　言

在前面的單元裡，我們學過的 Google 文件就和 Word 雷同，Google 試算表和 Excel 雷同，而 Google 表單則是一項特別的服務，如果你要做問卷調查、製作考卷或收集資料，就可以利用 Google 表單來製作。這一篇我們將針對表單的設計、分享設定、查看回應等作介紹，讓各位也可以輕鬆應用表單來完成教學的內容的設計。

學習大綱

14 CHAPTER 表單的製作與回覆

傳統的紙本考試必須在考場統一考試，等考試時間一到，老師才會把紙本的考卷帶回去批改，如果是遠距考試，當然就無法取得和繳交考卷。而利用 Google 表單所設計的考卷內容可以是問答題或選擇題，而選擇的部分可以是單選題或多選題，老師可以很彈性且很輕鬆的設計考卷或問卷，而且後續的收集和批改也很有效率，所以我們先來學習如何建立表單。

14-1 建立 Google 表單

要建立空白表單，請由「Google 應用程式」⠿ 鈕下拉選擇「表單」，即可進入表單的應用程式。

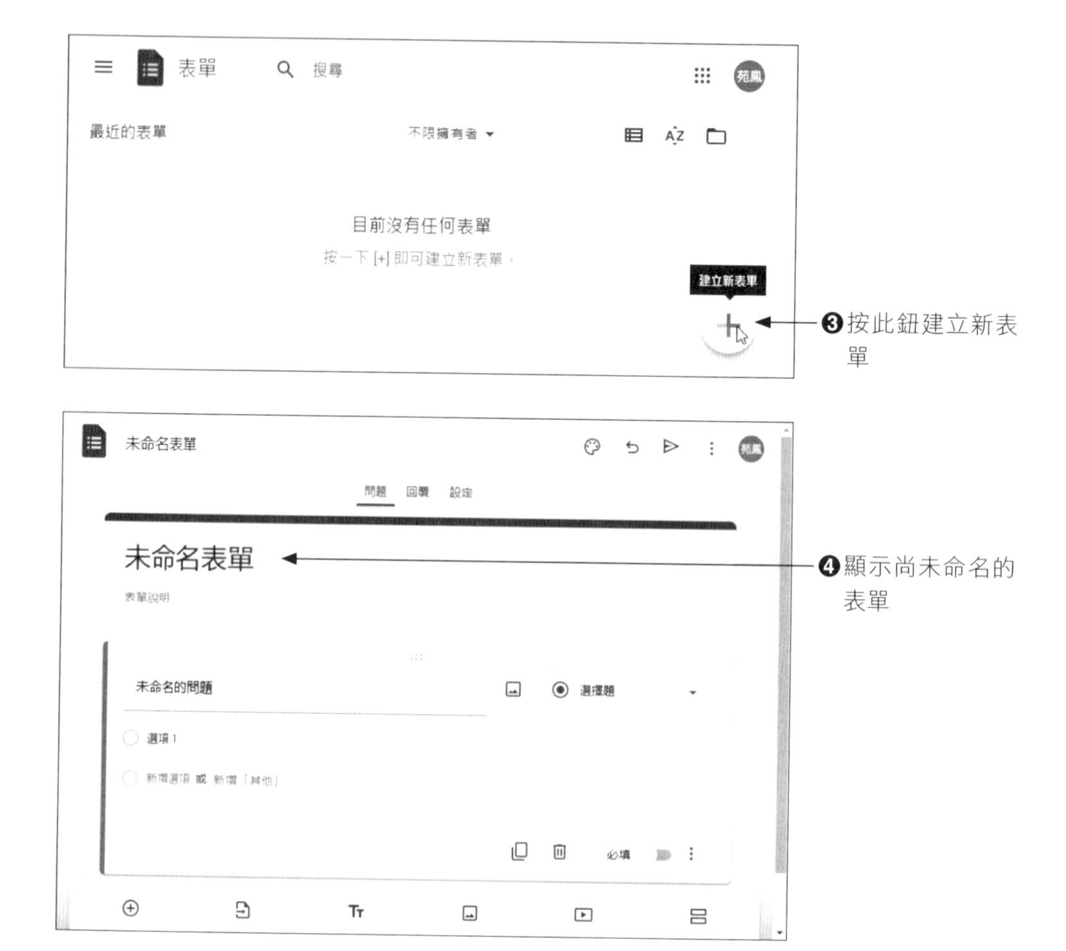

14-1-1 表單的命名與儲存

在連線的狀態下，編輯的表單會自動儲存在 Google 硬碟當中，尚未命名的表單最好依照表單內容取個好辨識的名稱，各位可以用滑鼠按一下「未命名表單」並輸入表單標題，而下方的「表單說明」則是輸入此表單目的、單位名稱…等等的說明。輸入標題後文件會自動儲存，可以在左上方看見表單的檔案名稱。

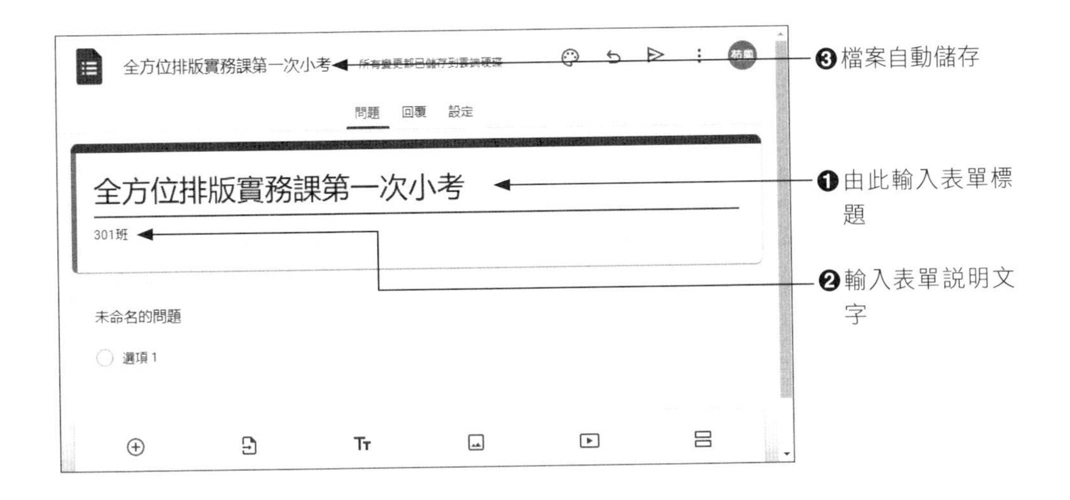

14-1-2 新增表單問題 - 選擇題／核取方塊／下拉式選單

表單名稱確立後，接下來要開始新增問題，按一下標題之下的「未命名的問題」，即可在右側的欄位中選擇問題的類型。

在問題的設定方面，單選題、複選題、下拉式選單是老師們最常使用的問題類型。由問題類型中選擇「選擇題」的選項，可作單選題的測驗，也就是答題者只能從問題中選擇一個選項。如果要讓答題者可以從問題中選擇多個選項，那就選擇「核取方塊」的類型，而「下拉式選單」的類型則是可以從下拉式的選單中選擇一個選項。此處我們以「選擇題」作示範：

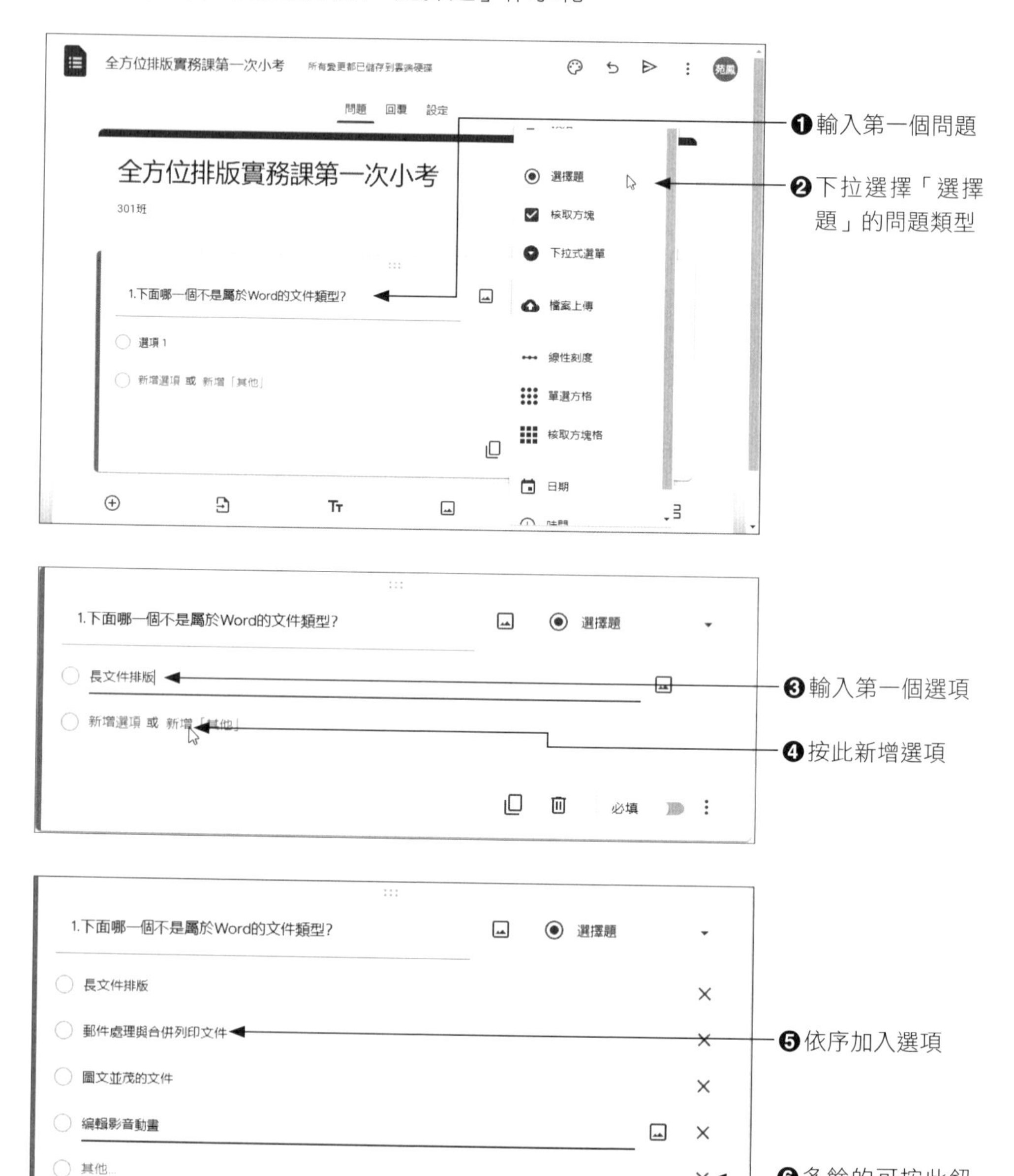

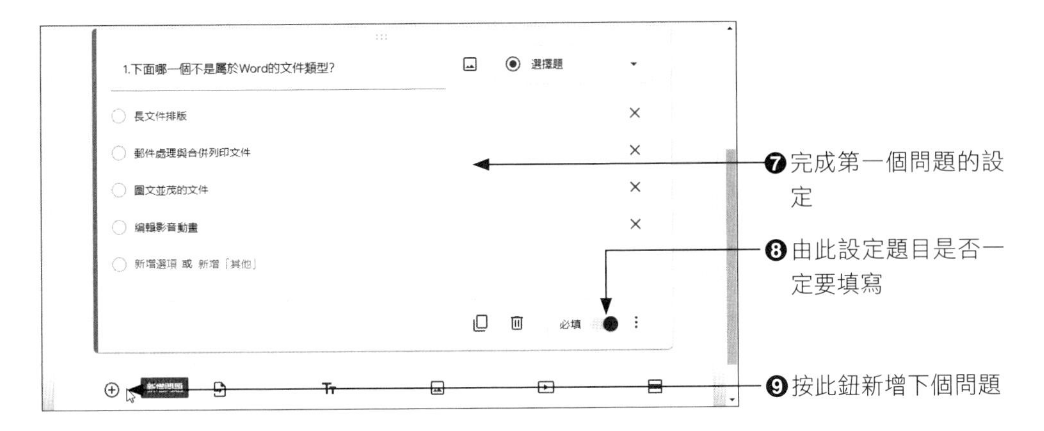

進行單選題的測驗時，老師也可以預先設定每題所占的分數與正確答案，請按下左下方的「答案」進行設定。

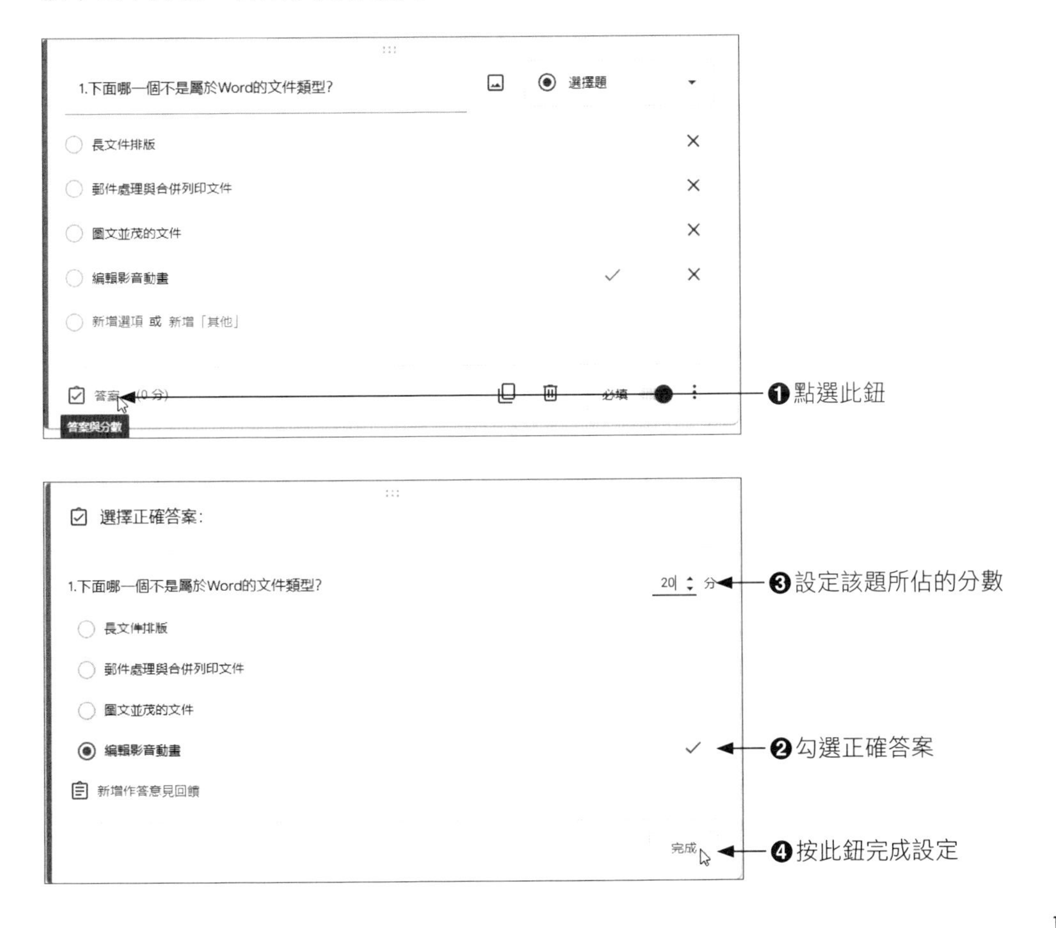

在一份表單中可同時加入多種的問題類型，如下圖所示是「核取方塊」和「下拉式選單」所呈現的效果。

2.頁面的構成要素必須包含哪幾項?
核取方塊
版芯
頁首／頁尾
天頭／地腳
邊界
新增選項 或 新增「其他」
必填

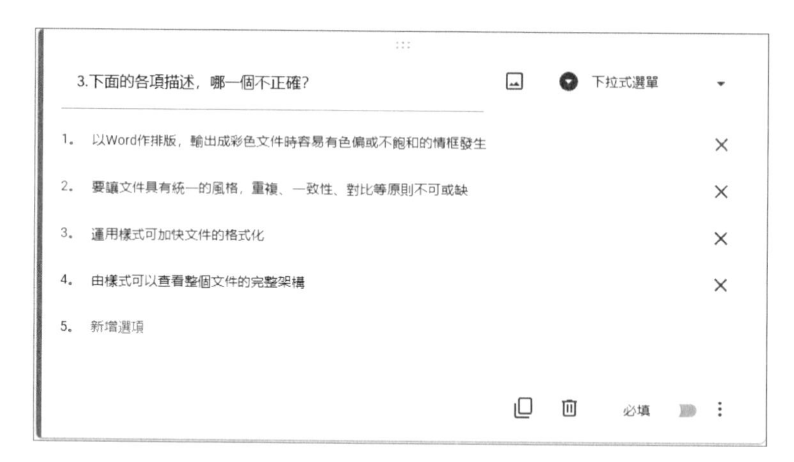

14-1-3 新增表單問題 - 簡答／段落

除了上述的單選、複選、下拉式選單外，也可以加入問答題。選擇「簡答」的類型可讓答題者用一行文字來回答問題；如果需要答題者以多個段落來回答問題，則可以選擇「段落」的類型。

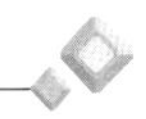

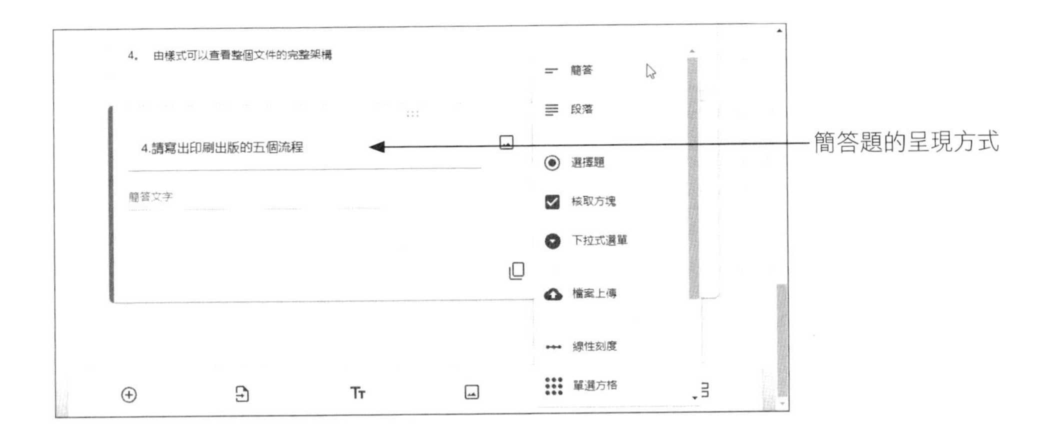

14-1-4 編修表單問題

當考卷一一完成出題後，如果需要調整題目的先後順序，只要按住題目正上方的 ⠿ 鈕，就可以進行順序的調整。如果題目雷同，也可以按下底端的 ⧉ 進行複製後，再來修改。

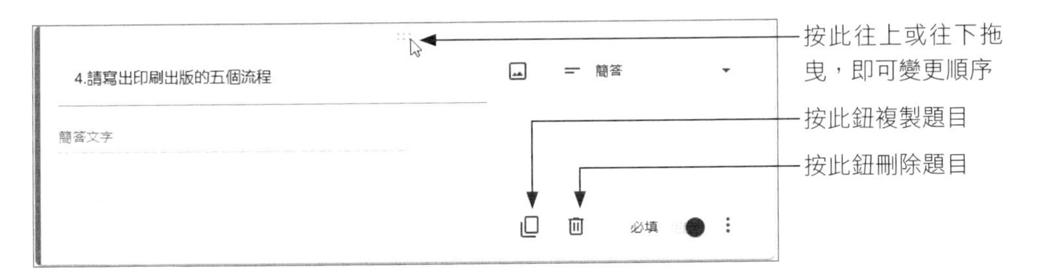

14-1-5 預覽表單內容

當考卷設計完成後，如果想要預覽表單的整個內容，可在右上方按下「預覽」 鈕來查看。

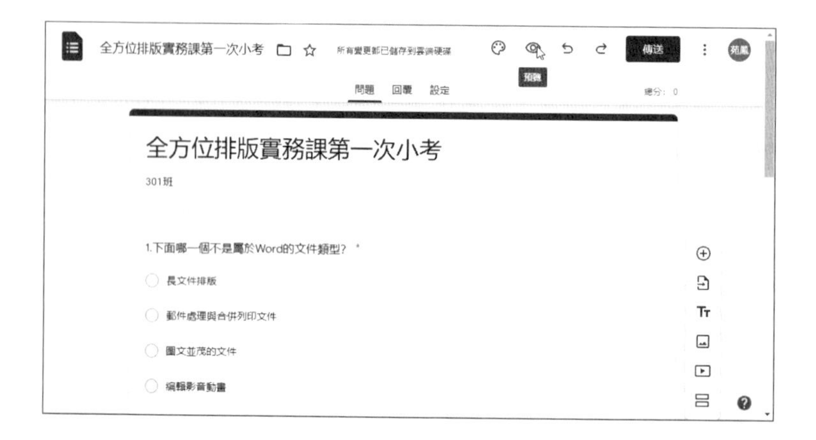

14-1-6 傳送前檢查表單設定

考卷在傳送給學生之前，最好切換到「設定」標籤，啟動「設為測驗」的功能後，老師可設定發布成績的方式，也可以設定作答者是否可以查看正確答案或分數值。

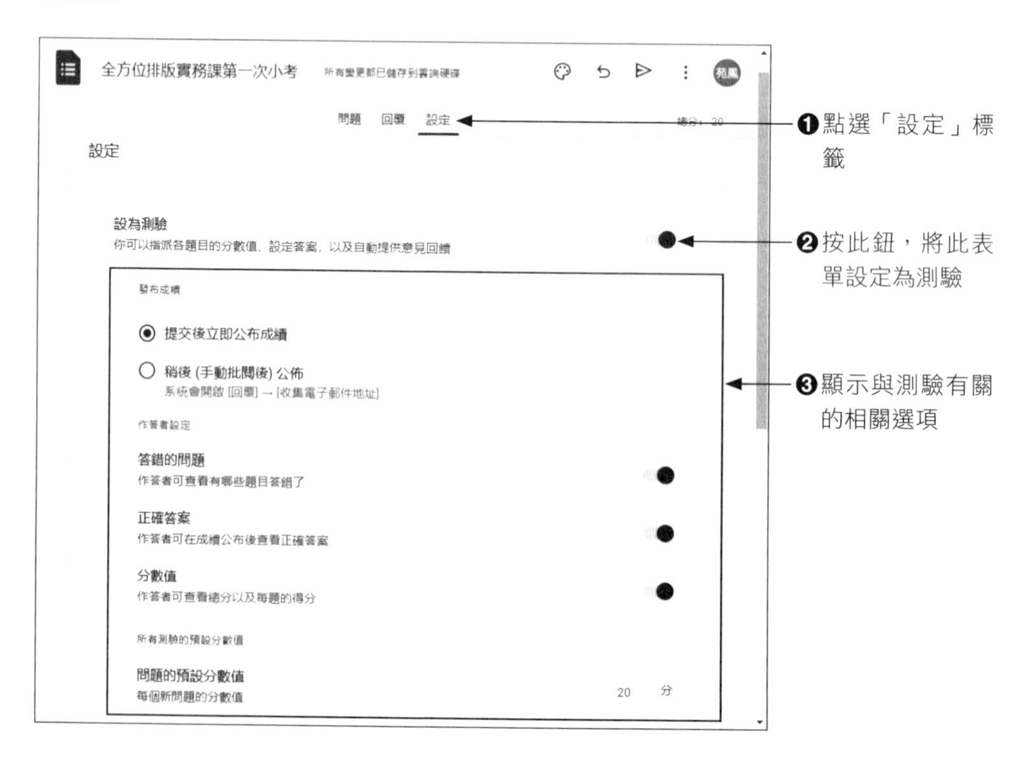

14-2 傳送表單

確認表單的內容和設定後，最後就是按下右上角的「傳送」鈕，選擇傳送方式將表單傳送給相關人員。

傳送表單的方式共有如下三種：

14-2-1 使用電子郵件傳送表單

輸入收件者的電子郵件信箱，按下「傳送」鈕即可傳送表單。如果要在電子郵件中置入表單，可勾選「在電子郵件中置入表單」的選項。

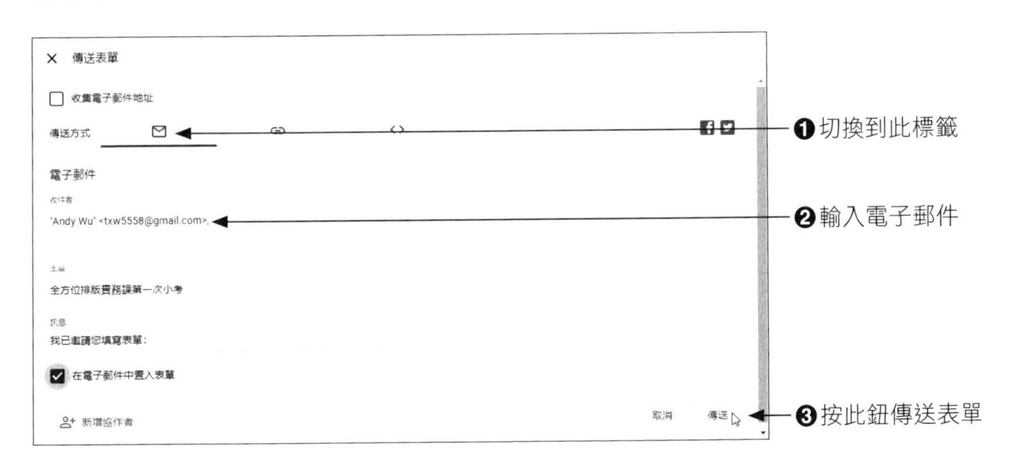

表單傳送後，對方的 Gmail 就可以收到信件，開啟郵件即可進行表單的填寫，也可以選擇在 Google 表單中填寫表單。填寫完畢按下底端的「提交」鈕即可提交考卷。

14-2-2 使用連結網址傳送表單

透過連結網址連結至表單，只要將網址或縮短網址按下「複製」鈕複製後，即可貼到想要發佈的管道。

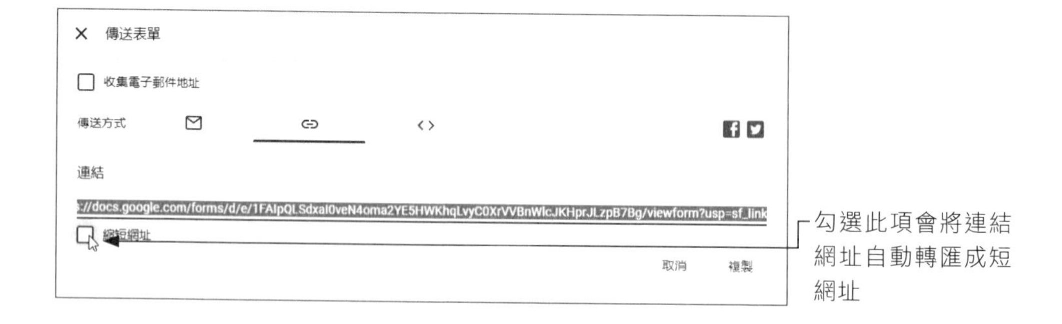

14-2-3 將表單嵌入 HTML

如果你是網站的管理人員，懂得 HTML 語法，可將 HTML 語法複製並貼到網頁中，即可顯示為表單。

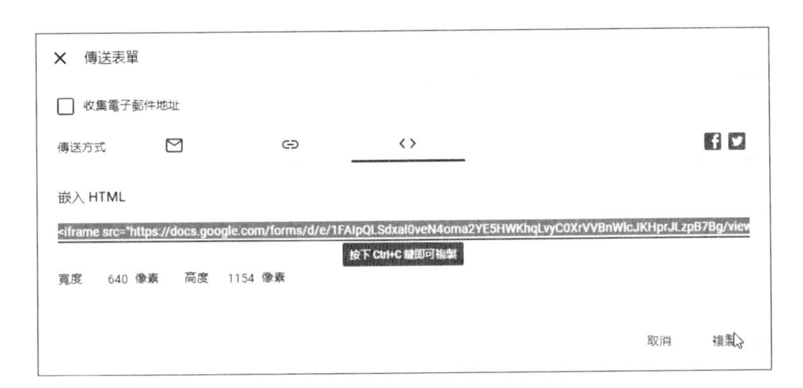

14-3 列印紙本表單

製作完成的考卷除了直接進行線上考試外，如果想要列印成紙本方式，可以從表單右上角按下「更多選項」⋮ 鈕，再下拉選擇「列印」指令，確認相關的選項設定，即可按下「列印」鈕列印表單。

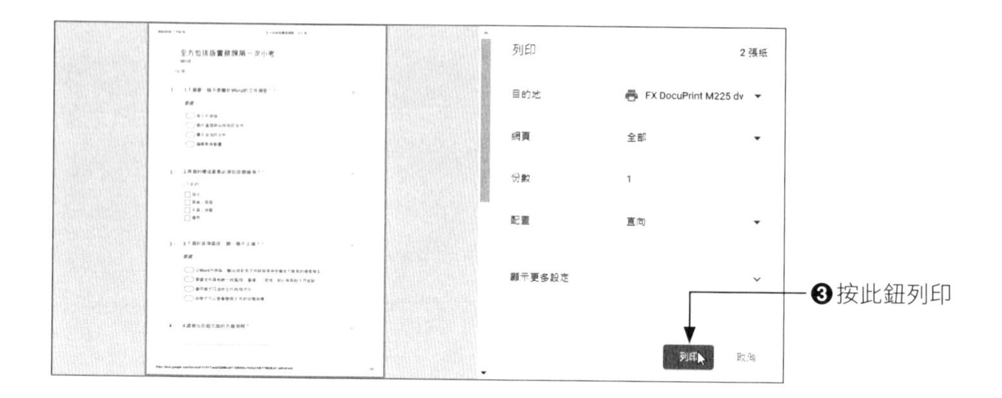

14-4 查看回覆的表單

當老師將表單傳送出去，學生回答表單內容之後進行提交，老師就可以從表單上的「回覆」標籤看到回覆的情況，除了進行問題或試卷的批改外，也可以透過圖表方式查看回應的結果。

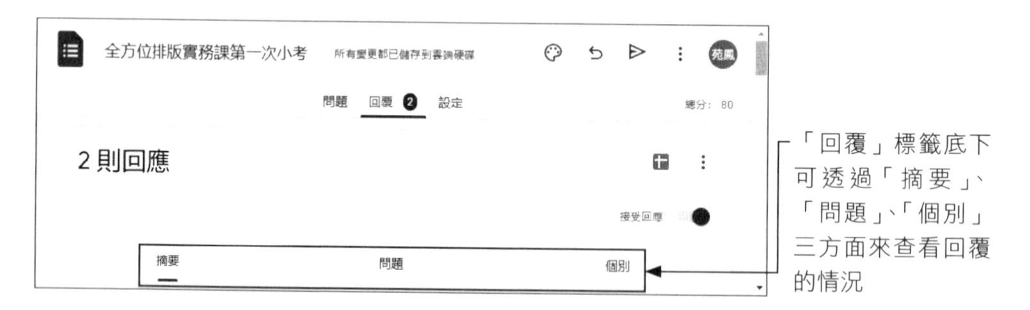

14-4-1 批改考卷

在「問題」標籤中可進行考卷的批改，並針對各題目給予分數。

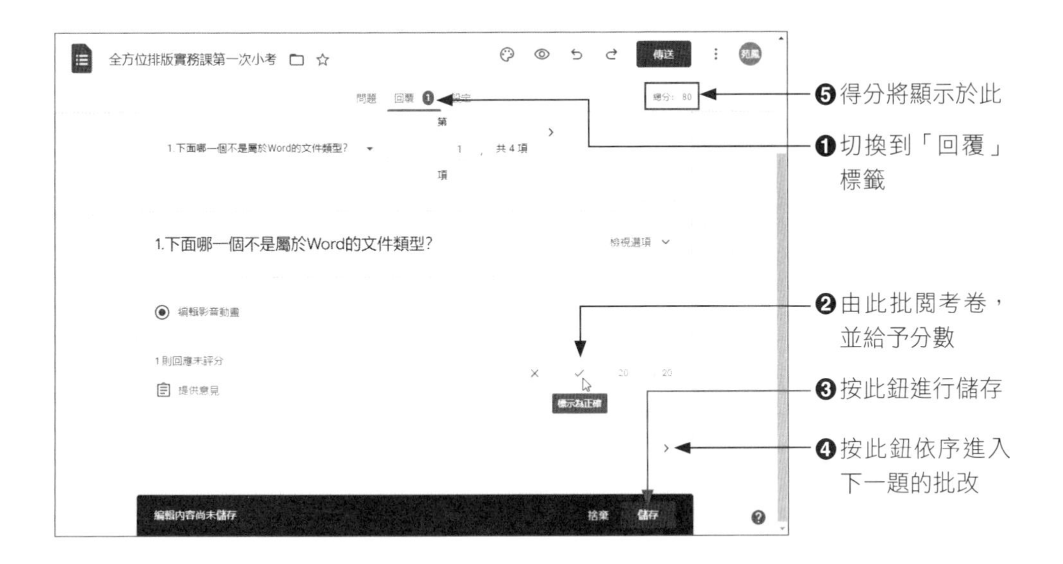

14-4-2 查看摘要

在「回覆」的標籤如果切換到「摘要」，將以圖表方式學生的成績與人數，那些題目學生較不理解，也可以由此「摘要」中看出。

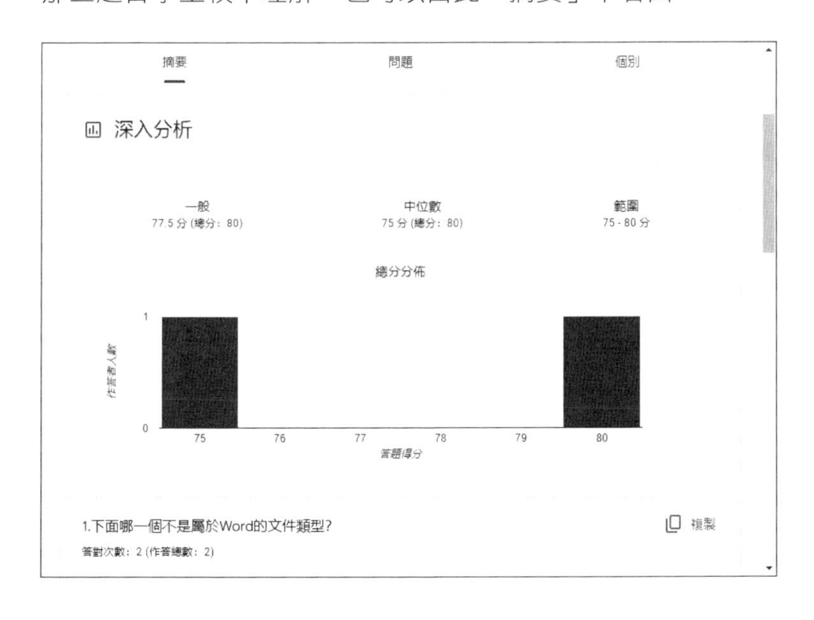

14-4-3 將回覆結果轉為 Google 試算表

對於回覆的結果，老師可以將它們轉換成 Google 試算表，方便老師查閱。

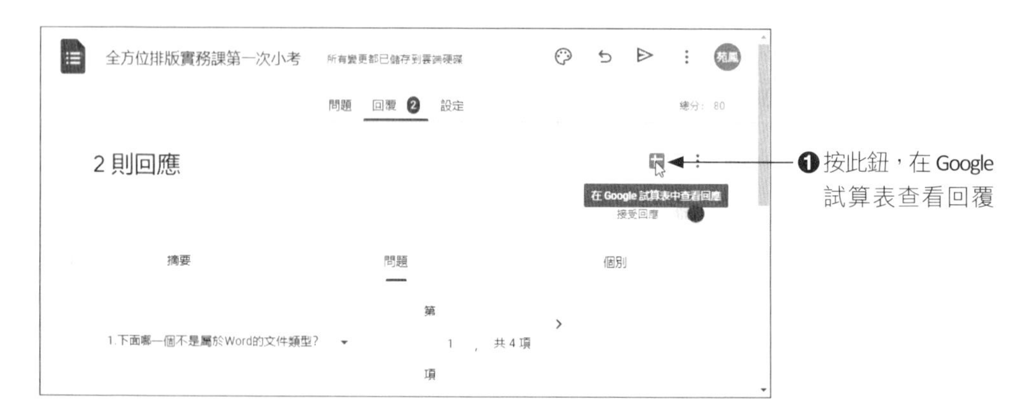

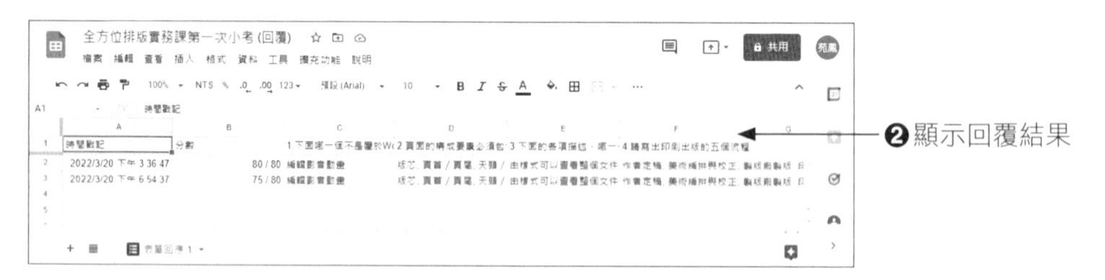

15
CHAPTER
表單的進階應用

在前面的章節中，我們已經了解表單的建立類型、傳送方式、列印和查看回覆，接下來我們介紹更多的使用技巧，讓你設計的表單可以更多元化、更符合課程的需要。

15-1 表單的視覺美化

前面章節所製作的表單，只有單純的文字，這裡來學習如何加入圖片、影片等物件，同時學會區段的分隔以及問題的匯入，讓你快速製作與眾不同的表單。

15-1-1 新增分隔的區段

當你設計的表單需要同時顯示填寫個人的相關資料，或是所提供的選項類型較多元化時，最好能夠適時的分隔區段，這樣可以讓表單更清楚易識，免得讓填寫者望之卻步。

在表單的功能中有一個「新增區段」的功能，可以讓表單依區段分頁顯示。

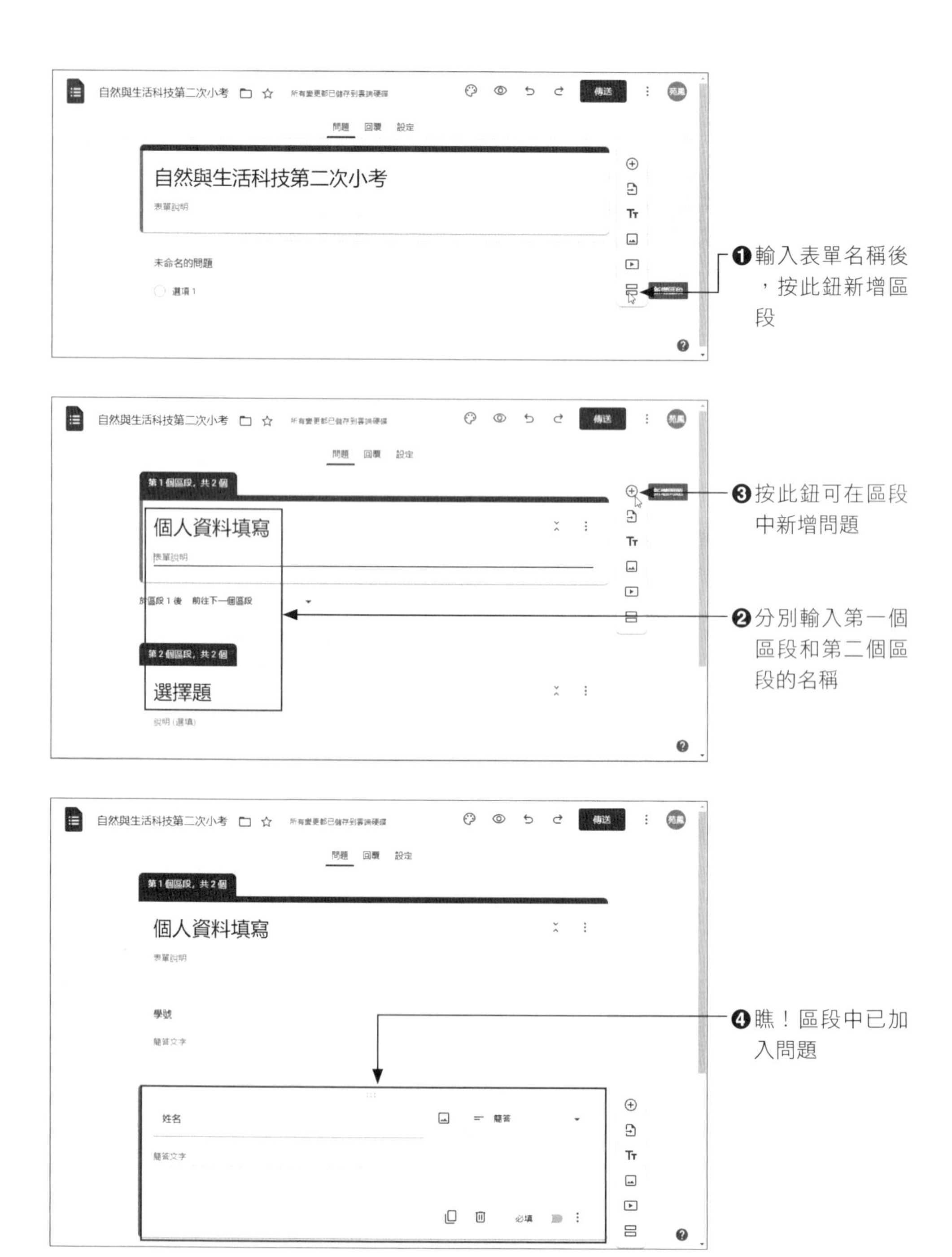
自然與生活科技第二次小考
傳送
問題
回覆
設定
表單說明
未命名的問題
選項 1
❶輸入表單名稱後，按此鈕新增區段
第 1 個區段，共 2 個
個人資料填寫
前往下一個區段
❸按此鈕可在區段中新增問題
❷分別輸入第一個區段和第二個區段的名稱
第 2 個區段，共 2 個
選擇題
說明（選填）
學號
簡答文字
❹瞧！區段中已加入問題
姓名
簡答
必填

除了利用「新增區段」▭ 的功能讓表單依區段分頁顯示外，也可以透過「新增標題與說明」Tт 鈕來區分選擇、簡答等不同的題型。其顯示的效果如下：

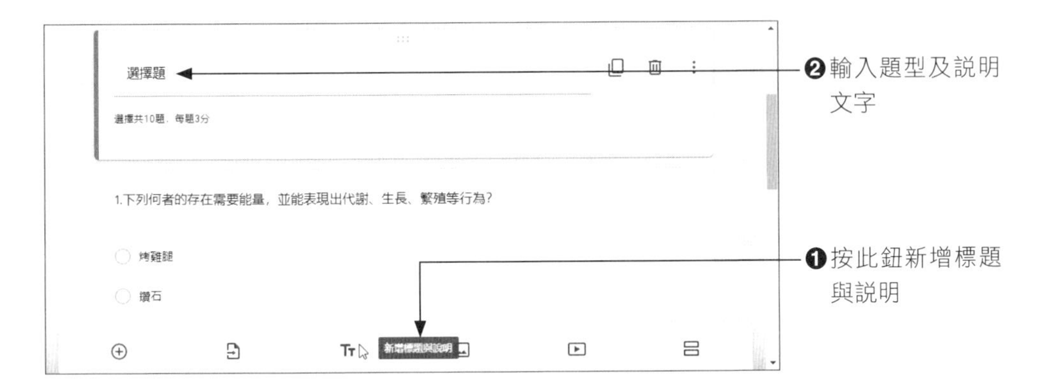

15-1-2 快速匯入之前的表單問題

教授不同的班級，為了避免考試時間的不同而有同學洩題的情況，很多時候老師會為各班級設定不同的考題，但是考試範圍相同，當然有很多題目也可能重複。如果先前某份表單中已經有相同的問題，老師可以考慮把它們快速匯入，這樣就可以加快考卷製作的時間。要快速匯入問題的方式如下：

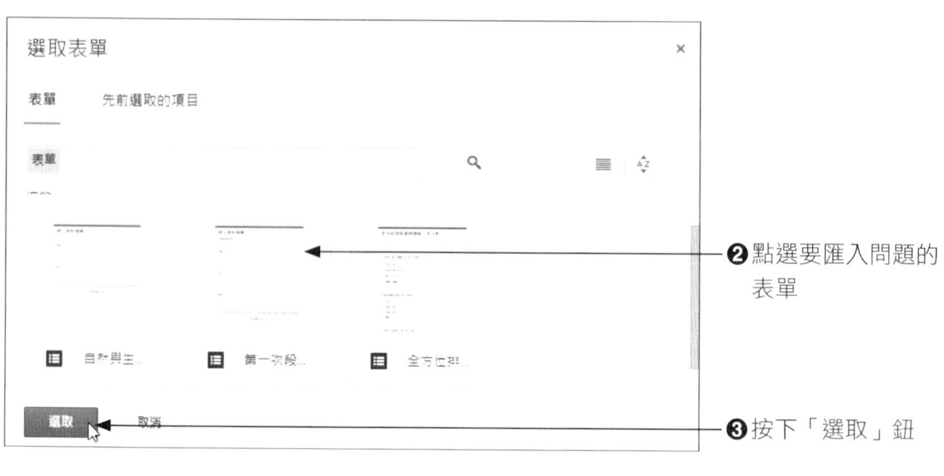
選取表單
表單
先前選取的項目
❷點選要匯入問題的表單
選取
取消
❸按下「選取」鈕

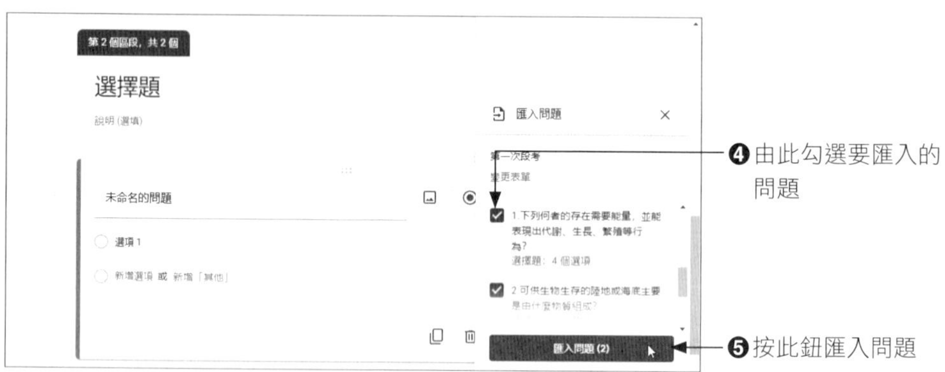
第 2 個區段，共 2 個
選擇題
說明 (選填)
匯入問題
第一次段考
變更表單
未命名的問題
選項 1
❹由此勾選要匯入的問題
匯入問題 (2)
❺按此鈕匯入問題

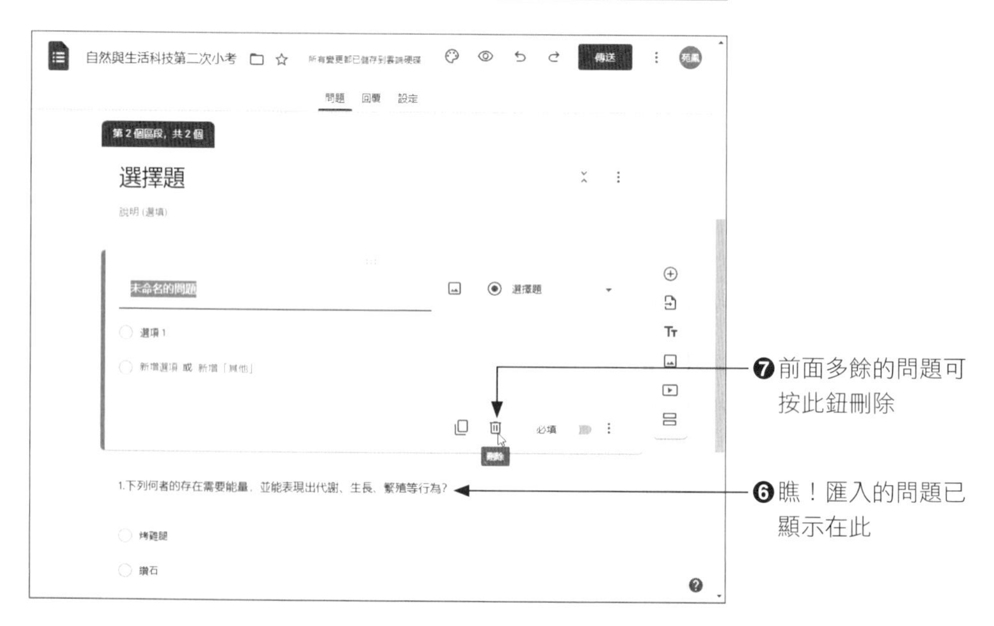
自然與生活科技第二次小考
傳送
問題
回覆
設定
第 2 個區段，共 2 個
選擇題
說明 (選填)
未命名的問題
選擇題
選項 1
必填
刪除
❼前面多餘的問題可按此鈕刪除
1.下列何者的存在需要能量，並能表現出代謝、生長、繁殖等行為?
❻瞧！匯入的問題已顯示在此

15-1-3 為問題加入圖片

問題的設定除了文字外，也可以使用圖片，特別是活動報名的表單，有圖為證更是吸睛的焦點。學校的考試有時需要以圖片輔助說明，可以透過以下的方式來加入圖片式的答案選項。

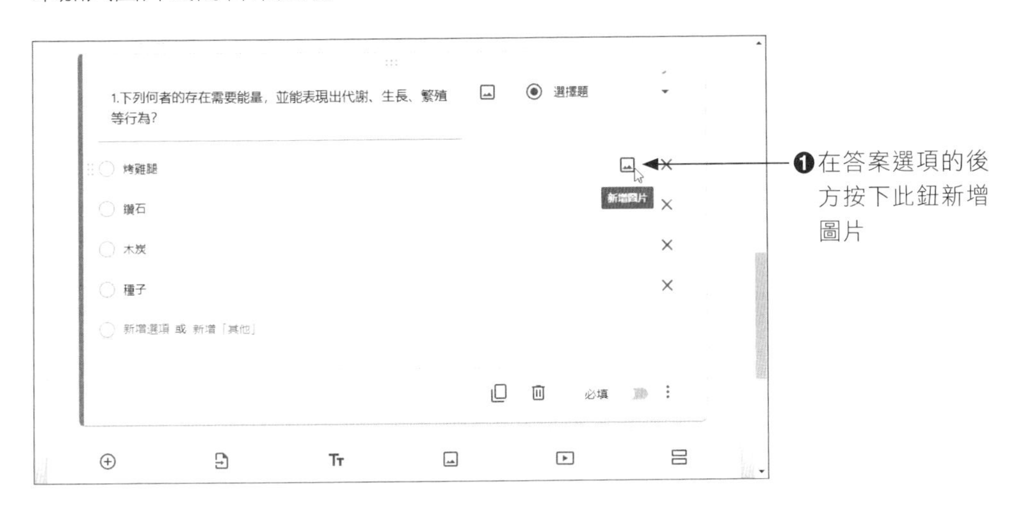

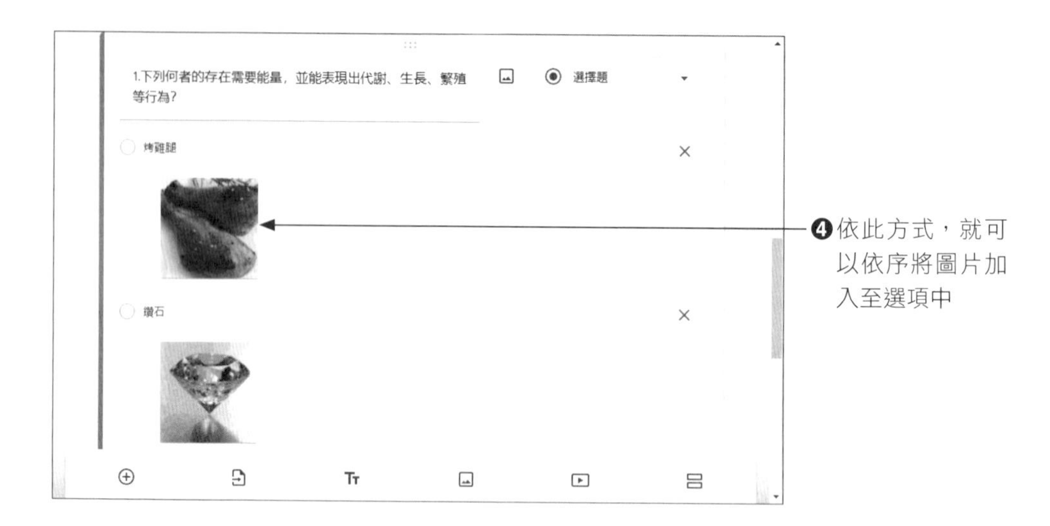

如果上傳圖片時發現傳錯畫面，只要在圖片的右上角按下「X」鈕即可刪除重傳。

15-1-4 插入 YouTube 影片

現在 Google 表單也可以支援 YouTube 平台上的影片，只要透過關鍵字搜尋到影片，將網址貼到表單中，就可以插入 YouTube 影片。

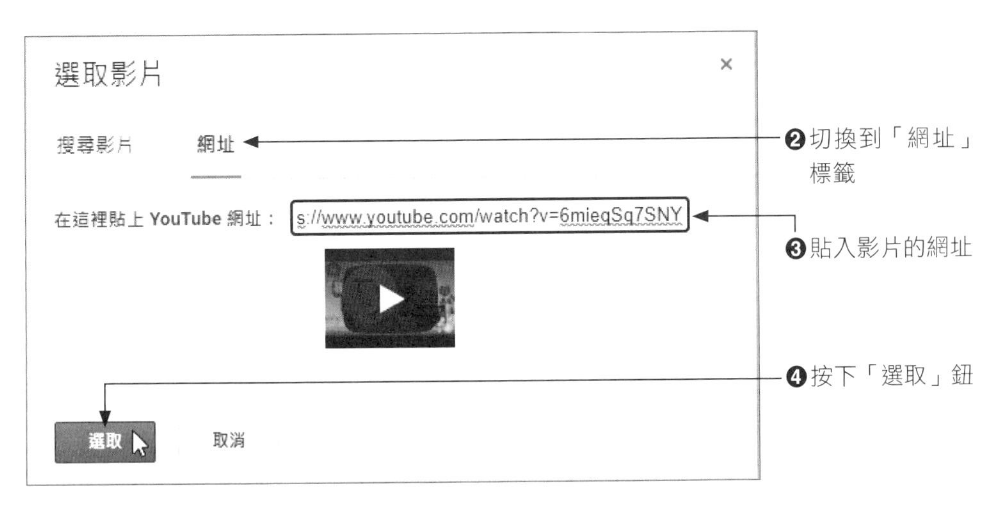

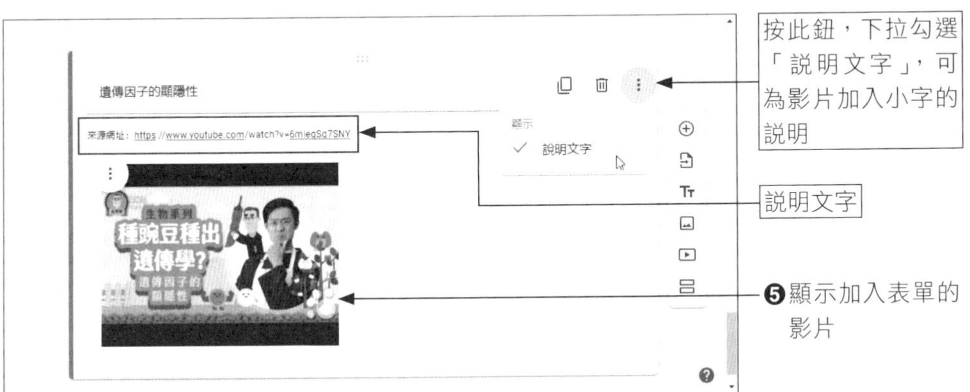

另外，按下影片左上角的 ⋮ 鈕，可設定影片的對齊、變更或移除喔！如下圖所示：

15-1-5 自訂主題色彩和圖片

除了加入區段、圖片、影片等方式來美化你的表單外，Google 表單還提供「自訂主題」的功能，可讓整個表單更具視覺上的特色。請由表單右上角按下「自訂主題」🎨鈕，即可選擇主題色彩或主題相片。

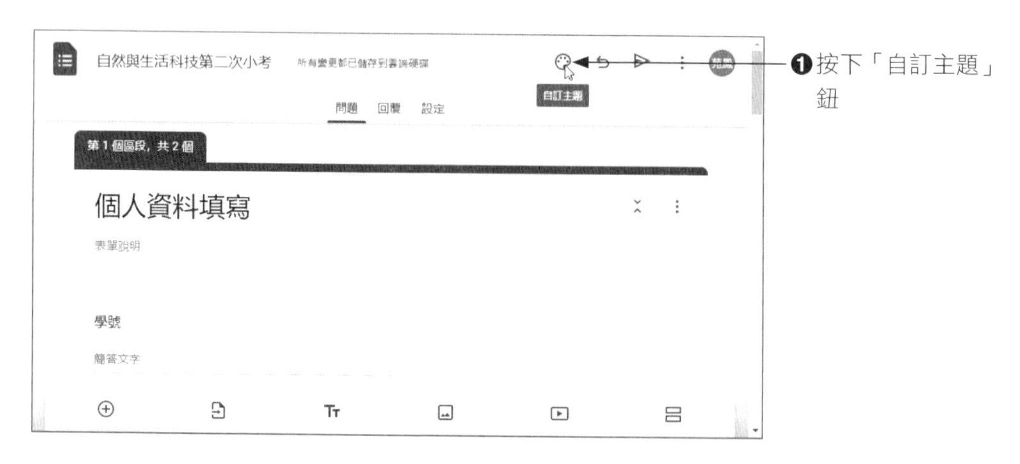

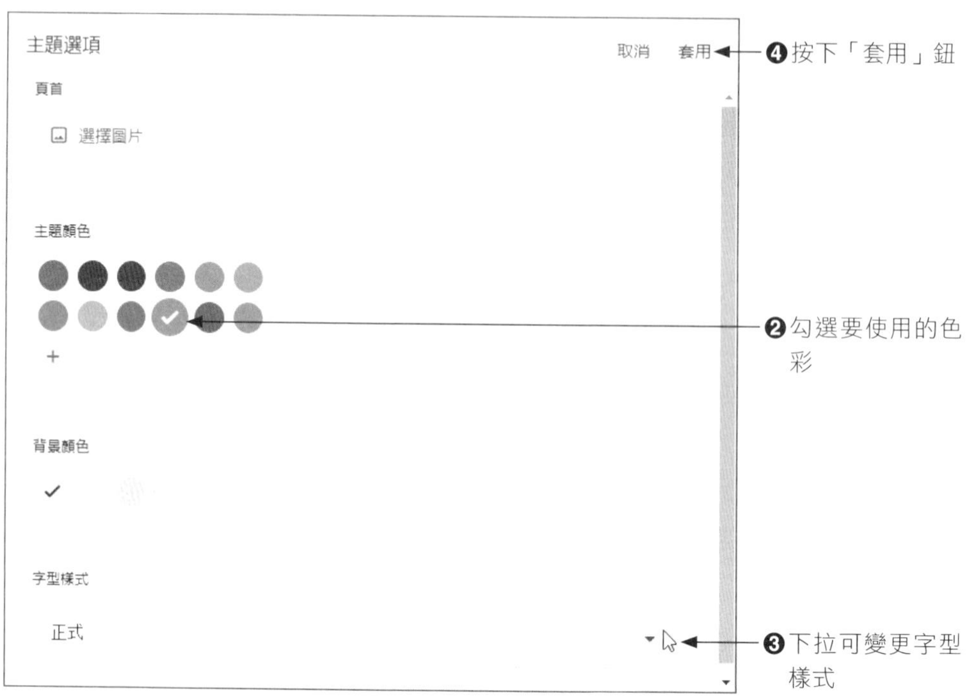

在「主題選項」的視窗中，如果按下「首頁」的「選擇圖片」鈕，將會進入如下視窗，各位可以直接在「主題」標籤中選擇各類型的標題圖案，另外也可以切換到「上傳」標籤來上傳圖片。

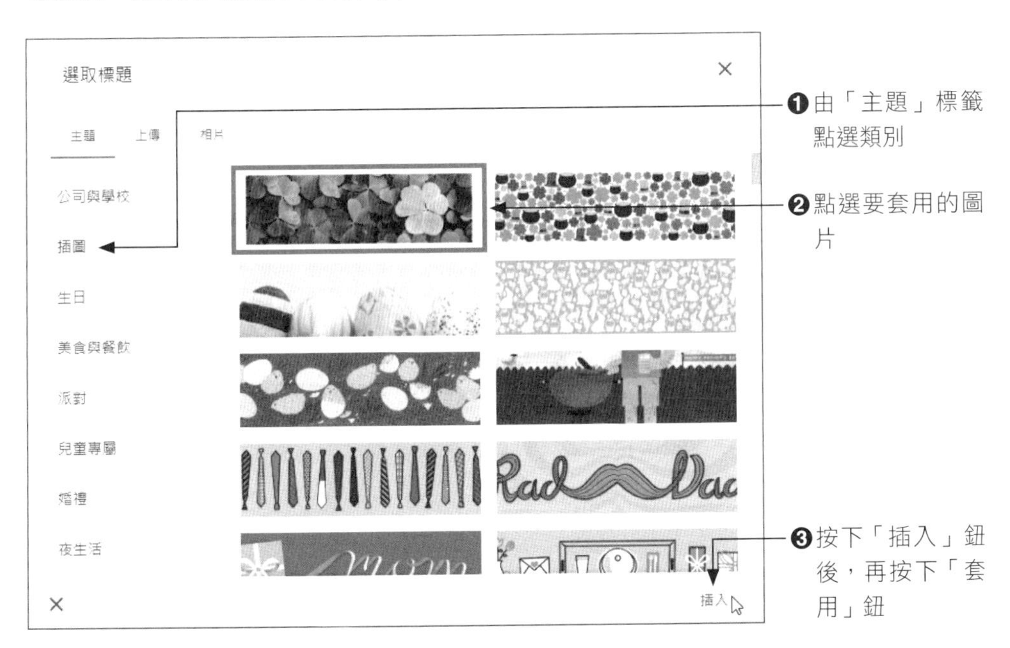

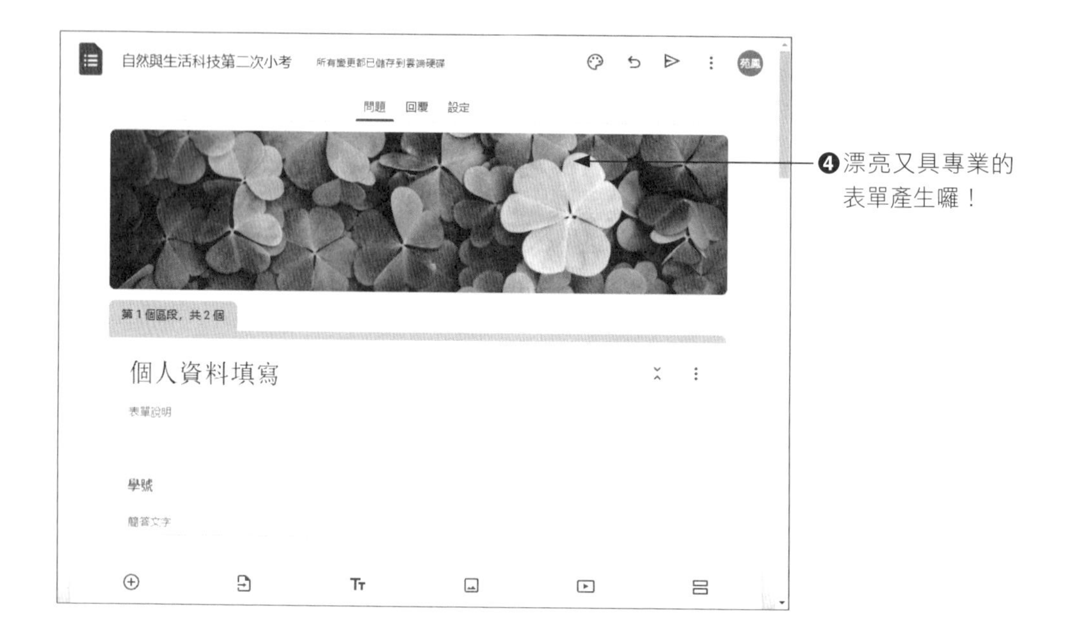

15-2 測驗表單的優化

利用 Google 表單功能進行測驗卷的設計，你可加入許多的專屬設定，像是先前我們提過的題目是否為必答題，如果是必答題，就會在題目上顯示紅色的星號。另外，你也可以設定題目或選項是否需要隨機排序出題，如此同一份考卷也不怕學生們作弊，還有一些跟測驗表單有關的功能，這裡一併和各位作探討。

15-2-1 指定問題為必答

在表單中除了姓名、學號、班級等必答的問題之外，如果有特別一定要填寫者回答的問題，也可以一起將問題設為必答。設定的方式很簡單，只要在問題右下方將「必填」呈現紫色的開啟狀態即可。

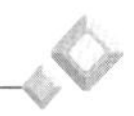

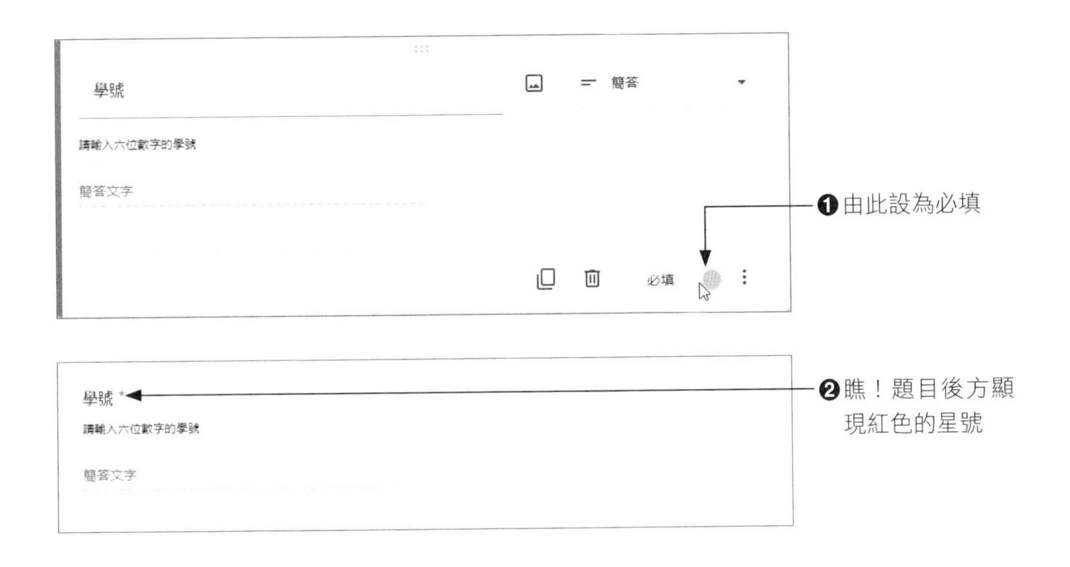

15-2-2 回應驗證的設定

有些問題需要填寫者自行輸入答案，為了提升答案填寫的正確性，Google表單提供了「回應驗證」的功能，可以限定依數字字數、英文字母大小寫、文字字數等規則來驗證答案。設定時請從題目右下角按下 ⋮ 鈕並下拉選擇「回應驗證」的選項。

驗證的內容可為數字、文字、長度、或規則運算式，從下拉式選單可以看到選項內容，各位可以依照需求自行設定驗證的規則。

15-2-3 隨機排列答案或問題順序

如果想要防止學生有作弊的情況發生，老師可以將問題選項隨機排列，如此一來，讓每個學生所看到的選項順序都不一樣，特別是選擇題的部分，設定方式如下圖所示：

如果希望測驗卷中的問題也能隨機排列，以確保學生不會發生抄襲的情況，請由表單上方切換到「設定」標籤，再進行以下的設定。

要特別注意的是，如果一開始就有打算隨機決定問題的排列順序，那麼在出問題時就不要加入問題的編號，這樣整份測驗卷才不會覺得順序凌亂。

此外，如果你有加入學號、姓名、班級等基本資料的填寫，這些也會加入排序之中，所以可能會出現考題寫到一半才看見姓名、學號…等基本資料。為了避免這種情況發生，建議各位可以透過「新增區段」或「新增標題與說明」的功能來為問題分組。分組後只有同組的問題或選項會隨機排序，不會跨組隨機排序。

15-2-4 僅限定回覆一次

針對考試部分，為了公平起見，通常要限定學生只能填答一次，不可以重複提交，且提交考卷後就不可以再次編輯答案。關於這個部分，Google 會要求應考者必須先登入自己的 Google 帳號，才能回答這份測驗卷。老師只要在「設定」標籤裡，將「僅限回覆 1 次」的功能開啟即可。

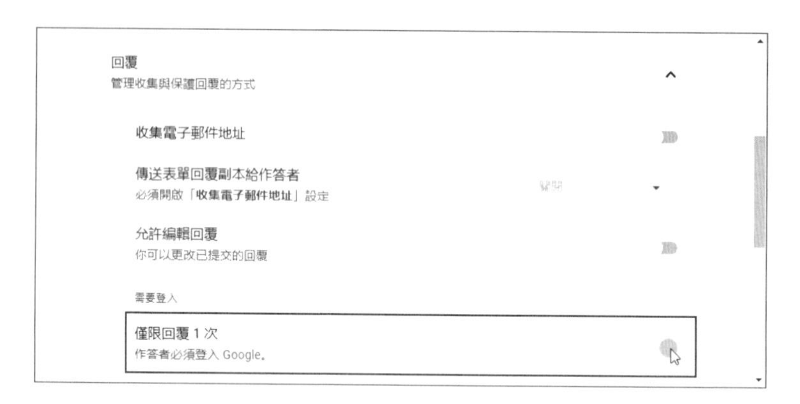

15-2-5 設定答案及指派配分

在進行考卷的製作時，選擇題、簡答題、下拉式選單、核取方塊等題型都可以事先指定答案，而且可以設定好每題所占的分數。

要設定每個問題的正確答案，請點一下問題，然後在左下方按下「答案」鈕，即可進入視窗設定正確的答案。

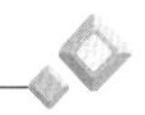

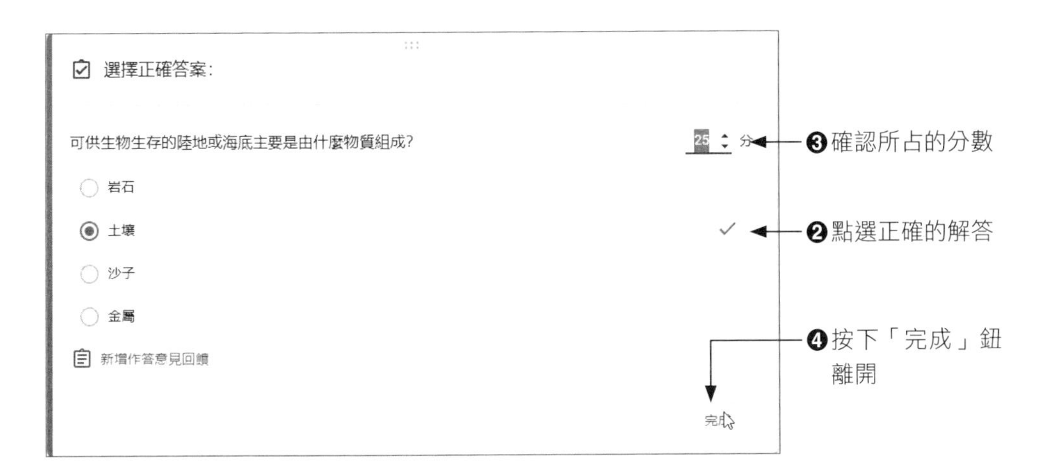

針對答對或答錯的選項，如果老師還要再加以解說或提供意見，可按下底端的「新增作答意見回饋」的超連結，在如下的視窗中進行說明。

此外，針對學號、姓名等基本資料，可以將分數配為「0」，就不會佔據分數。

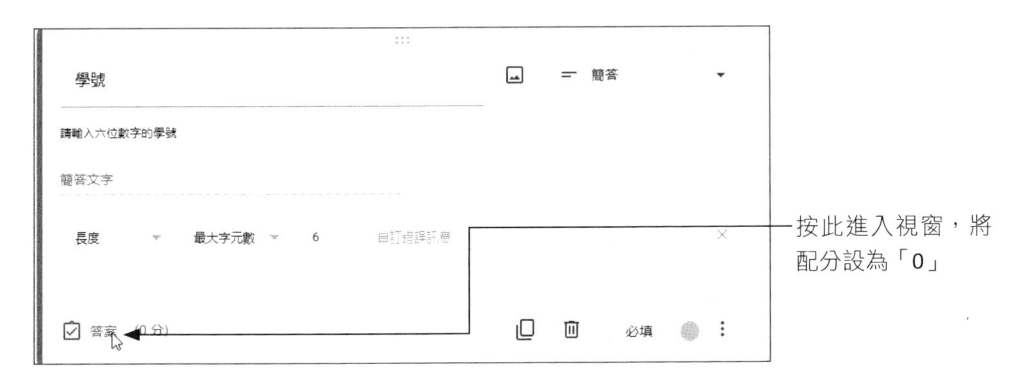

當老師有設定正確的答案，那麼學生提交後就可以立即公布成績，老師也可以省下許多批改的時間。

15-2-6 開始與停止測驗

前面我們提到過，測驗用的表單可以使用電子郵件或連結的網址來傳送表單，如果測驗答題的時間還未到，可先關閉表單回應，避免答題者提早作答。

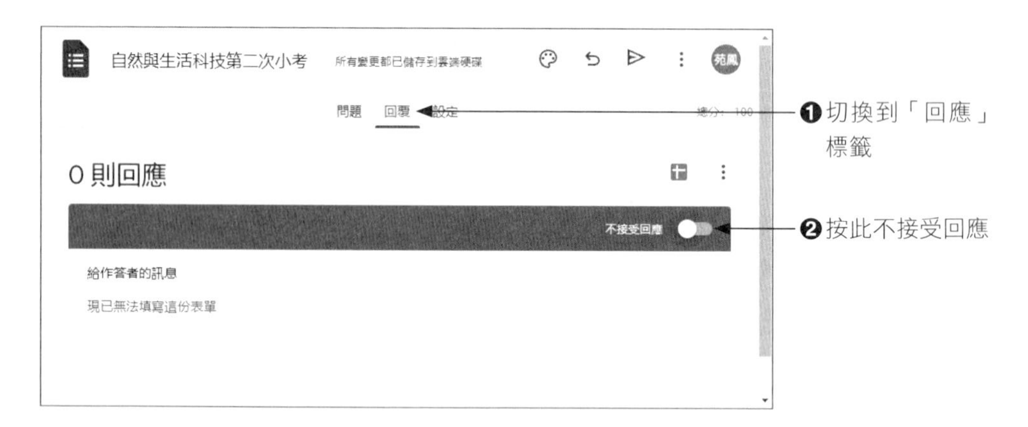

等到考試時間快結束時，老師再開啟「接受回應」的開關，讓學生可以提交測驗表單。

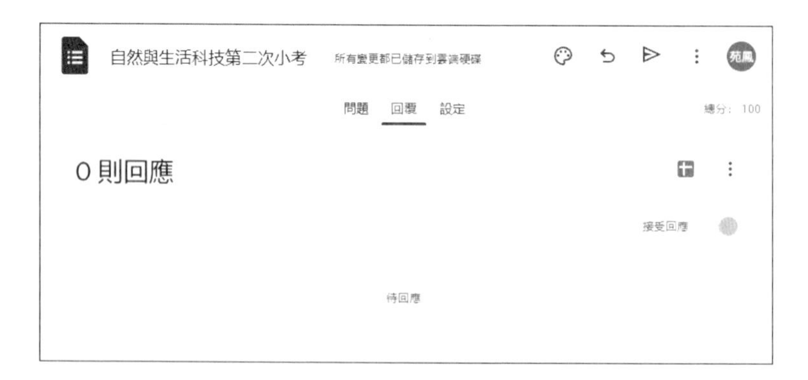

限於篇幅的關係，有關表單的應用我們就介紹到這裡，希望這些內容的介紹，能讓老師可以輕鬆上手製作考卷。

Google 教學的好幫手

第 7 篇

前　言

Google 雲端硬碟（Google Drive）是一個可以儲存相片、文件、試算表、簡報、繪圖、影音等各種教學內容的空間，讓你無論透過智慧型手機、平板電腦或桌機，在任何地方都可以存取雲端硬碟中的檔案，而 Google 日曆可以幫你記錄生活上的各種大小事情、提醒你重要會議、也能幫你建立活動、邀請朋友，讓你隨時隨地都能掌握行程，所以這一篇要和各位一起探討雲端硬碟和日曆的功能與使用技巧，讓各位在教學上更便利。

學習大綱

16. 免費又安全的雲端硬碟 Google Drive

17. Google 日曆的行程管理

16
CHAPTER

免費又安全的雲端硬碟 Google Drive

雲端硬碟採用傳輸層安全標準（TLS）取代 SSL，可以確保雲端硬碟資料或文件的安全性。各位只要擁有 Google 帳戶就可以免費享有 15 GB 的硬碟空間。想要進入雲端硬碟，由 Google 右上角的 ⠿ 鈕，下拉選擇「雲端硬碟」圖示，或是直接於瀏覽器上輸入網址：https://drive.google.com/drive/my-drive，就可以進入雲端硬碟的主畫面。

16-1 雲端硬碟的特點

雲端硬碟的好處很多，除了因為它擁有較大的免費硬碟空間外，它還擁有以下的特點：

16-1-1 共用檔案協同合作編輯

雲端硬碟中的各種文件檔案或資料夾，可以邀請他人一同查看或編輯，輕鬆與他人進行線上協同作業。

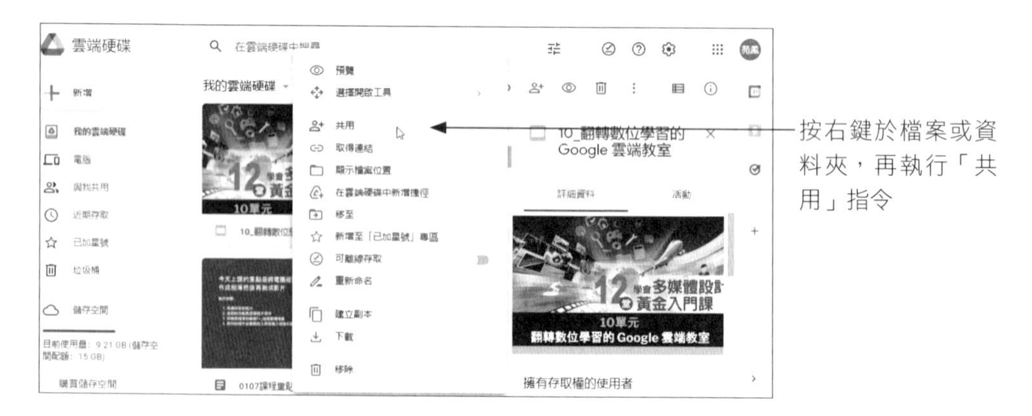

如果要建立或存取 Google 文件、Google 試算表和 Google 簡報，也可以透過以下方式來建立，還可以在本地端電腦上傳檔案或資料夾到雲端硬碟上。

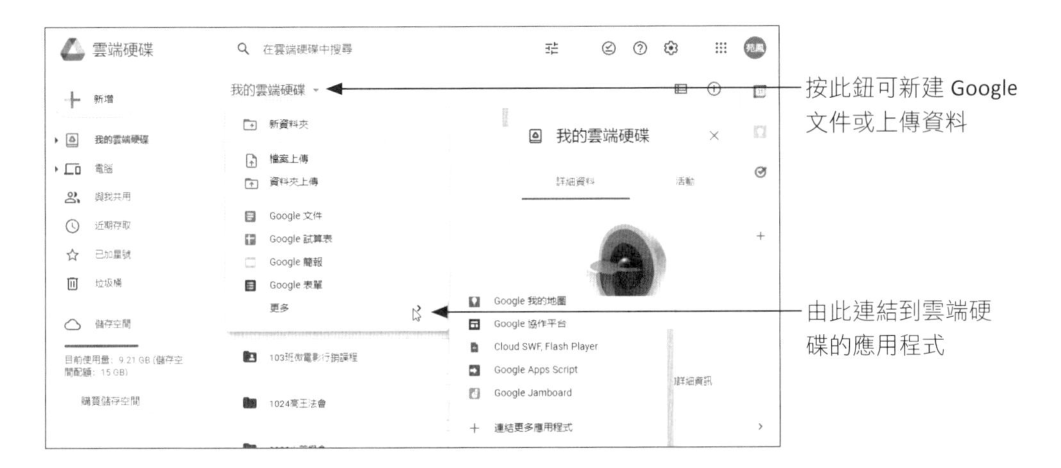

要上傳檔案或資料夾到 Google 雲端硬碟，除了從「我的雲端硬碟」的下拉功能選單中執行「上傳檔案」或「上傳資料夾」指令外，如果你使用 Chrome 或 Firefox 瀏覽器，還可以將檔案從本地端電腦直接拖曳到 Google 雲端硬碟的資料夾或子資料夾內。

16-1-2 連結雲端硬碟應用程式（App）

Google 雲端硬碟可以連結到超過 100 個以上的雲端硬碟應用程式，這些實用的軟體資源，可以幫助各位豐富日常生活中許多的工作、作品或文件，要連結上這些應用程式，可於上圖中點選「我的雲端硬碟／更多／連結更多應用程式」指令，就會出現如下圖的視窗供各位將應用程式連接到雲端硬碟。

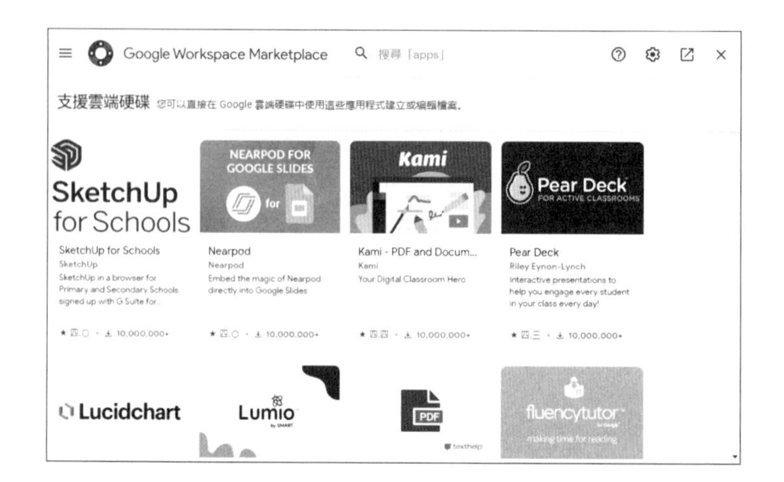

如果想知道目前有哪些應用程式已連結到你的雲端硬碟，可在「雲端硬碟」主畫面按下 ⚙ 鈕並下拉選擇「設定」指令，切換到「管理應用程式」標籤，即可看到已連結的應用程式。

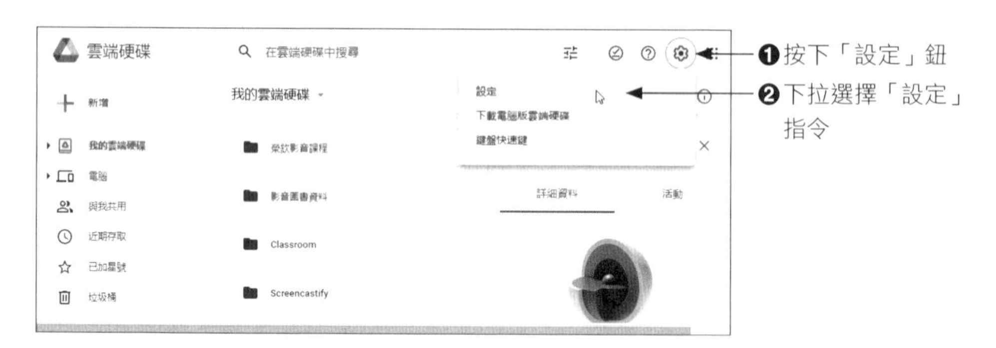

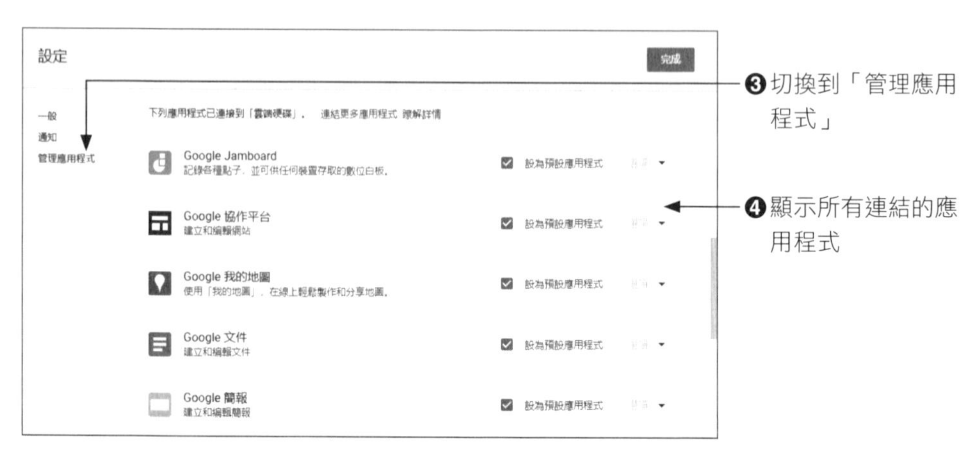

16-1-3 利用表單進行問卷調查

除了建立文件外，Google 雲端硬碟上的 Google 表單應用程式可讓您透過簡單的線上表單進行問卷調查，並可以直接在試算表中查看結果。

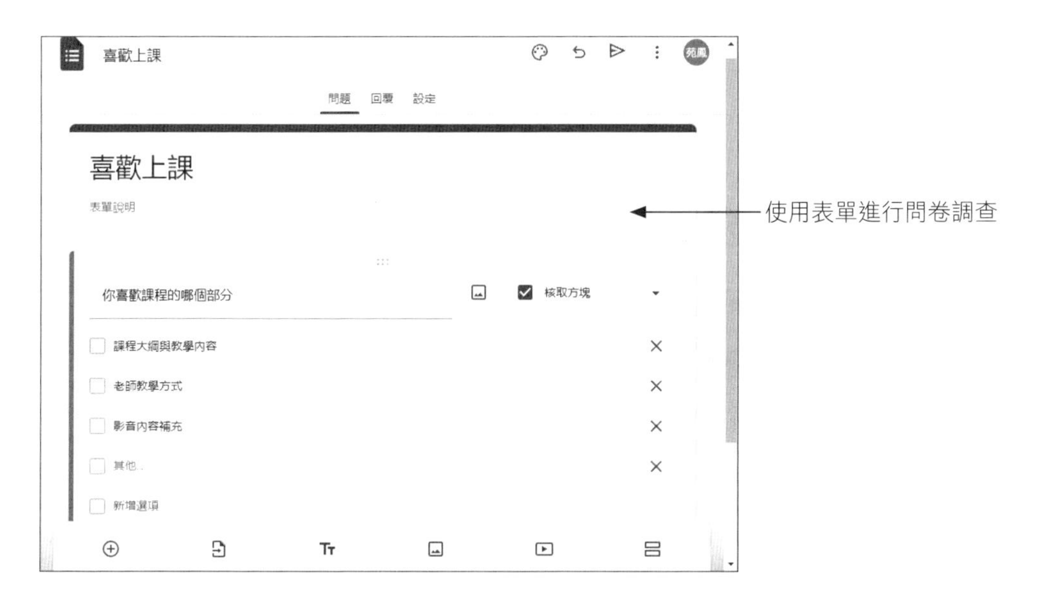

16-1-4 整合 Gmail 郵件服務

雲端硬碟也能將 Gmail 郵件服務功能整合在一起，如果要將 Gmail 的附件儲存在雲端硬碟上，只要將滑鼠游標停在 Gmail 附件上，然後尋找「雲端硬碟」圖示鈕，這樣就能將各種附件儲存至更具安全性且集中管理的雲端硬碟。

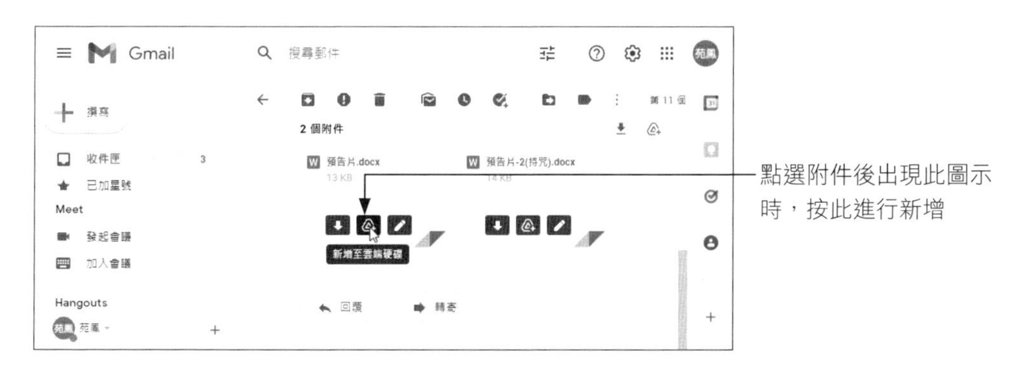

16-2 雲端硬碟的管理與使用

雲端硬碟的空間大，可以讓用戶存放許多的檔案，如果不妥善管理，那麼硬碟就會雜亂無章且不敷使用，要找尋檔案也不容易。因此這一小節將介紹檔案的上傳、下載、開啟方式、分類管理、分享／共用等使用技巧，以及如何查看你的雲端硬碟的使用量。

16-2-1 查看雲端硬碟使用量

Google 雲端硬碟雖然提供了 15 GB 的免費空間，但是影音、相片的資料量通常都很大，而 Google 空間是由 Google 雲端硬碟、Gmail、Google 相簿三項服務所共用，如果想要進一步知道儲存空間的用量，可以在視窗左下角看到。

如果你的儲存空間不夠使用，那麼可以考慮付費來取得更多的空間。按下左下角的「購買儲存空間」會在如下的視窗中顯示你目前空間的使用狀況，再下移畫面即可選購各項方案，目前基本版 100 GB 的空間每月只需付 65 元，相當便宜，而且最多可與 5 位使用者分享，方便一家人共用儲存空間。

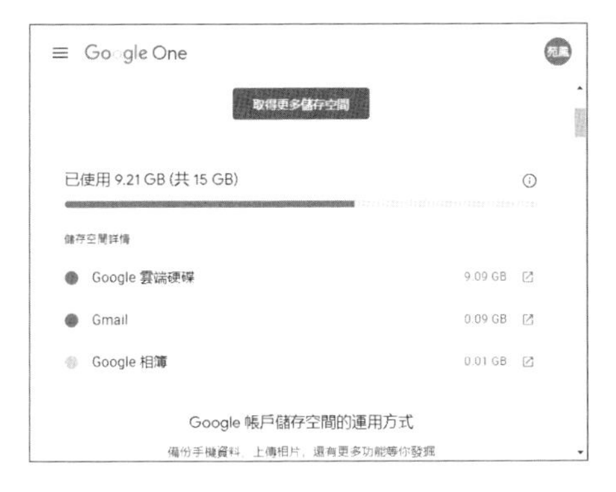

16-2-2 上傳檔案／資料夾

不論是在學校或在外地，想將檔案上傳到雲端硬碟，只要進入個人帳戶和雲端硬碟後，就可以透過左上角的「新增」鈕或是如下方式來上傳檔案，上傳的檔案類型沒有限制。

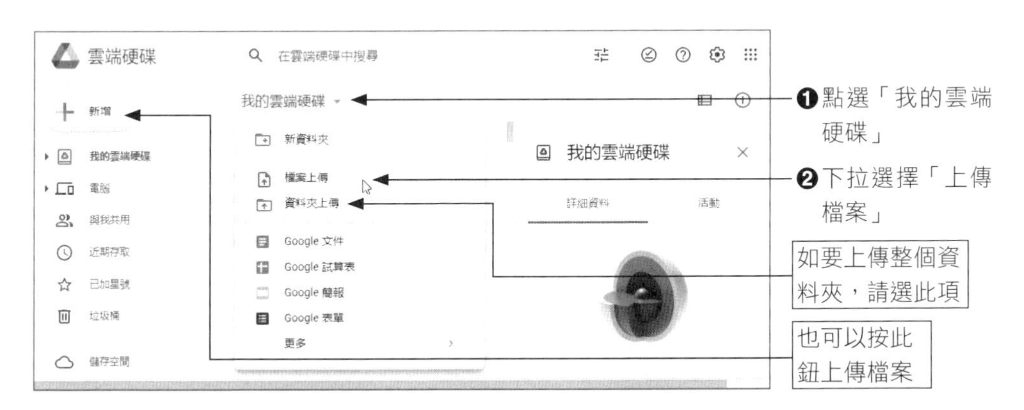

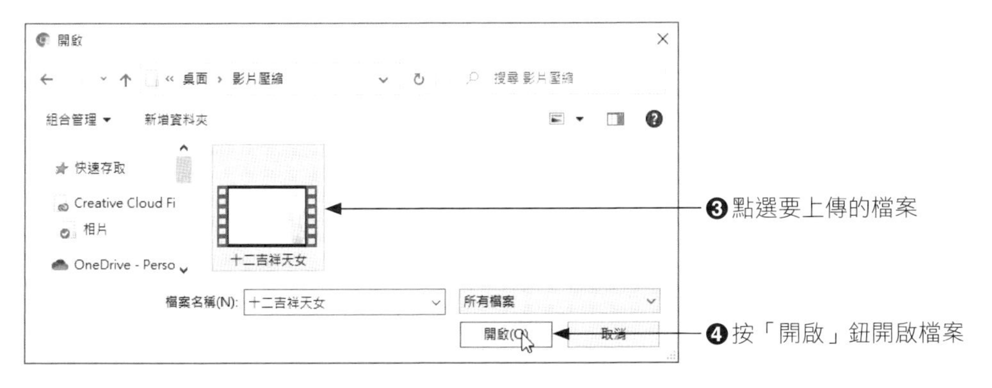

上面示範的只是上傳一個檔案，如果你有整個資料夾要上傳，則請選擇「上傳資料夾」的選項，這樣上傳後就會自動在我的雲端硬碟下方顯示資料夾名稱。如果需要直接在雲端硬碟上新增資料夾，可選擇「新資料夾」指令。

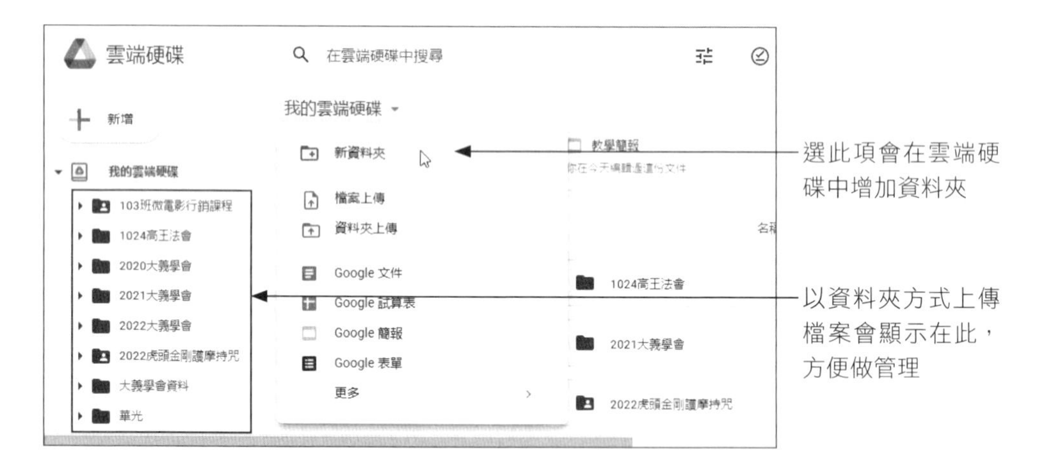

16-2-3 用顏色區隔重要資料夾

當雲端硬碟中的資料夾越來越多時，要想快速找到重要資料，各位可以透過顏色來加以區隔，這樣就可以凸顯資料夾的重要性。

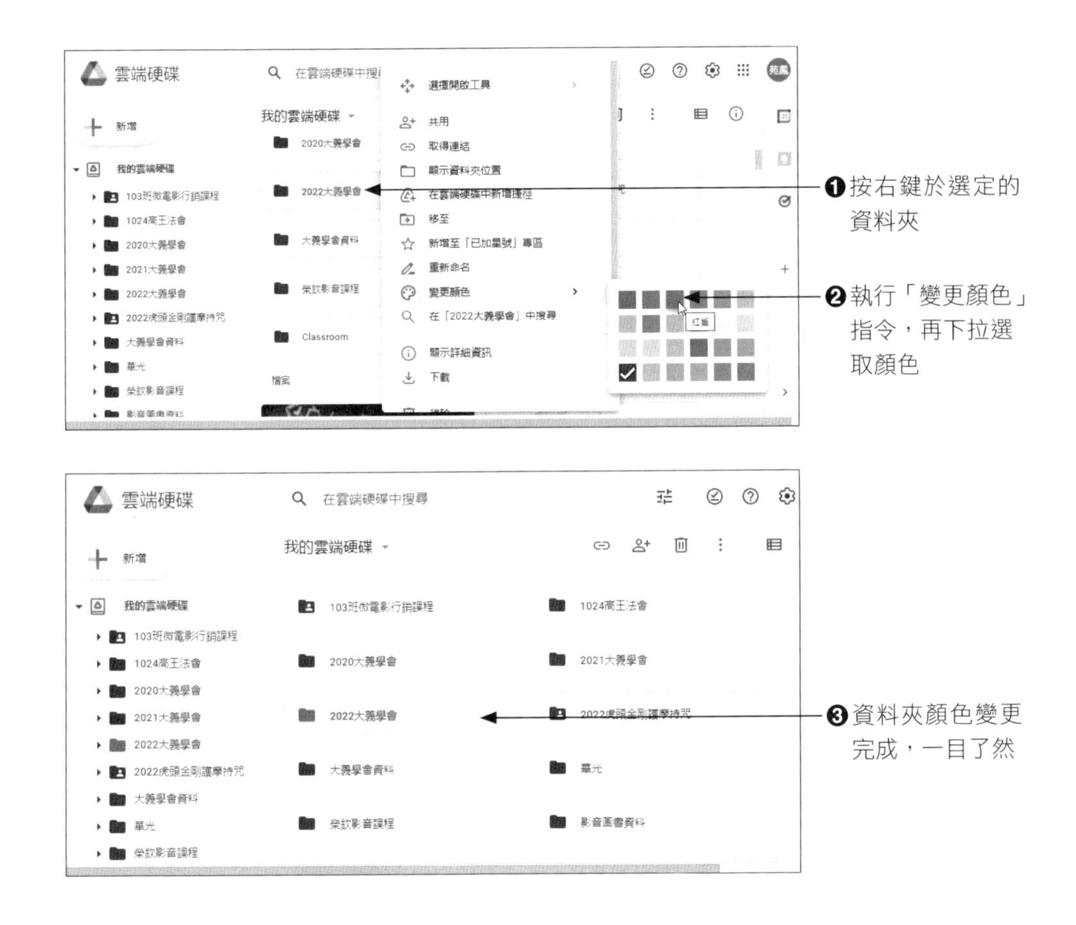

16-2-4 預覽與開啟檔案

存放在雲端硬碟中的檔案，如果想要預覽內容，只要按右鍵在檔案的縮圖，即可選擇「預覽」指令，而要直接開啟檔案，可按右鍵執行「選擇開啟工具」指令，再由副選單中選擇適切的應用程式，要是遇到雲端硬碟上沒有適切的軟體可開啟檔案，建議下載後再由電腦中的程式來進行開啟。

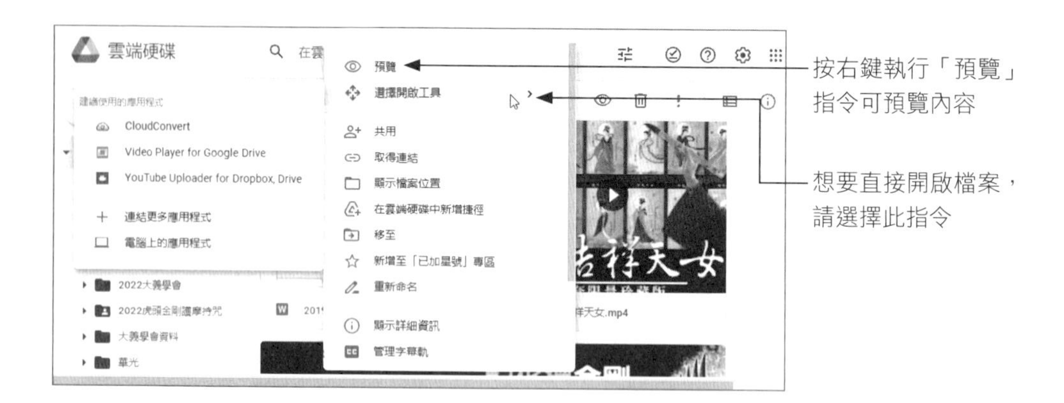

16-2-5 下載檔案至電腦

當你開啟檔案進行預覽後，如果需要下載檔案，只要在視窗右上角按下 鈕，檔案就會下載至使用者的「下載」資料夾中。

16-2-6 刪除／救回誤刪檔案

對於不再使用的檔案，你可以直接按右鍵在檔案縮圖，然後執行「移除」指令來進行刪除。刪除後的檔案會保留在「垃圾桶」的資料夾中，萬一檔案誤刪，

只要切換到「垃圾桶」，然後按右鍵在誤刪的檔案上，即可執行「還原」指令來還原檔案。通常垃圾桶中的項目會自動在 30 天以後永久刪除，如果因為硬碟空間不夠，想要將垃圾桶清空，可按下「清空垃圾桶」鈕，而永久刪除的檔案就無法進行復原。

16-2-7 分享與共用雲端資料

用戶存放在雲端上的檔案，其預設值是屬於私人的檔案，但是也可以分享給其他人來瀏覽或編輯。如果是與他人共用的檔案，會在檔案後方出現 👥 的圖示。如下圖所示：

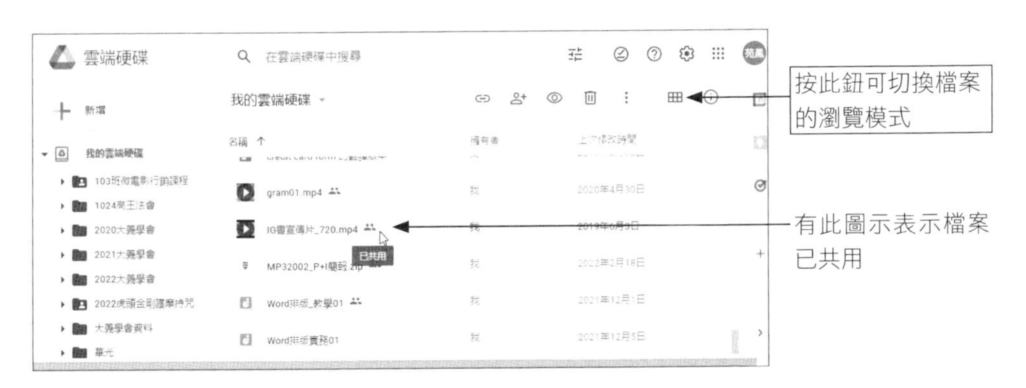

檔案和他人共用，可以提升小組成員的工作效率，只要對方取得連結的網址，即可檢視或進行編輯。另外你也可以直接輸入對方的電子郵件信箱，這樣對方也能與你共用文件。

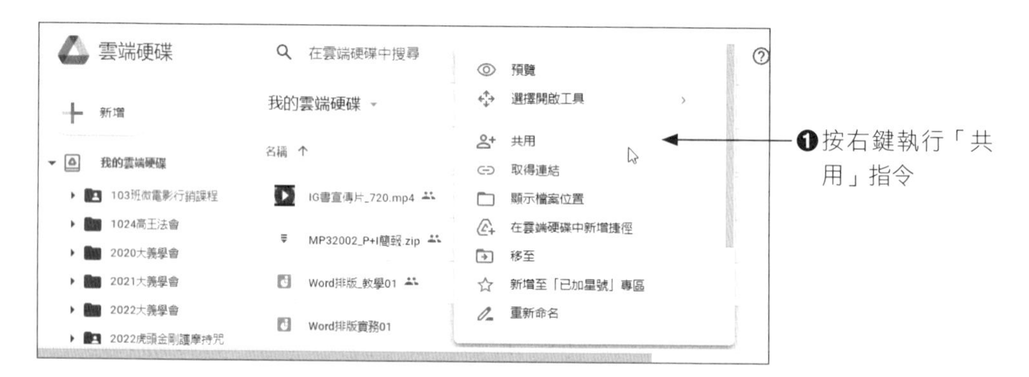

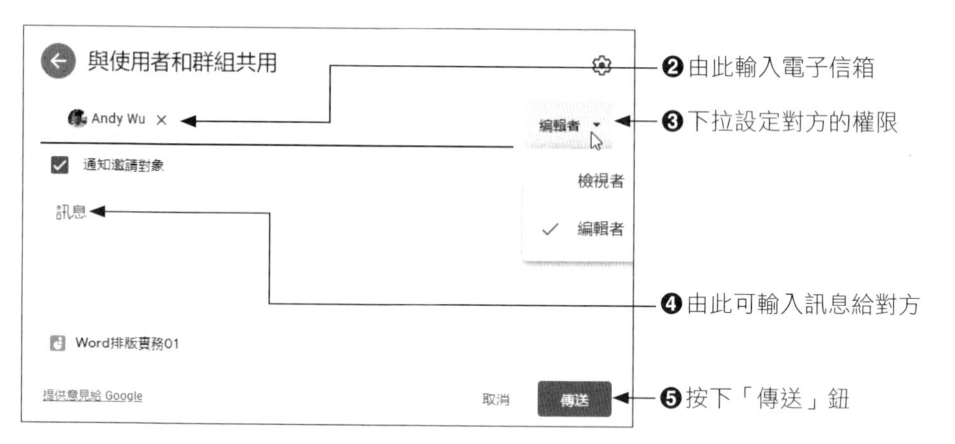

如果你的檔案要與很多人分享，又不知分享對象的電子郵件資訊，那麼可以按右鍵執行「取得連結」指令，進入如下視窗後，將「限制」變更為「知道連結的使用者」，複製連結網址後，按下「完成」鈕離開，只要將連結網址分享給要分享的對象就可搞定。

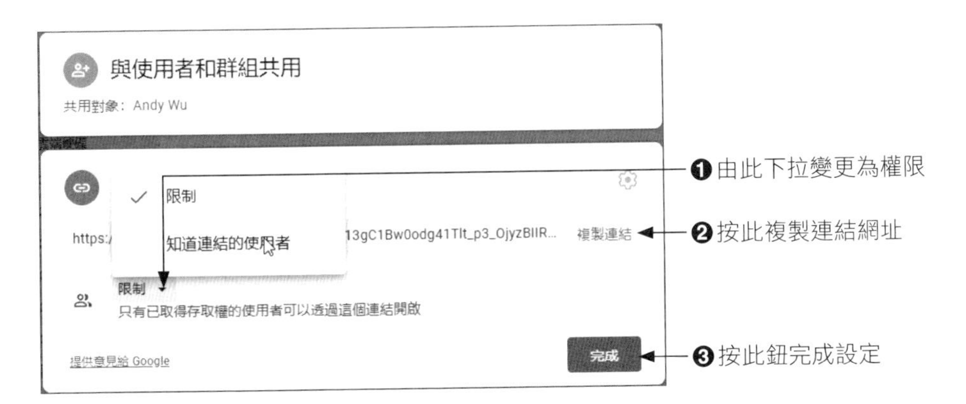

Note

17 CHAPTER

Google 日曆的行程管理

Google 日曆是現代人生活上不可或缺的工具，老師利用 Google 日曆可以妥善管理課程和安排視訊會議，除了提醒你重要會議外，也能幫你邀請學生參加會議，並了解作業繳交的截止日，讓你能掌握課程情況，所以這一章節就來針對 Google 的日曆功能進行探討。

17-1 安排教學課程

想要使用 Google 日曆來安排課程，必須先啟動「日曆」的應用程式。請由 Google 右上角按下 ⠿ 鈕，下拉選擇「日曆」，即可進入 Google 日曆。

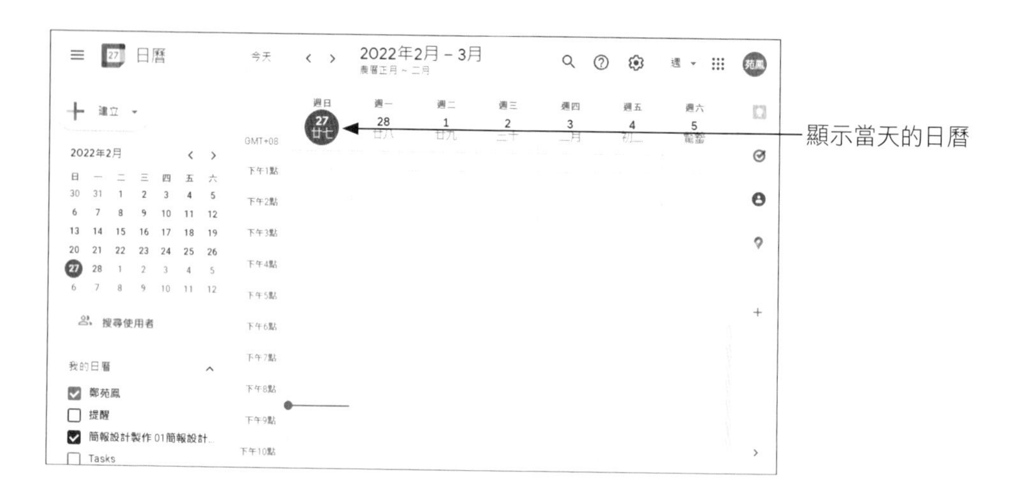

這一小節將針對日曆中常用的功能做説明，讓你可以增／刪活動、建立週期性活動或是進行標記，輕鬆以 Google 日曆幫你紀錄重要的行程。

17-1-1 新增日曆活動

要新增活動時，選定日期後按下「建立」鈕，並輸入時間、名稱、地點、相關資訊，就會將活動記錄到日曆上。

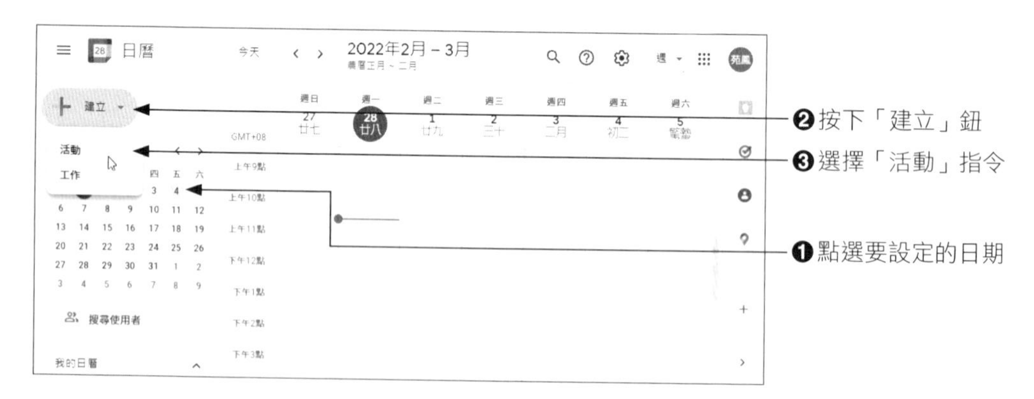

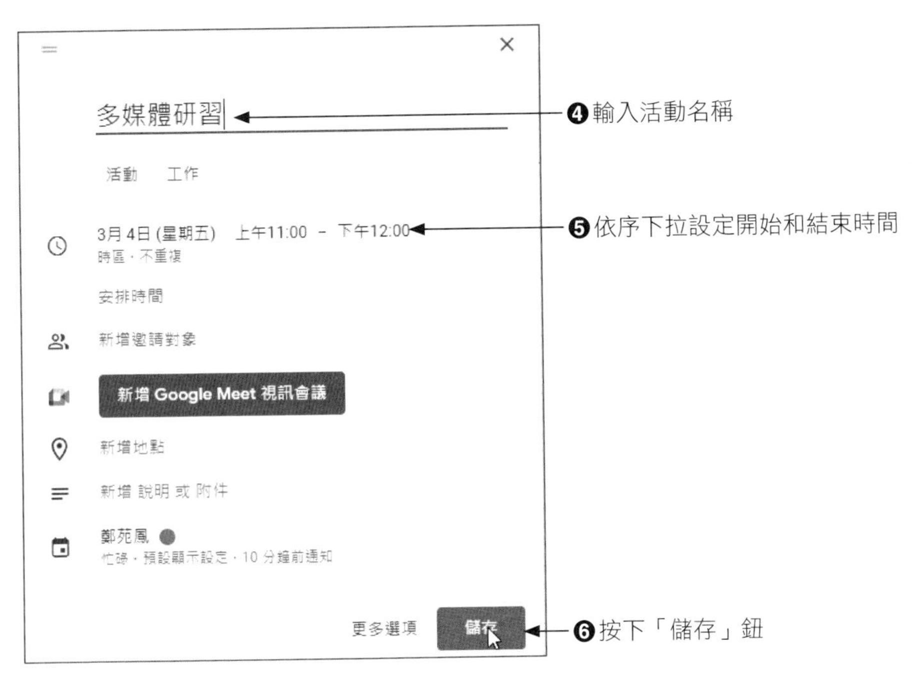

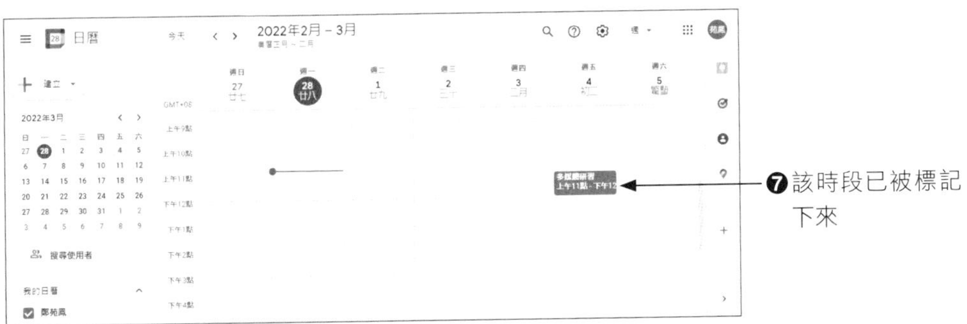

建立活動後，你可以透過右上角來進行切換，以天、週、月…等都可以看到該天已被標記下來。

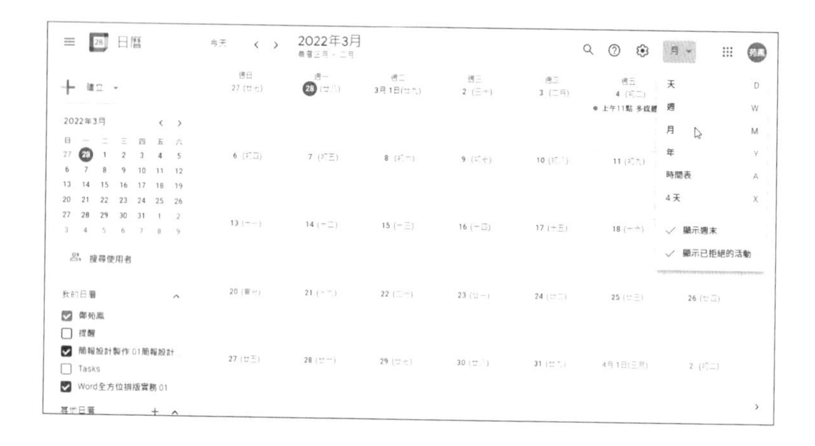

17-1-2 建立週期性活動

有些活動是有週期性的，例如：學校課程、例行會議等，每個星期或每月都要輸入一次，也是很耗費時間。如果你使用 Google 日曆來建立周期性的活動，那麼只要設定一次就可搞定。

請在建立新活動時，由「不重複」下拉選擇循環的週期，另外，如果不希望因工作忙碌而錯過重要的活動，可設定通知的提醒時間喔！

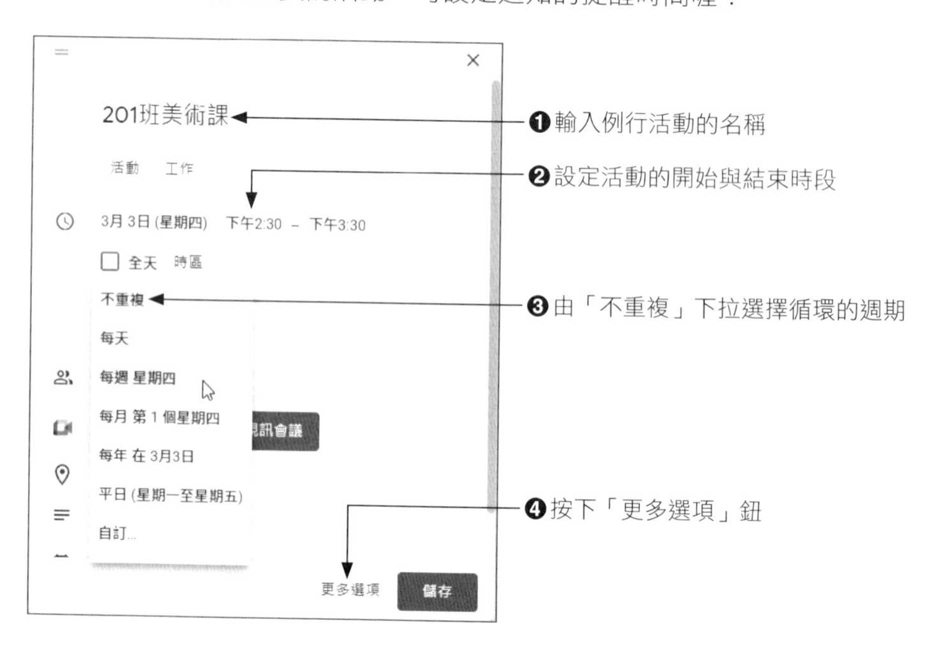

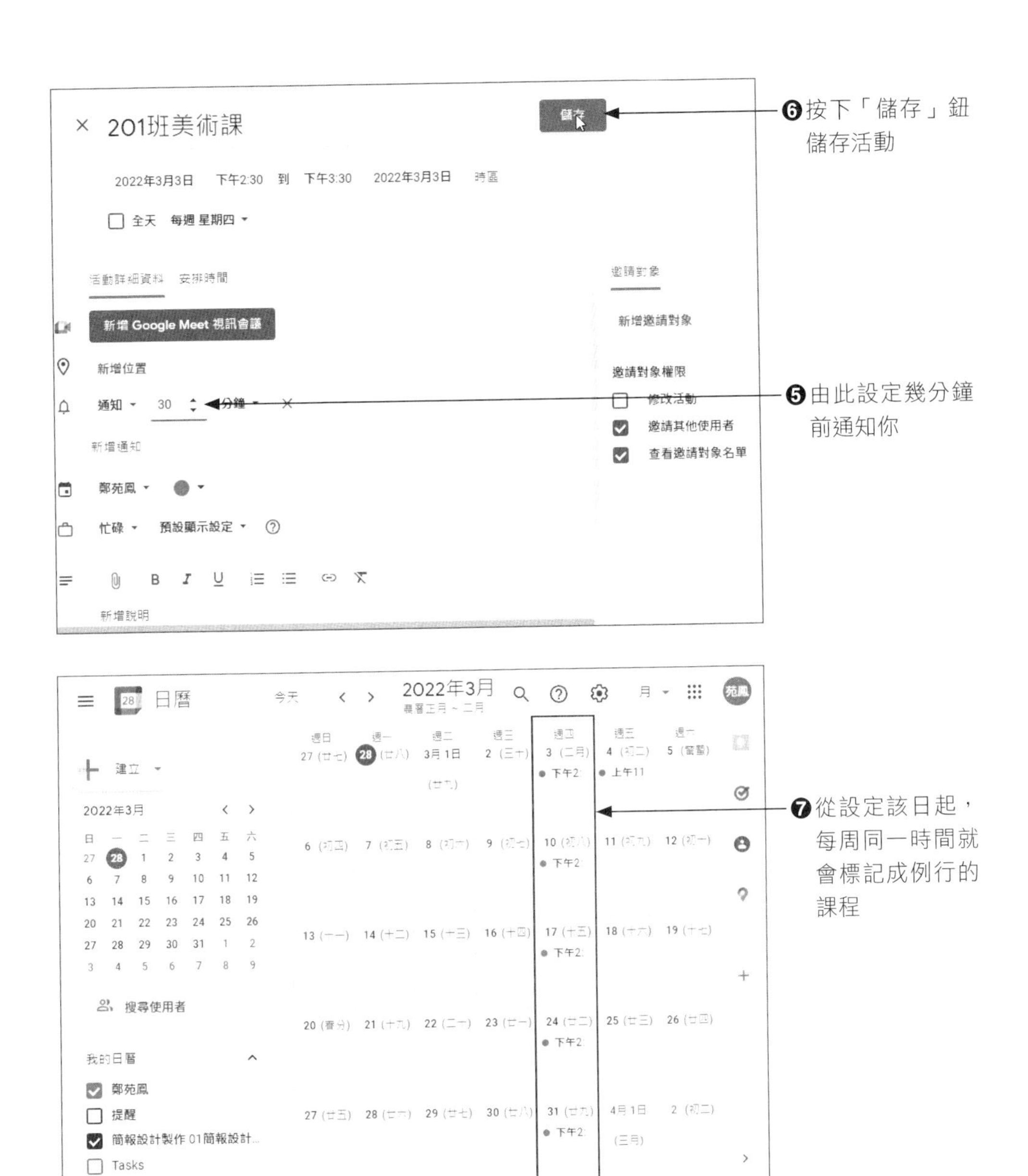
201班美術課
儲存
2022年3月3日 下午2:30 到 下午3:30 2022年3月3日 時區
全天 每週 星期四
活動詳細資料 安排時間
新增 Google Meet 視訊會議
新增位置
通知 30 分鐘
新增通知
鄭苑鳳
忙碌 預設顯示設定
新增說明
邀請對象
新增邀請對象
邀請對象權限
修改活動
邀請其他使用者
查看邀請對象名單
❻按下「儲存」鈕儲存活動
❺由此設定幾分鐘前通知你
日曆
今天
2022年3月
建立
搜尋使用者
我的日曆
鄭苑鳳
提醒
Tasks
❼從設定該日起，每周同一時間就會標記成例行的課程

17-1-3 編修／刪除活動

有時活動時間有變更，想要修正 Google 上的活動資訊，只要點選該日期，當跳出方塊時，按下「編輯活動」✎鈕就可進行修改，而按 🗑 鈕則是刪除活動。

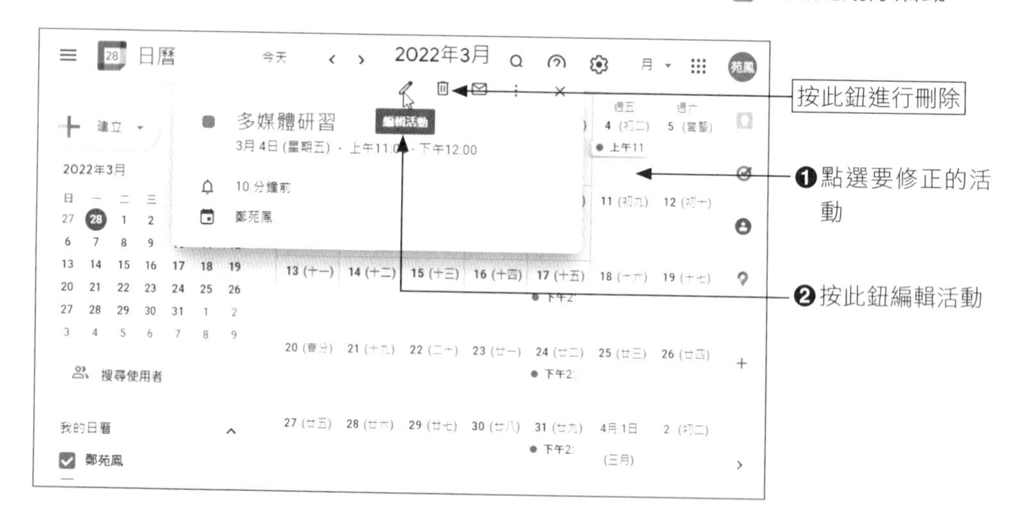

17-1-4 以色彩標示活動類別

雖然在日曆上會顯示所有已建立的活動或課程，想要快速知道最近有那些較重要的活動，或是想要知道活動的性質，不妨透過顏色來做標記。「Google 日曆」本身有提供顏色標示的功能，按右鍵於活動上，即可進行色彩標示。

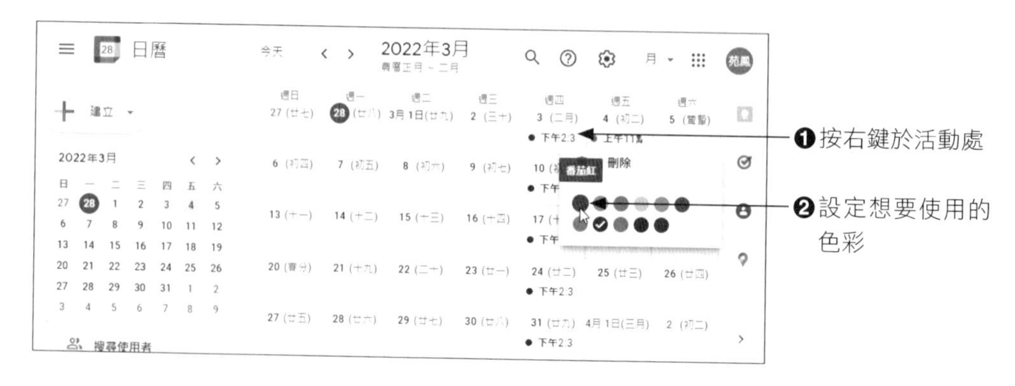

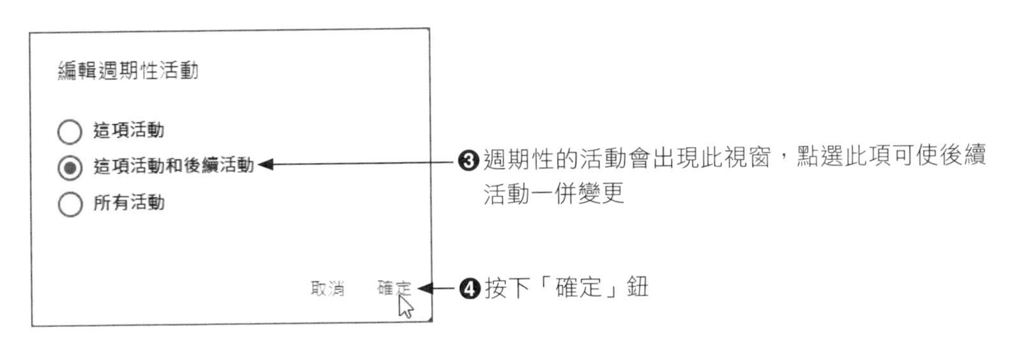

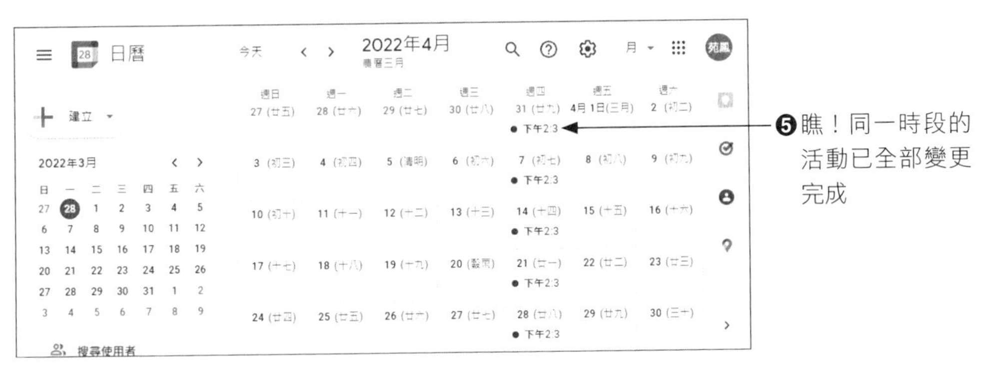

17-2 日曆進階應用

了解日曆的應用技巧後，接著要來學習如何透過活動的建立來同時邀請對象，了解活動參與的情況、以及如何與他人共用日曆的進階應用。

17-2-1 新增活動邀請對象

在新增活動時，如果需要邀請相關人員參與活動或會議，可在右側輸入相關人員的電子郵件信箱，再進行儲存。

201班美術課
儲存
更多動作
2022年3月17日 下午2:30 到 下午3:30 2022年3月17日 (GMT+08:00) 台北標準時間
全天 每週 星期四
新增 Google Meet 視訊會議
新增位置
通知 30 分鐘
新增邀請對象
Andy Wu
txw5558@gmail.com
❶新增活動標題與時間
❷由此輸入或下拉選取電子郵件資料

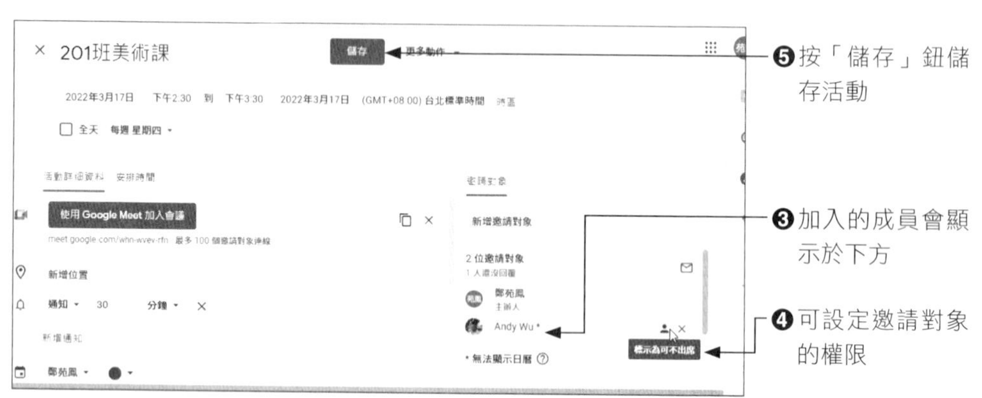
201班美術課
儲存
更多動作
2022年3月17日 下午2:30 到 下午3:30 2022年3月17日 (GMT+08:00) 台北標準時間
全天 每週 星期四
使用 Google Meet 加入會議
新增位置
通知 30 分鐘
新增邀請對象
2 位邀請對象
Andy Wu
標示為可不出席
❺按「儲存」鈕儲存活動
❸加入的成員會顯示於下方
❹可設定邀請對象的權限

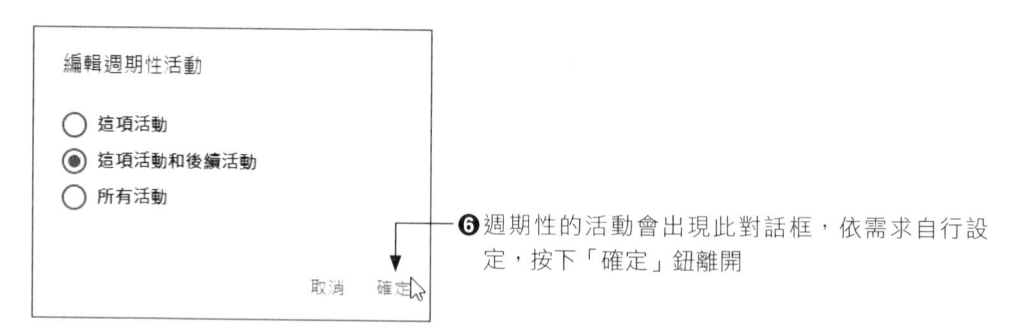
編輯週期性活動
這項活動
這項活動和後續活動
所有活動
取消
確定
❻週期性的活動會出現此對話框，依需求自行設定，按下「確定」鈕離開

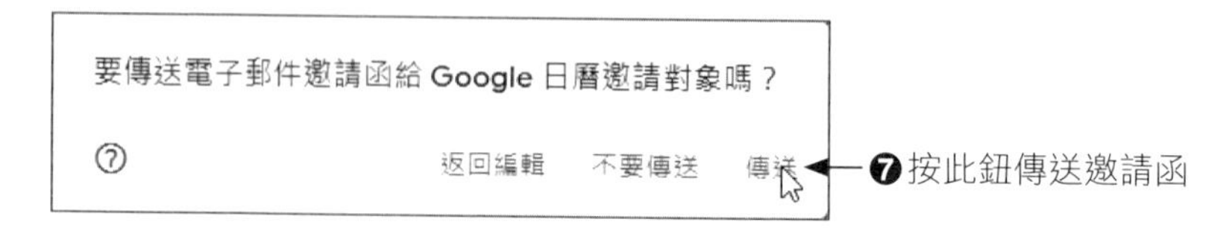
要傳送電子郵件邀請函給 Google 日曆邀請對象嗎？
返回編輯
不要傳送
傳送
❼按此鈕傳送邀請函

按下「傳送」鈕後，被邀請的對象就會收到邀請函，同時可依照個人的情況，來點選「是」、「不確定」、「否」等按鈕回覆主持人。只要對方有進行回覆，邀請人的 Gmail 信箱就會收到回覆信件。

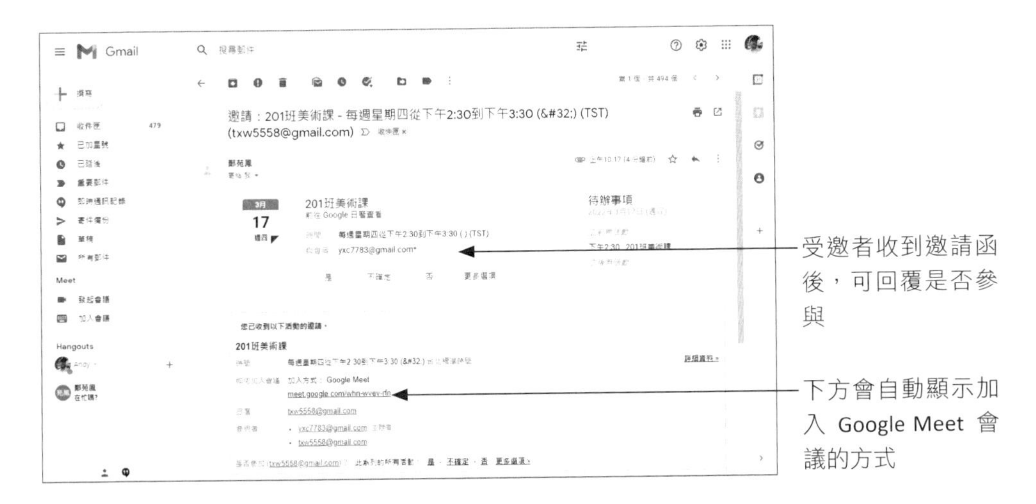

17-2-2 回應活動參與情況

雖然你的電子信箱會收到對方的回覆信函，但是當參與的人數眾多時，那些人可以參加那些人不能參加，若要一一比對邀請的名單也是挺累人的。事實上在 Google 日曆上，你可以很清楚的看到活動參與的情況。

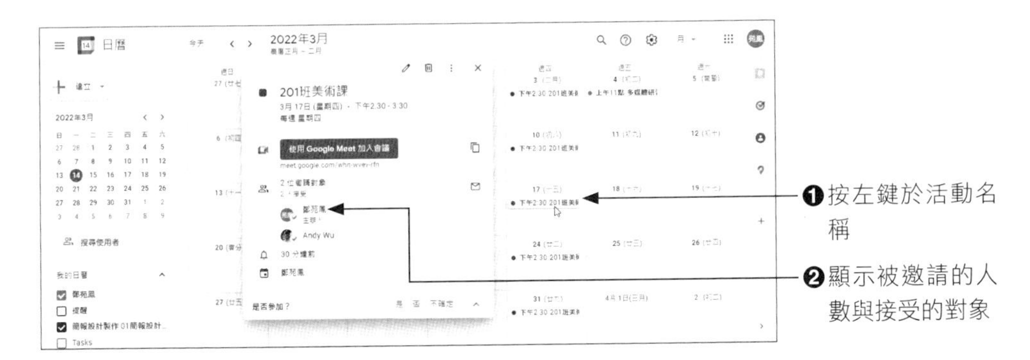

17-2-3 與他人共用日曆

使用 Google 可以處理老師個人的教學課程外，也可以處理公家的行程，尤其是像秘書或特助之類的工作人員，經常需要幫主管安排活動，此時不妨利用 Google 日曆來建立與他人共用的日曆。

當您利用 Google 日曆安排行程與活動後，可以透過「共用」功能來與特定人員共用日曆。要與他人共用日曆，請開啟「我的日曆」，接著點選個人名字後方的「選項」⋮鈕，即可選擇「設定和共用」指令。

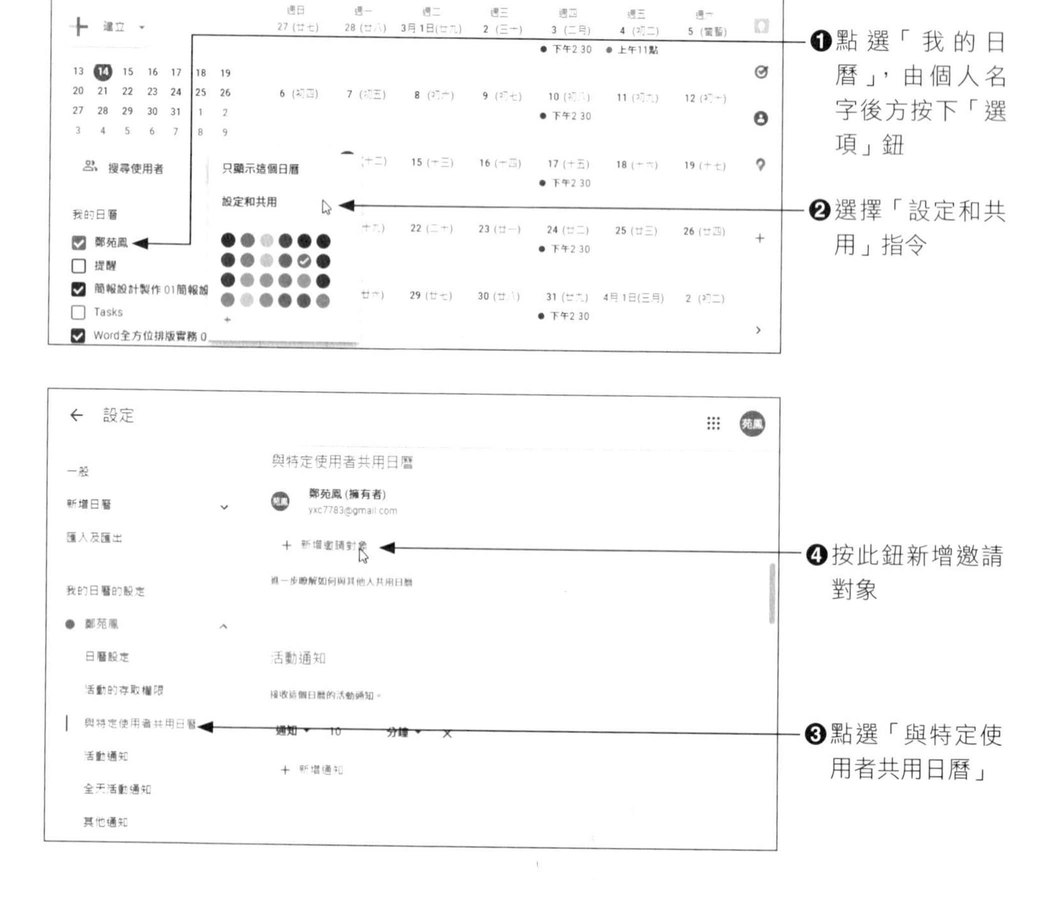

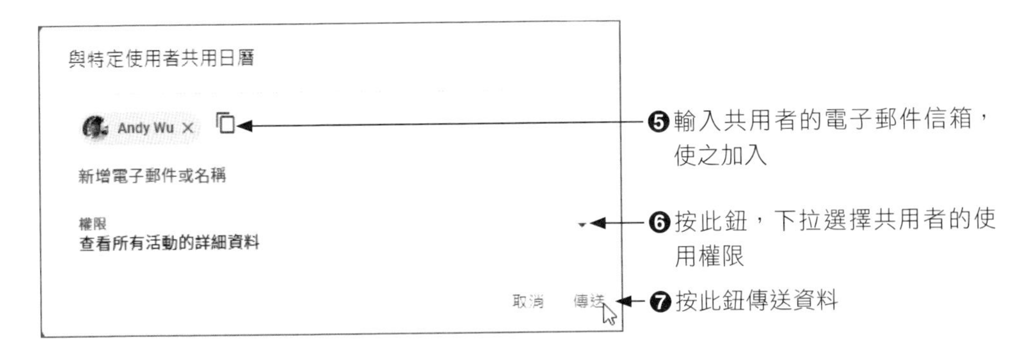

在「權限」部分共有四個選項，包含：只能看見是否有空（隱藏詳細資訊）、查看所有活動的詳細資料、變更活動、進行變更並管理共用設定等，可依照需求自行選擇。設定完成後，各位就可以看到共用者的資料，如下圖所示：

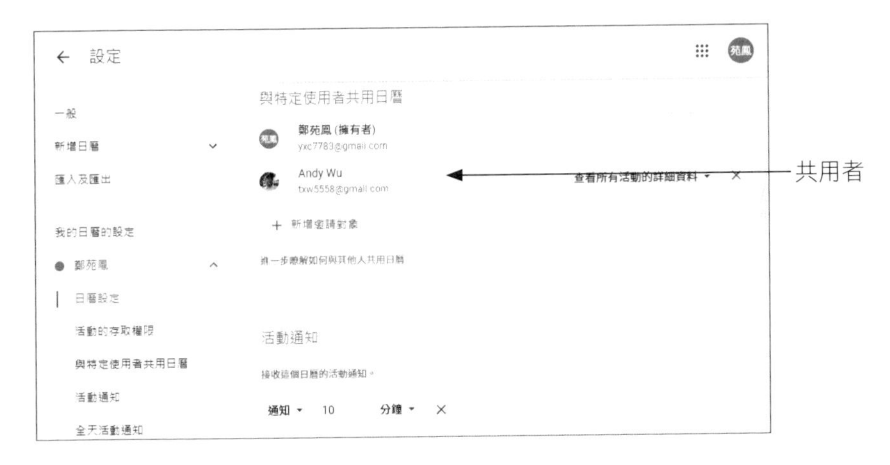

如果不想將個人日曆與他人共用，但因工作關係必須記錄相關的活動與行程，那麼可以由「新增日曆」下拉，即可選擇「建立新日曆」指令。

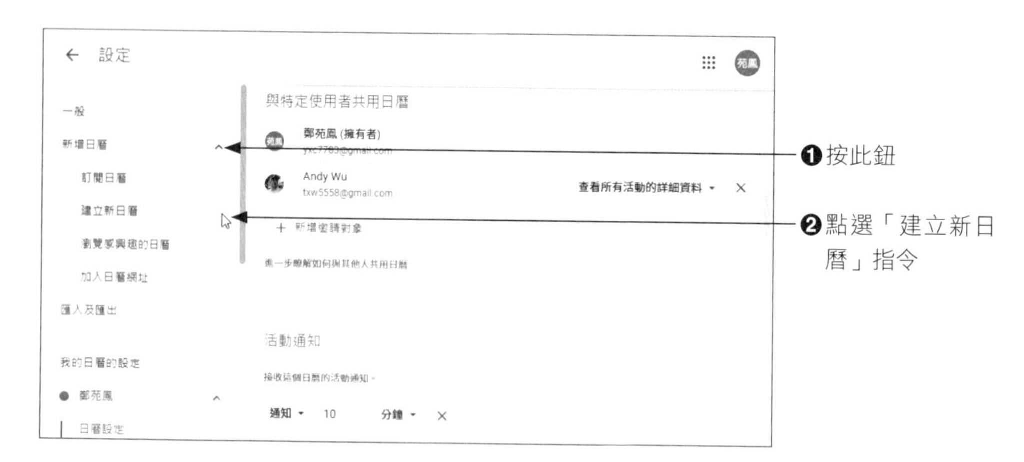

設定
一般
新增日曆
訂閱日曆
建立新日曆
瀏覽感興趣的日曆
加入日曆網址
匯入及匯出
我的日曆的設定
鄭苑鳳
日曆設定
與特定使用者共用日曆
鄭苑鳳 (擁有者)
Andy Wu
txw5558@gmail.com
查看所有活動的詳細資料
＋ 新增邀請對象
活動通知
通知 10 分鐘
❶按此鈕
❷點選「建立新日曆」指令

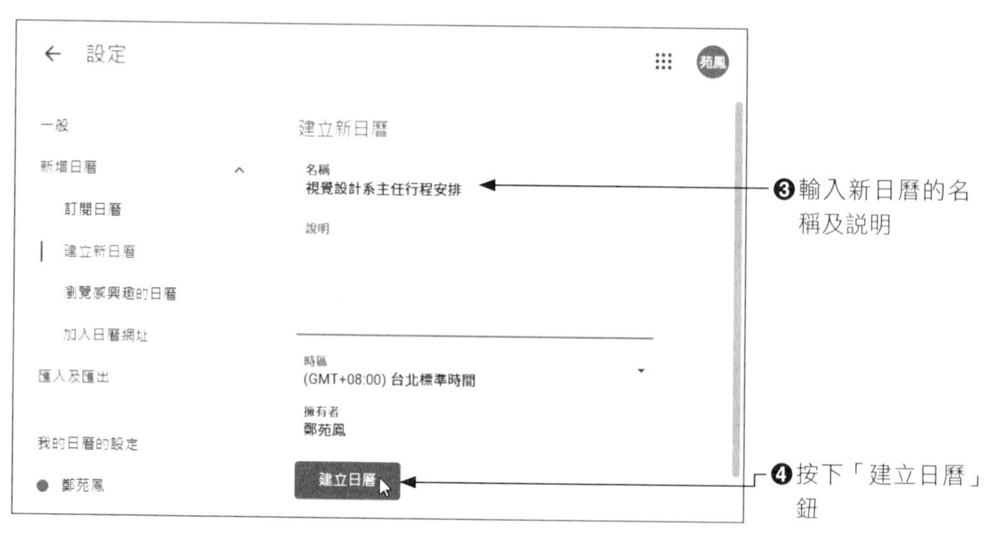

設定
一般
新增日曆
訂閱日曆
建立新日曆
瀏覽感興趣的日曆
加入日曆網址
匯入及匯出
我的日曆的設定
鄭苑鳳
建立新日曆
名稱
視覺設計系主任行程安排
說明
時區
(GMT+08:00) 台北標準時間
擁有者
鄭苑鳳
建立日曆
❸輸入新日曆的名稱及說明
❹按下「建立日曆」鈕

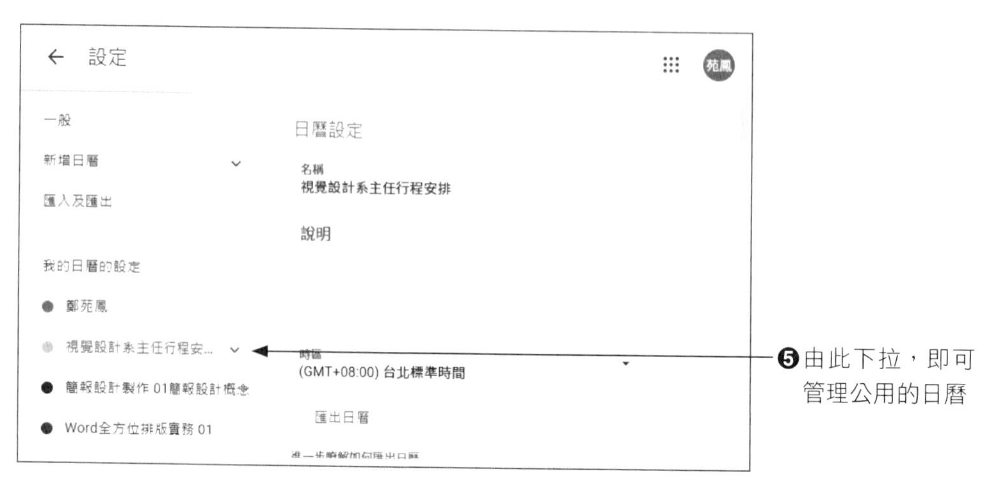

設定
一般
新增日曆
匯入及匯出
我的日曆的設定
鄭苑鳳
視覺設計系主任行程安...
簡報設計製作 01簡報設計概念
Word全方位排版實務 01
日曆設定
名稱
視覺設計系主任行程安排
說明
時區
(GMT+08:00) 台北標準時間
匯出日曆
❺由此下拉，即可管理公用的日曆

讀者回函

感謝您購買本公司出版的書，您的意見對我們非常重要！由於您寶貴的建議，我們才得以不斷地推陳出新，繼續出版更實用、精緻的圖書。因此，請填妥下列資料(也可直接貼上名片)，寄回本公司(免貼郵票)，您將不定期收到最新的圖書資料！

購買書號： **書名：**

姓　　名：＿＿＿＿＿＿＿＿＿＿＿＿＿＿＿＿＿＿＿＿

職　　業：□上班族　□教師　□學生　□工程師　□其它

學　　歷：□研究所　□大學　□專科　□高中職　□其它

年　　齡：□10~20　□20~30　□30~40　□40~50　□50~

單　　位：＿＿＿＿＿＿＿＿＿＿ 部門科系：＿＿＿＿＿＿＿＿

職　　稱：＿＿＿＿＿＿＿＿＿＿ 聯絡電話：＿＿＿＿＿＿＿＿

電子郵件：＿＿＿＿＿＿＿＿＿＿＿＿＿＿＿＿＿＿＿＿

通訊住址：□□□ ＿＿＿＿＿＿＿＿＿＿＿＿＿＿＿＿＿＿

您從何處購買此書：

□書局＿＿＿＿＿ □電腦店＿＿＿＿＿ □展覽＿＿＿＿＿ □其他＿＿＿＿＿

您覺得本書的品質：

內容方面：□很好　□好　□尚可　□差

排版方面：□很好　□好　□尚可　□差

印刷方面：□很好　□好　□尚可　□差

紙張方面：□很好　□好　□尚可　□差

您最喜歡本書的地方：＿＿＿＿＿＿＿＿＿＿＿＿＿＿＿＿

您最不喜歡本書的地方：＿＿＿＿＿＿＿＿＿＿＿＿＿＿＿

假如請您對本書評分，您會給(0~100分)：＿＿＿＿＿ 分

您最希望我們出版那些電腦書籍：

請將您對本書的意見告訴我們：

您有寫作的點子嗎？□無　□有　專長領域：＿＿＿＿＿＿＿＿

歡迎您加入博碩文化的行列哦！

✂請沿虛線剪下寄回本公司

Give Us a Piece Of Your Mind

博碩文化網站　http://www.drmaster.com.tw

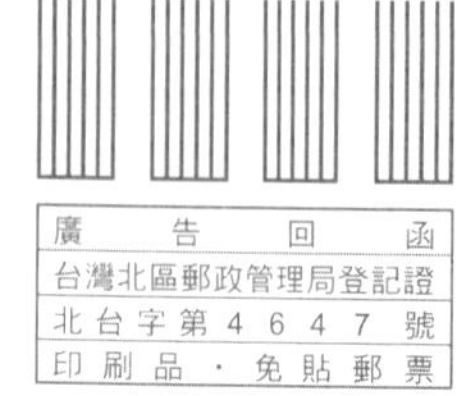

221

博碩文化股份有限公司 產品部

台灣新北市汐止區新台五路一段112號10樓A棟

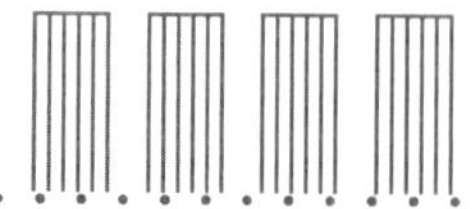